"十四五"职业教育国家规划教材

"十二五"职业教育国家规划教材

普通高等教育"十一五"国家级规划教材

教育部高职高专规划教材

修订版

电机及拖动基础

第 4 版

主编　胡幸鸣

参编　陈佳新　赵双全　何巨兰

　　　王寅华　朱恩荣

主审　徐　虎　才家刚

机械工业出版社

本书是"十二五"职业教育国家规划教材、普通高等教育"十五""十一五"国家级规划教材、教育部高职高专规划教材的修订版。本书主要讲述直流电机、变压器、三相异步电动机的结构特点、工作原理及运行性能，着重分析三相异步电动机、他励直流电动机的机械特性及其起动、调速和制动的电力拖动原理及相关计算，并介绍三相异步电动机软起动和斩波调速等技术；简要分析单相异步电动机、同步电动机和控制电机的结构、特点和工作原理；简要介绍电动机容量选择的基本知识和方法；对直线电动机、交直流串励电动机、无刷直流电动机、盘式电动机、开关磁阻电动机、锥型异步电动机等实用或新颖的电动机也有所介绍，扩大了教材的信息量；为利于加深理解，各章都有经精心挑选的结合实际和注重应用的例题；为便于复习提高，有关章节末有小结、章末附有思考题与习题。

本书根据最新国家或行业标准，及时更新了直流电动机、变压器、异步电动机的型号等内容，并有相关的二维码链接供读者浏览，特别是相关的例题或习题采用新型号的相关数据，体现电机领域高效节能的新发展及在机电设备中的新应用。本书适用于高职高专院校、职业本科的电气自动化技术、工业过程自动化技术、机电一体化技术、供用电技术、数控设备应用与维护等电类专业。

为方便教学，本书配有免费电子课件、思考题与习题参考答案和模拟试卷，凡选用本书作为授课教材的教师，均可来电索取，咨询电话：**010-88379375**。

图书在版编目（CIP）数据

电机及拖动基础／胡幸鸣主编．— 4 版．—北京：机械工业出版社，2021.1（2023.8 重印）

"十二五"职业教育国家规划教材：修订版　普通高等教育"十一五"国家级规划教材：修订版　教育部高职高专规划教材：修订版

ISBN 978-7-111-67133-6

Ⅰ．①电…　Ⅱ．①胡…　Ⅲ．①电机—高等职业教育—教材 ②电力传动—高等职业教育—教材　Ⅳ．①TM3 ②TM921

中国版本图书馆 CIP 数据核字（2020）第 260179 号

机械工业出版社（北京市百万庄大街22号　邮政编码100037）
策划编辑：于　宁　责任编辑：于　宁
责任校对：陈　越　封面设计：鞠　杨
责任印制：任维东
北京圣夫亚美印刷有限公司印刷
2023 年 8 月第 4 版第 8 次印刷
184mm×260mm · 13.5 印张 · 334 千字
标准书号：ISBN 978-7-111-67133-6
定价：42.50 元

电话服务　　　　　　　　　　网络服务
客服电话：010-88361066　　机 工 官 网：www.cmpbook.com
　　　　　010-88379833　　机 工 官 博：weibo.com/cmp1952
　　　　　010-68326294　　金 书 网：www.golden-book.com
封底无防伪标均为盗版　　机工教育服务网：www.cmpedu.com

关于"十四五"职业教育
国家规划教材的出版说明

为贯彻落实《中共中央关于认真学习宣传贯彻党的二十大精神的决定》《习近平新时代中国特色社会主义思想进课程教材指南》《职业院校教材管理办法》等文件精神，机械工业出版社与教材编写团队一道，认真执行思政内容进教材、进课堂、进头脑要求，尊重教育规律，遵循学科特点，对教材内容进行了更新，着力落实以下要求：

1. 提升教材铸魂育人功能，培育、践行社会主义核心价值观，教育引导学生树立共产主义远大理想和中国特色社会主义共同理想，坚定"四个自信"，厚植爱国主义情怀，把爱国情、强国志、报国行自觉融入建设社会主义现代化强国、实现中华民族伟大复兴的奋斗之中。同时，弘扬中华优秀传统文化，深入开展宪法法治教育。

2. 注重科学思维方法训练和科学伦理教育，培养学生探索未知、追求真理、勇攀科学高峰的责任感和使命感；强化学生工程伦理教育，培养学生精益求精的大国工匠精神，激发学生科技报国的家国情怀和使命担当。加快构建中国特色哲学社会科学学科体系、学术体系、话语体系。帮助学生了解相关专业和行业领域的国家战略、法律法规和相关政策，引导学生深入社会实践、关注现实问题，培育学生经世济民、诚信服务、德法兼修的职业素养。

3. 教育引导学生深刻理解并自觉实践各行业的职业精神、职业规范，增强职业责任感，培养遵纪守法、爱岗敬业、无私奉献、诚实守信、公道办事、开拓创新的职业品格和行为习惯。

在此基础上，及时更新教材知识内容，体现产业发展的新技术、新工艺、新规范、新标准。加强教材数字化建设，丰富配套资源，形成可听、可视、可练、可互动的融媒体教材。

教材建设需要各方的共同努力，也欢迎相关教材使用院校的师生及时反馈意见和建议，我们将认真组织力量进行研究，在后续重印及再版时吸纳改进，不断推动高质量教材出版。

机械工业出版社

第4版前言

《电机及拖动基础》（第3版）是"十二五"职业教育国家规划教材，是在教育部高职高专规划教材、普通高等教育"十五""十一五"国家级规划教材的基础上，进行了7方面的修订（见第3版前言），使教材既保持符合高职教育规律、降低理论难度、合理取舍内容、案例充实、由浅入深、易学易懂等的特色，又体现机电装备中的新材料、新工艺应用，促使传统电机的改型换代，促进产业技术升级，使高职学生能跟上时代发展的步伐。所以第3版教材自2014年9月出版以来，深受众多高职高专院校师生的欢迎，至今已印刷了18次，近7万册。同时，据不完全统计，全国有20余个出版社的30余种教材编写时参考和引用了本书的内容，由此可见本书深受同行的认可。

随着国家大力提倡生产制造业节能减耗的要求，从节约能源、保护环境出发，近几年又有效率更高的各类变压器、电动机等生产和应用。为了使高职学生及时了解和应用各种高效率电机产品，编者对教材第3版进行再修订，出版了第4版。在本次修订之际，编者不仅对直流电动机、电力变压器、三相异步电动机的相关生产厂家进行了调研，而且对应用市场也进行了调查，以此制订了修订框架，在保持前3版的编写风格基础上，既要反映各类电机的最新高效率系列产品，在叙述、例题、习题中予以体现，又要考虑国家各区域发展的不平衡，各类老电机产品还有在使用甚至生产，所以要突出新技术、强调新驱动电机的应用，又结合实际、新老兼顾。本书着重对以下几方面进行了修改。

1) 将直流电动机、电力变压器、三相异步电动机的铭牌都替换成最新的型号，对相应的铭牌上的新内容进行说明，并注重新技术、新材料、新工艺的阐述。

2) 直流电动机、电力变压器、三相异步电动机的部分例题、习题采用最新系列的数据。

3) 增加了最新型号的直流电动机、电力变压器、三相异步电动机的产品外观图片的二维码链接，供读者浏览。

4) 删减目前很少使用的直流电动机分级起动内容。

5) 对直流电动机的起动、调速分析说明 Z4 系列与 Z2 系列的区别，调速计算进一步降低了难度。

6) 在三相异步电动机系列的发展简介中，首次介绍国家标准：中小型三相异步电动机能效限定值及能效等级（类似于家电的能效标识）；对三相异步电动机相关例题除旧增新。

7) 电工术语、各类图形符号、文字符号、量和单位及相关电机标准均按最新国家标准进行修订。

对应上述的主要修订框架，编者对全书各章内容的表述、部分插图和表格、例题、章末的思考题与习题做了细致的修改。相信修订后的第4版教材，能成为既体现电机领域高效节能的新发展及其在机电设备中的新应用，又符合高职学生的学习特征的更佳教材。

本书由胡幸鸣教授担任主编、制订修订框架，并修订绪论及第四章和第五章，且负责全书的统稿；陈佳新副教授修订第三章和附录；赵双全教授修订第七章；何巨兰高级讲师修订第一章和第二章；王寅华高级工程师修订第八章；朱恩荣高级工程师修订第六章。

本书由徐虎和才家刚担任主审。感谢西南石油大学青小渠副教授提出的宝贵建议；感谢提供相关直流电动机资料的贾荣生高级工程师；感谢提供相关变压器资料的吴正文高级工程师、夏光祥高级工程师；感谢提供相关三相异步电动机资料的马佩莲高级工程师。

感谢所有选用此教材的院校和老师，欢迎使用本教材的师生和各位读者提出宝贵意见。

编　者

第3版前言

《电机及拖动基础》（第2版）是教育部高职高专规划教材、"十二五"职业教育国家规划教材，普通高等教育"十五""十一五"国家级规划教材。因该教材在第1版的基础上，进行了7方面的修订（见第2版前言），使教材更贴切科学技术的发展和适应社会对高职人才的需求，在降低理论难度的同时，合理取舍内容，充实案例，使内容由浅入深、易学易懂。所以第2版教材自2008年1月出版以来，深受全国广大高职高专院校师生的欢迎，至今已印刷了16次，共计6万6千册。同时，据不完全统计，全国有17个出版社的近30种教材编写时参考和引用了本书的内容，深受同行的认可。

随着自动化技术的发展，产业技术升级，机电装备中的各种电机驱动发生了很大变化，新材料、新工艺的应用促使传统电机的改型换代，应用面也跟随变化。为了高职学生能跟上时代发展的步伐，更好地进行学习，编者对教材第2版进行再修订，出版第3版，并且第3版教材已审定为"十二五"职业教育国家规划教材。本次教材修订的编写团队增加了电机企业资深高工的参与，修订是在保持第1、2版的编写风格基础上，突出新技术、结合实际、强调应用，着重对以下几方面进行了修改。

1）将直流电动机、电力变压器、三相异步电动机的铭牌都替换成新型号，对相应的新材料、新工艺、节能等方面进行说明，并注重新技术的渗透。

2）对直流电机的主极磁场做更简要明了的说明，将其直接纳入到直流电机结构中的主磁极内容中介绍。

3）对直流电动机的制动、三相异步电动的制动分析和计算等内容进行了更为有利于降低难度的整合，着重应用。

4）根据三相异步电动机变频调速技术应用的日趋广泛，增加了变频器知识的介绍内容。

5）鉴于三相异步电动机是应用最广泛的电动机，增加了三相异步电动机的运行维护和故障分析内容。

6）删减了深槽式、双笼型异步电动机的内容；整合了其他电动机的内容；整合了三相异步电动机的部分拖动内容。在控制电机中，增加了电主轴技术内容。

7）电工术语、各类图形符号、文字符号、量和单位及相关电机标准均按最新国家标准进行修订。

对应上述的主要修订框架，编者对全书各章内容的表述、部分插图和表格、例题、各章节的相关小结、章末的思考和习题做了细致的修改。相信修订后的第3版教材，能成为既跟上电机领域新技术、新工艺的发展及各类电动机在机电装备中的应用步伐，又更切合高职学生的学习特点，适应教学改革的更优教材。同时，与教材配套的电子课件配有许多各类新型号电机外观、结构、使用场合的照片或图片，将进一步促进教与学的开展。

本书由胡幸鸣教授担任主编、制订修订框架，并修订绪论及第四章和第五章，且负责全书的统稿。陈佳新副教授修订第三章、附录，赵双全教授修订第七章，何巨兰高级讲师修订第一章和第二章，朱恩荣高级工程师修订第六章，王寅华高级工程师修订第八章。

本书由徐虎担任主审。感谢提供相关变压器资料的吴正文高级工程师、夏光祥高级工程师。

感谢所有选用此教材的院校和老师，欢迎使用本教材的师生提出宝贵意见。

编　者

第2版前言

《电机及拖动基础》（第1版）是教育部高职高专规划教材、普通高等教育"十五"国家级规划教材。因该教材根据高职高专培养应用型、技能型人才的教学模式，理论知识以够用为度，但仍保持教材内容的相对连贯性和稳定性，同时注重教材内容有一定的前瞻性，摒弃了把本科教材浓缩的弊端，定位较准确，内容取舍较合理，并运用案例，用图解、图示等方法降低理论难度，理论联系实际，深入浅出，通俗易懂。本书自2002年6月出版以来，已累计印刷了8次，得到了全国广大高职高专师生的认可。

随着科学技术的发展，为适应社会对高职高专人才的需求，编者对教材进行修订，出版第2版，并且第2版教材已被确立为普通高等教育"十一五"国家级规划教材。修订是在保持第1版的编写风格基础上，保留了与同类教材相比的7个特点（见第1版前言），着重在以下几方面进行了修改。

1）对直流电机的磁场、电磁功率、损耗作了更简要明了的叙述；对拖动系统的稳定运行阐述用"先出稳定运行条件，再根据实例进行分析"的方法。

2）对变压器的参数测定、运行特性、并联运行等内容各做了必要的删减整合。

3）对三相异步电动机的空载运行、负载运行分析内容进一步删繁就简，对起动内容增加了实用的例题，对制动、调速的分析内容着重介绍应用，并注重新技术的渗透。

4）根据生产中电动机的应用情况，增加了对无刷直流电动机、盘式电动机、开关磁阻电动机内容的介绍。

5）对控制电机中的伺服电动机特性描述、步进电动机的原理等做了更为简明易懂的修改。

6）对电动机容量选择中电动机的发热与冷却内容，避开繁杂的公式推导，用简明语言描述；对电动机容量选择方法强调常见工作制的内容。

7）各类图形符号、文字符号、量和单位及相关电机标准均按最新国家标准进行修订。

对应上述的主要修订框架，编者对全书各章内容的表述、部分插图和表格、各章节的相关小结、章末的思考题和习题做了相应的细致修改。修订过的教材，电机原理部分理论内容和拖动部分传统的方法论述进一步化难为易，加强了应用新材料、新技术的新型电动机的介绍。扩大了学生的知识面，但难度进一步降低，应用性进一步突出，更符合高职高专学生的认知规律。相信修订后的第2版教材将更加符合教与学的需要。

本书由胡幸鸣担任主编、制订修订框架，并修订绪论及第四章和第五章，陈佳新修订第三章、第六章和附录，赵双全修订第七章和第八章，何巨兰修订第一章和第二章。

本书由徐虎担任主审。感谢提出了中肯建议和宝贵修订意见的陈廷全老师、劳顺康老师、许孔扬老师。

感谢所有选用此教材的院校和老师，欢迎使用本教材的师生提出宝贵意见。

编　者

第1版前言

本书是教育部高职高专规划教材、普通高等教育"十五"国家级规划教材。随着计算机技术和电力电子技术的发展，当今工业上直流电机的应用远远少于三相异步电动机的应用，因此本书在内容体系上突出三相异步电动机的应用。一改以往直流发电机特性和直流电动机特性并重，直流他励电动机拖动与三相异步电动机拖动并重的状况。同时全书对高深理论内容，利用图解分析，删除繁琐的数学推导；对大量公式，采用推导从简，注重分析物理意义和应用的方法。

为此本书较一般的同类书有如下特点：①对直流电机的电枢绕组，只在直流电机基本结构中的电枢绕组中介绍相关内容；对直流发电机，只介绍其基本工作原理；②对电力拖动系统的运动方程式内容删繁就简，补充运动方程式中的转矩正、负的规定及判断电力拖动系统运动状态的内容；对他励直流电动机的制动和调速采用定性分析用机械特性，定量计算用基本方程式的方法，简化计算；③避开繁杂的变压器参数推导过程，对变压器的空载等效电路先出图再出平衡方程式；④三相异步电动机中旋转磁场用图解法阐述其特点，避开复杂的磁通势公式推导；对交流绕组的感应电动势中的绕组因数以推导从略、从物理意义上进行解释的方法出现；⑤三相异步电动机的拖动中，增加笼型电动机软起动、绕线转子异步电动机的斩波调速等新技术内容；对复杂的制动计算进行简化；⑥三相同步电动机 V 形曲线的叙述方法从调节功率因素的角度出发，而不需要以三相同步电动机的电动势平衡方程式和相量图等为基础；⑦除了对控制电机的介绍外，对直线电动机、交直流串励电动机、锥型电动机、微型同步电动机等新颖或实用的电动机也有所介绍。

本书的总体框架体现了高职高专教学改革的特点，突出理论知识的应用和实践能力的培养，以应用为目的，以必须、够用为度，加强实用性。本书与传统教材比较，虽然降低了理论难度，但仍保持教材内容的相对连贯性和稳定性，同时注重教材内容有一定的前瞻性，摒弃了把本科教材浓缩的弊端，力求深入浅出，通俗易懂，便于教学和学生自学。

本书由胡幸鸣担任主编并编写绪论及第四章和第五章，陈佳新编写第三章、第六章和附录，赵双全编写第七章和第八章，何巨兰编写第一章和第二章。

本书由徐虎担任主审。感谢戴一平为本书提供的三相异步电动机软起动等资料。

欢迎使用本教材的师生提出宝贵意见。

编　者

a——直流电机电枢绕组并联支路对数；交流电机绕组并联支路数；加速度

B——磁通密度（磁密）、磁感应强度

C——常数；电容量

C_e——电动势常数

C_T——转矩常数

D 或 d——直径

E——感应电动势（交流为有效值）

E_a——电枢电动势

E_m——交流电动势最大值

E_σ——漏电动势

E_{2s}——异步电动机旋转时转子电动势

E_1——异步电动机定子绕组基波电动势；变压器一次绕组电动势

E_2——变压器二次绕组电动势；异步电动机转子绕组静止时的电动势

e——电动势瞬时值；合成控制信号

e_a——换向元件中的电枢反应电动势

e_x——电抗电动势

e_k——换向极电动势

F——磁通势（或称磁动势）；力

F_+——正序磁通势

F_-——负序磁通势

F_a——电枢磁通势

F_f——励磁磁通势

F_m——脉振磁通势幅值

F_0——空载磁通势

f——频率；力；磁通势瞬时值

f_N——额定频率

G——发电机

GD^2——飞轮力矩

H——磁场强度，扬程

h——高度

I——电流（交流为有效值）

I_a——直流电机电枢电流

I_{bk}——制动电流

I_c——控制电流

I_{2s}——异步电动机旋转时转子电流

I_f——励磁电流

I_N——额定电流

I_0——空载电流

I_k——短路电流

I_{st}——起动电流

i——电流的瞬时值

i_k——换向电流

i_a——直流电机电枢支路电流

j——电流密度

k——电压比；系数

k_e——电动势比

k_i——电流比

k_N——绕组因数

L——自感；电感

L_σ——漏电感

l——长度；导体有效长度

M——电动机

m——起动级数；相数；质量

N——电枢总导体数；匝数；拍数

n——转速

n_0——理想空载转速

n_1——同步转速

n_N——额定转速

P——功率

P_{em}——电磁功率

P_L——负载功率

P_m——全（总）机械功率

P_N——额定功率

P_1——输入功率

P_2——输出功率

p——损耗功率；极对数

p_{Cu}——铜耗

p_{Fe}——铁耗

p_k——短路损耗

p_m——机械损耗

p_0——空载损耗

p_s——附加损耗

Q——无功功率；流量

R 或 r——电阻

R_a——电枢回路总电阻

R_{bk}——制动电阻

R_f——励磁回路总电阻

R_L——负载电阻

R_m——磁阻；m 级起动总电阻

R_p——外接电阻

R_{pa}——电枢调节电阻

R_{pf}——磁场调节电阻

R_{st}——起动电阻

r_f——励磁绕组电阻

r_k——短路电阻

r_m——励磁电阻

S——视在功率

S_N——额定视在功率；变压器的额定容量

s——转差率

s_m——临界转差率

s_N——额定转差率

T——电磁转矩；时间常数；周期

T_1——原动机转矩；输入转矩

T_2——输出转矩

T_L——负载转矩

T_{max}——最大电磁转矩

T_N——额定转矩

T_0——空载转矩

T_{st}——起动转矩

t——时间；齿距

U——电压（交流为有效值）

U_ϕ——相电压

u——电压瞬时值

u_k——阻抗电压、短路电压的相对值

U_c——控制电压

U_f——励磁电压

v——线速度

W——能量（储能）

X——电抗

X_m——励磁电抗

X_k——短路电抗

y——节距

Z——阻抗

Z_L——负载阻抗

Z_m——励磁阻抗

Z_k——短路阻抗

z——电机槽数

z_r——转子齿数

α——角度；信号系数；旋转角；槽距角

α_e——有效信号系数

α_{Fe}——铁耗角

β——斜率、负载系数；角度

η——效率

η_{max}——最大效率

η_N——额定效率

θ——温度；功率角；失调角

θ_s——步距角

λ——转矩倍数

λ_m——最大转矩倍数（过载能力）

μ——磁导率

υ——转速相对值

τ——极距；温升；转矩相对值

τ_N——额定温升

Φ——磁通

Φ_0——空载主磁通

Φ_1——基波磁通

Φ_m——主磁通最大值

Φ_σ——漏磁通

ϕ——磁通瞬时值

ψ——磁链

Ω——机械角速度

Ω_1——同步角速度

ω——电角速度；角频率

φ——相位角；功率因数角

$\Delta U\%$——电压变化率

目 录

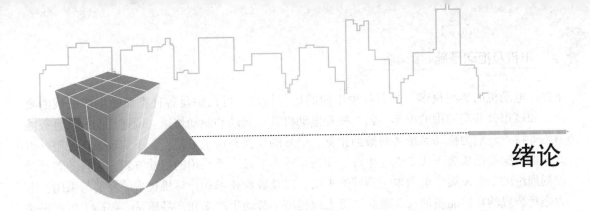

一、电机的分类、作用及发展

电能是现代能源中应用最广的二次能源，它的生产、变换、传送、分配、使用和控制都较为方便经济，而要实现电能的生产、变换和使用等都离不开电机。电机是一种利用电磁感应定律和电磁力定律，将能量或信号进行转换或变换的电磁机械装置。它主要分为发电机、变压器和电动机三大类（各类电机典型图片见教材或配套电子课件）。

在电力工业中，产生电能的发电机和对电能进行变换、传输与分配的变压器是发电厂（站）和变电所的主要设备。在机械制造、冶金、纺织、石油及其他工业企业中，人们利用电动机把电能转换成机械能，去拖动机床、轧钢机、纺织机、钻探机等各种生产机械，从而满足生产工艺过程的要求。在交通运输业中，需要大量的牵引电动机和船用、航空电机。在电力排灌、播种、收割等农用机械中，都需要规格不同的电动机。在伺服传动、机器人传动、航天航空和国防科学等领域的自动控制技术中，各种各样的控制电机作为检测、定位、随动、执行和解算元件。在医疗仪器、电动工具、家用电器、办公自动化设备和计算机外部设备中，也离不开功能各异的小功率电动机和特种电机。综上所述，电机在工农业生产、交通运输、国防、科技、文教领域以及人们日常生活中，早已成为提高生产效率和科技水平以及提高生活质量的主要载体之一，因此电机在国民经济的各个领域起着重要的作用。

电机工业的发展，同国民经济和科学技术的发展密切相关，它的历史至今尚不到200年。从1831年法拉第发现电磁感应现象起，到20世纪初的具备各种电机基本型式为止，是电机工业的发展初期。电机工业的近代发展时期是在20世纪至21世纪的今天，在初期阶段的实践基础上，总结了设计、制造和运行经验，对电机理论探讨进一步深化，材料、设计、制造工艺不断改进，经济指标日益提高，运行性能不断改善。

我国的电机工业，从新中国成立以来的70多年间，建立了独立自主的完整体系。早在1965年，我国就研制成功当时世界上第一台12万5千千瓦双水内冷汽轮发电机，显示了我国电机工业的迅速掘起。近些年来，随着对电机新材料的研究并在电机设计、制造工艺中利用计算机技术，普通电机的性能更好、运行更可靠；而控制电机的高可靠性、高精度、快速响应使控制系统完成各种人工无法完成的快速复杂的精巧运动。目前我国电机行业的学者和工程技术人员，正在对电机的新原理、新结构、新系列、新工艺、新材料、新的运行方式和调速方法，进行更多的探索、研究和试验工作，并取得了可喜的成绩。

二、电力拖动的优点及发展趋势

以电动机为动力拖动生产机械的拖动方式——电力拖动，具有许多其他拖动方式（如蒸汽机、内燃机、水轮机等）无法比拟的优点。

电力拖动具有优良的性能，其起动、制动、反转和调速的控制简单方便、快速性好且效率高。电动机的类型很多，具有各种不同的运行特性，可以满足各种类型的生产机械的要求。如城市公共交通中的电车，需要驱动电动机具有起动和制动快速、调速性能好、过载能力强等特点。电力拖动系统各参数的检测、信号的变换与传送方便，易于实现最优控制。因此，电力拖动已成为现代工农业生产、交通运输等中最广泛采用的拖动方式。而且随着自动控制理论的不断发展，电力电子器件的采用，以及数控技术和计算机技术的发展与采用，电力拖动装置的特性品质的大大提高，极大地提高了劳动生产率和产品质量，提高了生产机械运转的准确性、可靠性、快速性，提高了电力拖动系统的自动化控制，所以电力拖动已成为国民经济中现代工农业等领域电气自动化的基础。

三、本课程的内容和要求

本课程是电气自动化技术、工业过程自动化技术、机电一体化技术等电类专业的一门技术基础课，既有基础性又有专业性，是"电机原理"和"电力拖动基础"两大部分内容的有机结合。通过学习和实践，要求达到认识常用电机（直流电机，变压器，异步电动机、同步电动机）的结构，掌握工作原理；掌握直流电动机、三相异步电动机起动、制动、调速的电力拖动基本原理和方法；熟悉伺服电动机等控制电机的原理和应用；掌握电机实验的基本方法和数据处理方法。通过实训，熟悉三相异步电动机的嵌线和电动机维护与故障的排除。

四、本课程的特点和学习方法

本课程是运用"电工基础"等基础课的基本理论来分析研究各类电机内部的电磁物理过程，从而得出各类电机的一般规律及其各异的特性。但它与"电工基础"等基础课的性质不同。在"电机及拖动基础"课程中，不仅有理论的分析推导、磁场的抽象叙述，而且还要用基本理论去分析研究比较复杂的又往往带有机、电、磁综合性的工程实际问题。这是学习本课程的特点，也是难点。

因此，为了学好本课程，必须熟练运用电磁感应和电磁力定律、电路定律、磁路定律、安培全电流定律、铁磁材料的特点，以及力学、运动学、机械制图等已学过的知识，理解和掌握各类电机的基本电磁关系和能量转换关系，并运用所学的理论对电机的运行性能、电动机各运转状态等作相关计算。为了提高课堂教学效果，课前应预习，这样，一是对相关的已学知识进行回顾和补遗；二是对将要学到的内容浏览一遍，对新的名词术语和相关内容有所了解，便于有的放矢地听课。课后，应及时复习和小结及选择适当的思考题和计算题作为课外作业，以巩固理论知识、提高理解和运算能力。此外，需进行必要的实验和实训，培养学生的独立工作能力，提高实验、实训操作技能和动手能力。

"电机及拖动基础"将为后续课程"自动控制理论""交、直流调速系统"以及"工厂电气控制设备"等作基础技术准备，为日后工作中对电力拖动设备的技术管理和生产第一线的选配、安装调试、操作、维护与检修电力拖动设备打下良好基础。

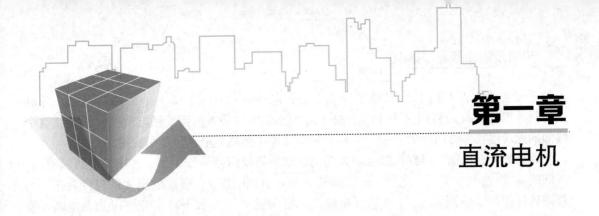

第一章
直流电机

直流电机是电能和机械能相互转换的旋转电机之一。将机械能转换为电能的是直流发电机，将电能转换为机械能的是直流电动机。

直流电动机具有良好的调速性能、较大的起动转矩和过载能力等很多优点，在起动和调速要求较高的生产机械中，如龙门刨床、轧钢机、电力机车、起重机、造纸及纺织行业等机械中，仍得到广泛的应用。由于电力电子技术的迅速发展，作为直流电源的直流发电机已逐步被晶闸管整流装置所取代，但在电镀、电解行业中仍继续得以应用。

本章主要分析直流电机的基本工作原理、结构和运行特性。

第一节　直流电机的工作原理与结构

一、直流电机的工作原理

1. 直流发电机的工作原理

直流发电机的工作原理是基于电磁感应原理，在磁感应强度为 B_x 的磁场中，一根长度为 l 的导体以匀速 v 作垂直切割磁力线的运动时，则在导体中产生感应电动势 e，其值的大小按法拉第定律来计算

$$e = B_x lv \qquad (1-1)$$

图1-1为直流发电机的工作原理模型。图中 N、S 是一对在空间固定不动的磁极（可以是永久磁铁，也可以是电磁铁），abcd 是安装在可以转动的圆柱体（导磁材料制成的）上的一个线圈，（整个转动部分称为转子或电枢），线圈两端分别接到两个相互绝缘的半圆形铜环（称为换向片，这两个换向片就构成了最简单的换向器）1 和 2 上，换向片分别与固定不动的电刷 A 和 B 保持滑动接触，这样，旋转着的线圈可以通过换向片、电刷与外电路接通。

当原动机拖着电枢以一定的转速 n 在磁场中逆时针旋转时，根据电磁感应原理，线圈边 ab 和 cd 以线速度 v 切割磁力线产生感应电动势，其方向用右手定则确定。在图中所示的位置，线圈的 ab 边处于 N 极下，产生的感应电动势从 b 指向 a；线圈的 cd 边处于 S 极下，产

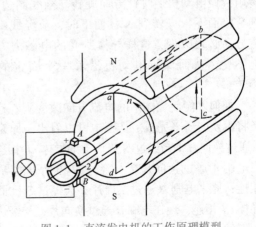

图1-1　直流发电机的工作原理模型

生的感应电动势从 d 指向 c。从整个线圈来看，电动势的方向为 $d \rightarrow c \rightarrow b \rightarrow a$；反之，当 ab 边转到 S 极下，cd 边转到 N 极下时，每个边的感应电动势方向都要随之改变，于是，整个线圈的感应电动势方向变为 $a \rightarrow b \rightarrow c \rightarrow d$。所以线圈中的感应电动势是交变的。

那么如何在电刷上得到直流电动势呢？这就要靠换向器的作用了。在图 1-1 所示瞬间：线圈的 ab 边处于 N 极下，电动势的方向从 b 向 a 引到电刷 A，所以电刷 A 的极性为正。当线圈转过 180°，线圈 ab 边与 cd 边互换位置，使 cd 边处于 N 极下时，于是 cd 边与电刷 A 接触，其电动势的方向是从 c 向 d 引到电刷 A，电刷 A 的极性仍为正。同理可分析出电刷 B 的极性为负。进一步观察可以发现，电刷 A 总是与旋转到 N 极下的导体接触，所以电刷 A 总是正极性。而电刷 B 总是与旋转到 S 极下的导体接触，所以电刷 B 总是负极性，故在电刷 A、B 之间得到的是脉动直流电动势。当电枢上均匀分布的线圈足够多时，就可使脉动程度大为降低，得到比较平滑的直流电动势。

例 1-1 如果图 1-1 中直流发电机顺时针旋转，电刷两端的电动势极性有何变化？还有什么因素会引起同样的变化？

解 在图 1-1 所示位置，当直流发电机顺时针旋转时，用右手定则判定线圈中感应电动势的方向为 $a \rightarrow b \rightarrow c \rightarrow d$，通过换向片与电刷的滑动接触，则电刷 B 极性为正，电刷 A 极性为负。所以，直流发电机改变电枢旋转方向可以改变输出电动势的极性。

由右手定则可知，决定感应电动势方向的因素有两个：一是导体运动方向（电枢转向），二是磁场极性。所以，改变磁场的极性也可使直流发电机电刷两端输出的电动势极性改变。

2. 直流电动机的工作原理

直流电动机的工作原理是基于电磁力定律的。若磁场 B_x 与导体互相垂直，且导体中通以电流 i，则作用于载流导体上的电磁力 f 为

$$f = B_x l i \tag{1-2}$$

图 1-2 是直流电动机的工作原理模型。电刷 A、B 两端加直流电压 U，在图示的位置，电流从电源的正极流出，经过电刷 A 与换向片 1 而流入电动机线圈，电流方向为 $a \rightarrow b \rightarrow c \rightarrow d$，然后再经过换向片 2 与电刷 B 流回电源的负极。根据电磁力定律，线圈边 ab 与 cd 在磁场中分别受到电磁力的作用，其方向可用左手定则确定，如图中所示。此电磁力形成的电磁转矩，使电动机逆时针方向旋转。当线圈边 ab 转到 S 极面下、cd 转到 N 极面下时，流经线圈的电流方向必须改变，这样导体所受的电磁力方向才能不变，从而保持电动机沿着一个固定的方向旋转。

如何才能使导体中的电流方向改变呢？这个任务将由换向器来完成。从图中可以看出，原来电刷 A 通过换向片 1 与经过 N 极面下的导体 ab 相连，现在电刷 A 通过换向片 2 与经过 N 极面下的导体 cd 相连；原来电刷 B 通过换向片 2 与经过 S 极面下的导体 cd 相连，现在电刷 B 通过换向片 1 与经过 S 极面下的导体 ab 相连。线圈中的电流方向改为 $d \rightarrow$

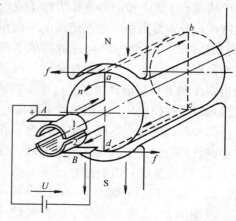

图 1-2 直流电动机的工作原理模型

$c \rightarrow b \rightarrow a$，用左手定则判断电磁力和电磁转矩的方向未变，电枢仍逆时针方向旋转。

综上所述可知，不论是直流发电机还是直流电动机，换向器可以使正电刷 A 始终与经过 N 极面下的导体相连，负电刷 B 始终与经过 S 极面下的导体相连，故电刷之间的电压是直流电，而线圈内部的电流则是交变的，所以换向器是直流电机中换向的关键部件。通过换向器和电刷的作用，把直流发电机线圈中的交变电动势整流成电刷间的方向不变的直流电动势；把直流电动机电刷间的直流电流逆变成线圈内的交变电流，以确保电动机沿恒定方向旋转。

例 1-2 电动机拖动的生产设备常常需要作正转和反转的运动，例如龙门刨床工作台的往复运动、电力机车的前行和倒退，这就要求电动机能正转和反转。图 1-2 的直流电动机怎样才能顺时针旋转呢？

解 对图 1-2 而言，电动机顺时针旋转需获得一个顺时针方向的电磁转矩，由左手定则可知：电磁力的方向取决于磁场极性和电枢绕组中电流的方向，所以直流电动机获得反转的方法有两个：一是改变磁场极性；二是改变电枢电源电压的极性使流过电枢绕组的电流方向改变。

注意：二者只能改变其一，否则，直流电动机的转向不变。

3. 电机的可逆原理

观察图 1-1 和图 1-2 可以发现，直流发电机和直流电动机工作原理模型的结构完全相同，那么电机内部有无相同之处呢？

（1）直流发电机 当发电机带负载以后，例如图 1-1 中电刷两端接一灯泡，就有电流流过负载，同时也流过线圈，其方向与感应电动势方向相同。根据电磁力定律，载流导体 ab 和 cd 在磁场中会受力的作用，形成的电磁转矩方向为顺时针，与转速方向相反。这意味着，电磁转矩阻碍发电机旋转，是制动转矩。

为此，原动机必须用足够大的拖动转矩来克服电磁转矩的制动作用，以维持发电机的稳定运行。此时发电机从原动机吸取机械能，转换成电能向负载输出。

（2）直流电动机 从图 1-2 中可知，当电动机旋转起来后，导体 ab 和 cd 切割磁力线，产生感应电动势，用右手定则判断出其方向与电流方向相反。这意味着，此电枢电动势是一反电动势，它阻碍电流流入电动机。

所以，直流电动机要正常工作，就必须施加直流电源以克服反电动势的阻碍作用，即 $U > E_a$，把电流灌入电动机。此时电动机从直流电源吸取电能，转换成机械能输出。

综上所述，无论发电机还是电动机，由于电磁的相互作用，电枢电动势和电磁转矩是同时存在的。从原理上说发电机和电动机两者并无本质差别，只是外界条件不同而已。一台电机，既可作为发电机运行，又可作为电动机运行，这就是直流电机的可逆原理。可逆原理同样也适用于交流电机。

二、直流电机的基本结构

由上述直流电机的工作原理可以知道，直流电机的结构由两个主要部分组成：①静止部分（称为定子），主要用来产生磁通；②转动部分（称为转子，通称电枢），是机械能变为电能（发电机）、或电能变为机械能（电动机）的枢纽。在定转子之间，有一定的间隙称为气隙。

图 1-3 是直流电动机的内部结构图，图 1-4 是直流电机的径向剖面示意图，图 1-5 是直流电机的主要部件图。下面简要介绍直流电机主要部件结构及其作用。

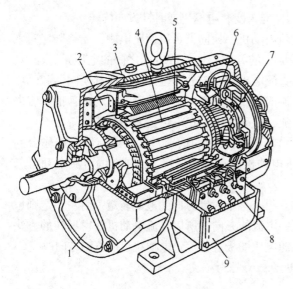

图 1-3　直流电动机的内部结构图

1—端盖　2—风扇　3—机座　4—电枢　5—主磁极
6—电刷架　7—换向器　8—接线板　9—出线盒

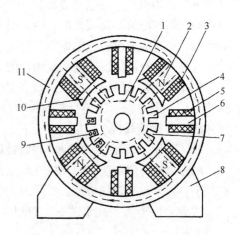

图 1-4　直流电机的径向剖面示意图

1—电枢铁心　2—主磁极铁心　3—励磁绕组
4—电枢齿　5—换向极绕组　6—换向极铁心
7—电枢槽　8—底座　9—电枢绕组
10—极掌（极靴）　11—磁轭（机座）

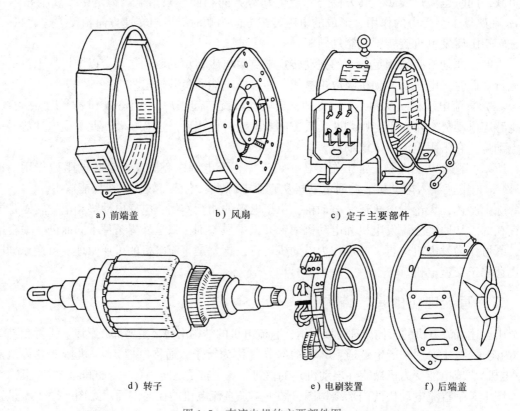

a）前端盖　　　　b）风扇　　　　c）定子主要部件

d）转子　　　　e）电刷装置　　　　f）后端盖

图 1-5　直流电机的主要部件图

1. 定子部分

（1）主磁极　主磁极由磁极铁心和励磁绕组组成。当励磁绕组中通入直流电流后，铁心中即产生励磁磁通，并在气隙中建立励磁磁场。励磁绕组通常用圆形或矩形的绝缘导线制成一个集中的线圈，套在磁极铁心外面。磁极铁心一般用 1～1.5mm 厚的低碳钢板冲片叠压铆接而成，主磁极铁心柱体部分称为极身，靠近气隙一端较宽的部分称为极靴，极靴与极身交界处形成一个突出的肩部，用以支撑住励磁绕组。极靴沿气隙表面处做成弧形，使极下气隙磁通密度分布更合理。整个主磁极用螺杆固定在机座上。主磁极总是 N、S 两极成对出现。我们用 p 表示电机的极对数，图 1-4 中的 $p=2$，即有 2 对主磁极，常称为 4 极电机。各主磁极的励磁绕组通常是相互串联连接，连接时要能保证相邻磁极的极性按 N、S 交替排列。反映励磁（主极）磁场的磁力线经主磁极的 N 极—气隙—电枢齿—电枢磁轭—电枢齿—气隙—S 极—定子磁轭—（回到）N 极，形成闭合的磁回路，如图 1-4 所示。

（2）换向极　换向极也是由铁心和换向极绕组组成，当换向极绕组通过直流电流后，它所产生的磁场对电枢磁场产生影响，目的是为了改善换向，使电刷与换向片之间火花减小（详见本章第四节）。换向极绕组总是与电枢绕组串联，它的匝数少、导线粗。换向极铁心通常都用厚钢板叠制而成，用螺杆安装在相邻两主磁极之间的机座上。直流电机功率很小时，换向极可以减少为主磁极数的一半，甚至不装换向极。

（3）机座　机座的作用之一是把主磁极、换向极、端盖等零部件固定起来，所以要求它有一定的机械强度。它的另一个作用是让励磁磁通经过，是主磁路的一部分（机座中磁通通过的部分称为磁轭），因此，又要求它有较好的导磁性能，机座一般为铸钢件或由钢板焊接而成。对于某些在运行中有较高要求的微型直流电机，主磁极、换向极和磁轭用硅钢片一次冲制叠压而成，此时，机座只起固定零部件的作用。

（4）电刷装置　电刷的作用是将旋转的电枢与固定不动的外电路相连，把直流电压和直流电流引入或引出。因此，它与换向片既要有紧密的接触，又要有良好的相对滑动。电机中常用一套电刷装置来保证它的作用。电刷装置由电刷及弹簧、刷握、刷杆、刷杆座等组成。电刷是用石墨等做成的导电块，放置在刷盒内，用弹簧将它压紧在换向器上。刷握固定在刷杆上，容量大的电机，同一刷杆上可并接一组刷握和电刷。一般刷杆数与主磁极数相等。由于电刷有正、负极之分，因此刷杆必须与刷杆座绝缘。电刷组在换向器表面应对称分布，刷杆座可与端盖或机座相连接。整个电刷装置可以移动，用以调整电刷在换向器上的位置。图 1-6 为电刷装置结构图。

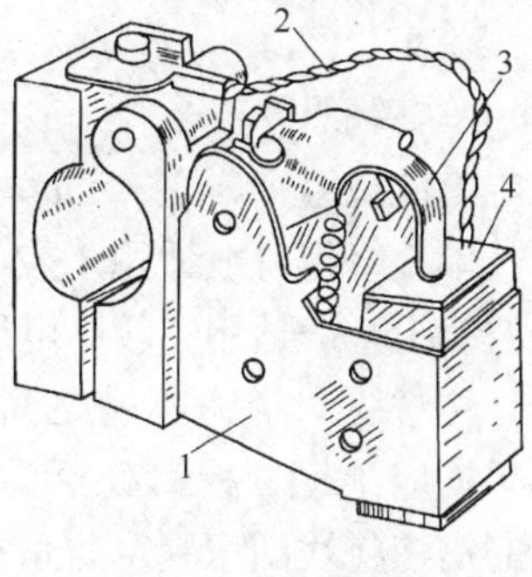

2. 转子部分

（1）电枢铁心　电枢铁心是主磁路的一部分，同时也要安放电枢绕组。由于电机运行时电枢与气隙磁场间有相对运动，铁心中也会产生感应电动势而出现涡流和磁滞损耗。为了减少损耗，电枢铁心通常用厚度为 0.5mm、表面涂绝缘漆的硅钢冲片叠压而成。冲片圆周外缘均匀地冲有许多齿和槽，

图 1-6　电刷装置结构图
1—刷握　2—铜丝辫　3—压紧弹簧
4—电刷

槽内可安放电枢绕组，有的冲片上还冲有许多圆孔，以形成改善散热的轴向通风孔。

（2）电枢绕组 电枢绕组是直流电机电路的主要部分，它的作用是产生感应电动势和流过电流而产生电磁转矩实现机电能量转换，是电机中的重要部件。电枢绕组由许多个线圈（又称绕组元件）按一定的规律连接而成。这种线圈通常用高强度聚酯漆包线绕制而成，它的一条有效边（线圈的直导线部分，因切割磁场而感应电动势的有效部分）嵌入某个槽中的上层，另一有效边则嵌入另一槽中的下层，如图1-7所示。每个线圈两有效边的引出端都分别按一定的规律焊接到换向器的换向片上。电枢绕组线圈间的联接方法有叠绕组、波绕组、混合绕组等。其中单叠绕组、

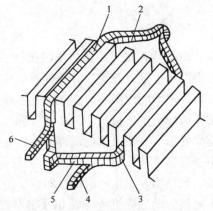

图1-7 线圈在槽内安放示意图
1—上层有效边 2、5—端接部分 3—下层有效边
4—线圈尾端 6—线圈首端

单波绕组的联接示意图如图1-8所示。从参考文献2可知，不同联接规律的电枢绕组有不同的并联支路对数 a。如单叠绕组是每个主极下的线圈串联成1条支路，电机共有 $2p$ 个极，就有 $2p$ 条支路，即 p 对支路；单波绕组是所有相同极性下的线圈串联成1条支路，电机共有 N、S 两种极性，故有2条支路，即1对支路。用公式表示为

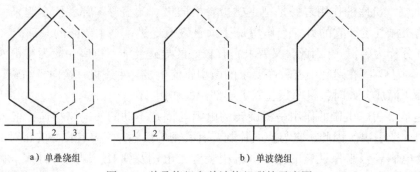

　　a）单叠绕组　　　　　　　　b）单波绕组

图1-8 单叠绕组和单波绕组联接示意图

单叠绕组　　　　　　$a = p$

单波绕组　　　　　　$a = 1$

单叠绕组一般适用于较大电流的直流电机，单波绕组一般适用于较高电压的直流电机。

注意线圈与铁心槽之间及上、下层有效边之间均应绝缘，槽口处沿轴向打入绝缘材料制成的槽楔将线圈压紧以防止它在旋转时飞出。

（3）换向器 换向器的作用是与电刷一起将直流电动机输入的直流电流转换成电枢绕组内的交变电流，或是将直流发电机电枢绕组中的交变电动势转换成输出的直流电压。

图1-9所示的换向器是一个由许多燕尾状的

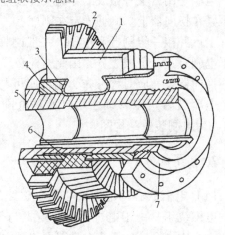

图1-9 直流电机换向器
1—换向片 2—云母片 3—V形云母套筒 4—V形
钢环 5—钢套 6—绝缘套筒 7—螺旋压圈

梯形铜片间隔云母片绝缘排列而成的圆柱体，每片换向片的一端有高出的部分，上面铣有线槽，供电枢绕组引出端焊接用。

上述换向器沿用传统制造方法，其缺点是电动机高速时，易出现电刷与换向片不能有效接触，出现跳排现象。全塑换向器具有旋转速度高、质量小、加工简便、制造周期短等优点，可有效解决跳排的问题。特别适宜用于汽车起动机和中小型直流电动机。塑料换向器有两种：一种是由白云母片经硅有机漆粘贴，置于模中，然后注入硅有机塑料热压而成整体。另一种是直接将换向片置于模中加热，注入酚醛树脂或玻璃纤维热固压成型，价廉；如果注入 F46 氟塑料热压成型则价贵，绝缘等级高。

3. 气隙

气隙是电机磁路的重要部分。它的路径虽然很短，但由于气隙磁阻远大于铁心磁阻，（一般小型电机的气隙为 $0.7 \sim 5\text{mm}$，大型电机为 $5 \sim 10\text{mm}$），对电机性能有很大的影响。在拆装直流电机时应予以重视。

三、直流电机的铭牌数据

每一台电机上都有一块铭牌，上面列出电机型号、额定值等一些具体的数据。额定值：这是电机制造厂家按照国家标准和该电机的特定情况规定的电机额定运行状态时的各种运行数据，也是对用户提出的使用要求。如果用户使用时处于轻载即负载远小于额定值，则电机能持续正常运行，但效率降低，不经济。如果电机运行超出了额定值，则称为过载，将缩短电机的使用寿命甚至可能损坏。所以根据负载条件合理选用电机，使其接近额定值才既经济合理，又可以保证电机可靠地工作，并且具有优良的性能。图 1-10 是一台直流电动机的铭牌。

直 流 电 动 机

型号	Z4－112/2－1	标准编号	GB/T 6316	冷却方式	IC06
额定功率	5.5kW	励磁方式	他励	工作制	S1
额定电压	440V	励磁电压	180V	绝缘等级	F
额定电流	14.7A	励磁功率	320W	防护等级	IP21S
额定转速	2940r/min	弱磁转速	4000r/min	重量	××kg
出品编号	××××	出品日期	××××年×月	整流器编号	
××××电机厂					

图 1-10　直流电动机的铭牌

现对其中几项主要数据说明如下：

1. 电机型号

型号表明该电机所属的系列及主要特点。掌握了型号，就可以从有关的手册及资料中查出该电机的许多技术数据。

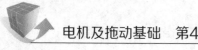
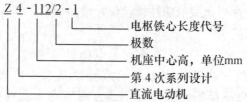

Z 4 - 112/2 - 1

电枢铁心长度代号
极数
机座中心高，单位mm
第 4 次系列设计
直流电动机

另一种 Z4 型号示例（Z4-180，同前说明）

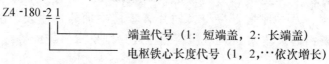

Z4 -180 -2 1

端盖代号（1：短端盖，2：长端盖）
电枢铁心长度代号（1，2，…依次增长）

2. 额定值

（1）额定功率 P_N P_N（kW）是指在规定的工作条件下，长期运行时的允许输出功率。对于发电机来说，是指正负电刷之间输出的电功率；对于电动机来说，则是指轴上输出的机械功率。

（2）额定电压 U_N U_N（V）对发电机来说，是指在额定电流下输出额定功率时的端电压；对电动机来说，是指在按规定正常工作时，加在电动机两端的直流电源电压。

（3）额定电流 I_N I_N（A）是直流电机正常工作时输出或输入的最大电流值。

对于发电机，三个额定值之间的关系为 $P_N = U_N I_N$ （1-3）

对于电动机，三个额定值之间的关系为 $P_N = U_N I_N \eta_N$ （1-4）

额定效率 $$\eta_N = \frac{P_N}{P_1} \times 100\% \qquad (1-5)$$

（4）额定转速 n_N n_N（r/min）是指电机在上述各项均为额定值时的运行转速。

3. 最高转速

这是 Z4 系列直流电动机铭牌中特有的一个数据，是指电动机采用弱磁调速（具体见第二章第六节）时，允许高于额定转速的最高转速，若超过此转速，则电动机的机械强度等可能受损。所以很多厂家的铭牌上常把最高转速标注为弱磁转速，图 1-10 所示的弱磁（最高）转速为 4000r/min。

4. 冷却方式

电机运行时，各种损耗会有热能产生，需要进行相应的冷却。Z4 系列电动机的冷却方式是 IC06（自带鼓风机的外通风），也可为 IC17（冷空气进口为管道，出口为百叶窗排风）。自带鼓风机的 Z4 系列直流电动机外形图可扫二维码观看。

自带鼓风机的
Z4系列直流电
动机外形图

5. 绝缘等级

电机的绝缘等级高低决定了绝缘材料的耐热允许温度，从而决定电机的允许温升。电机的允许温升与绝缘等级的关系如表 1-1 所示（温升采用电阻法测得）。

表 1-1 电机允许温升与绝缘耐热等级的关系

绝缘耐热等级	130（B）	155（F）	180（H）	200（N）
绝缘材料的允许温度/°C	130	155	180	200
电机的允许温升/K（电阻法）	80	105	125	145

例 1-3 一台直流发电机，$P_N = 10\text{kW}$，$U_N = 230\text{V}$，$n_N = 2850\text{r/min}$，$\eta_N = 85\%$。求其额定电流和额定负载时的输入功率。

解

由式(1-3) 得
$$I_N = \frac{P_N}{U_N} = \frac{10 \times 10^3}{230}\text{A} = 43.48\text{A}$$

由式(1-5) 得
$$P_1 = \frac{P_N}{\eta_N} = \frac{10 \times 10^3}{0.85}\text{W} = 11760\text{W} = 11.76\text{kW}$$

例 1-4 一台 Z4‑132‑11 直流电动机，已知 $P_N = 18.5\text{kW}$，$U_N = 440\text{V}$，$\eta_N = 83.3\%$，$n_N = 2850\text{r/min}$，求其额定电流和额定负载时的输入功率。

解

由式(1-4) 得
$$I_N = \frac{P_N}{U_N \eta_N} = \frac{18.5 \times 10^3}{440 \times 0.833}\text{A} = 50.47\text{A}$$

由式(1-5) 得
$$P_1 = \frac{P_N}{\eta_N} = \frac{18.5 \times 10^3}{0.833}\text{W} = 22.21\text{kW}$$

6. 励磁方式

直流电机在进行能量转换时，不论是将机械能转换为电能的发电机，还是将电能转换为机械能的电动机，都以气隙中的磁场作为媒介。除了采用磁钢制成主磁极的永磁式直流电机以外，直流电机都是在励磁绕组中通以励磁电流 I_f 产生磁场的。励磁绕组获得电流的方式称作励磁方式。

直流电机的运行性能与它的励磁方式有密切的关系。以直流电动机为例，励磁方式分为：

（1）他励　励磁绕组的电流由单独的电源供给，如图 1-11a 所示。Z4 系列电动机均为他励（永磁式也是他励的一种形式）。

（2）并励　励磁绕组与电枢绕组并联，如图 1-11b 所示。

（3）串励　励磁绕组与电枢绕组串联，如图 1-11c 所示。

（4）复励　励磁绕组分为两部分，一部分与电枢绕组并联，是主要部分；另一部分与电枢绕组串联，如图 1-11d 所示。两部分励磁绕组的磁通势方向相同时称为积复励；方向相反则称为差复励。

对于直流发电机，由于电枢绕组为输出直流电的电源部分，因此，并励、复励式励磁绕组的电流都由自己的电枢电动势所提供，统称为自励发电机。

四、直流电机的主要系列简介

所谓系列电机，就是在应用范围、结构型式、性能水平、生产工艺等方面有共同性，功

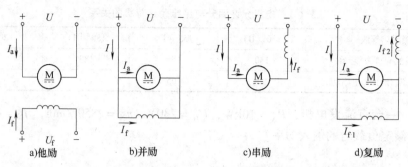

a)他励　　　　　　b)并励　　　　　　c)串励　　　　　　d)复励

图 1-11　直流电动机的励磁方式

率按某一系数递增的成批生产的电机。搞系列化的目的是为了产品的标准化和通用化。我国直流电机主要系列有：

（1）Z4 系列电动机　中心高 100～355mm，是我国机械行业标准 JB/T 6316—2006《Z4 系列直流电动机技术条件》所规定的标准系列小型直流电动机；广泛用作各类机械的传动源，诸如冶金工业轧机传动，金属切削机床、造纸、印刷、纺织、印染、水泥、塑料挤出机械等。Z4 系列直流电动机比 Z2、Z3 系列具有更大的优越性，它不仅可用直流机组电源供电，更适用于静止整流电源供电。而且转动惯量小，具有较好的动态性能，并能承受较高的负载变化率，特别适用于需要平滑调速、效率高、自动稳速、反应灵敏的控制系统。Z4 系列励磁方式为他励，励磁电压为 180V。额定电压为 160V 的电动机，在单相桥式整流器供电的情况下，一般需带电抗器工作，外接电抗器的电感数值在电动机铭牌上注明。额定电压 440V 的电动机是三相全桥式整流器供电，均不需外接电抗器。

（2）Z 系列中型直流电动机　中心高 355～710mm，是我国机械行业标准 JB/T 9577—2011《Z 系列中型直流电动机技术条件》所规定的标准系列中型直流电动机，共有 A、B、C 三类，分别是普通工业用电动机、金属轧机用电动机、可逆轧机用电动机。除一般的直流电动机要求外，第二类电动机要求有连续过载能力、有较强的机械结构、有较高的短时过载能力。第三类要求有适合传动快速逆转和突然施加重负荷的能力、有高的短时过载能力。

（3）ZT 系列　用于恒功率且调速范围较宽的宽调速直流电动机。

（4）ZZJ 系列　冶金辅助拖动机械用的冶金起重直流电动机，它具有快速起动和承受较大过载能力的特性。

（5）ZQ 系列　电力机车、工矿电机车和蓄电池供电的电车用的直流牵引电动机。

（6）Z-H 系列　船舶上各种辅机用的船用直流电动机。

还有许多系列，请参阅电机手册。

小　结

直流电机的工作原理建立在电磁感应定律和电磁力定律的基础上。在不同的外部条件下，电机中能量转换的方向是可逆的。如果从轴上输入机械能，电枢绕组中感应电动势大于端电压时，电机运行于发电机状态；如果从电枢输入电能，电枢绕组中感应电动势小于端电压时，电机运行于电动机状态，从轴上输出机械能。

直流电机的结构可分为定子、转子两部分。定子主要用于建立磁场，转子主要通过电枢绕组作能量转换。虽然绕组元件中的感应电动势和电流都是交变的，但由于换向器和电刷的作用，使电刷间的外电路上电动势、电压和电流都是直流的。

第二节　直流电机的电磁转矩和电枢电动势

一、电磁转矩 T

在直流电机中，电磁转矩是由电枢电流与合成磁场相互作用而产生的电磁力所形成的。按电磁力定律，作用在电枢绕组每一根导体（线圈的有效边）上的平均电磁力为：$f = B_x l i_a$，对于给定的电机，磁感应强度 B 与每极的磁通 Φ 成正比；每根导体中的电流 i_a 与从电刷流入（或流出）的电枢电流 I_a 成正比；导线长度 l 在电机制成后是个常量。因此电磁转矩 T 与电磁力 f 成正比，即电磁转矩与每极磁通 Φ 和电枢电流 I_a 的乘积成正比。因此，电磁转矩的大小可用下式来表示：

$$T = C_T \Phi I_a \tag{1-6}$$

式中　C_T——转矩常数，$C_T = pN/(2\pi a)$ 取决于电机的结构，即在已制成的电机中，p、N（电枢绕组总导体根数）、a 均为定值；

　　　Φ——每极磁通（Wb）。

当电枢电流的单位为 A 时，电磁转矩单位为 N·m。

式(1-6) 表明对已制成的电机，电磁转矩 T 正比于每极磁通 Φ 及电枢电流 I_a。当每极磁通恒定时，电枢电流越大，电磁转矩也越大。当电枢电流一定时，每极磁通越大，电磁转矩也越大。

二、电枢电动势 E_a

在直流电机中，感应电动势是由于电枢绕组和磁场之间的相对运动，即导线切割磁力线而产生的。根据电磁感应定律，电枢绕组中每根导体的感应电动势为 $e = B_x l v$。对于给定的电机，电枢绕组的电动势即每一并联支路的电动势，等于并联支路每根导体电动势之总和，线速度 v 与转子的转速 n 成正比。因此，电枢电动势可用下式表示：

$$E_a = C_e \Phi n \tag{1-7}$$

式中　C_e——电动势常数，$C_e = pN/(60a)$，取决于电机的结构。

当每极磁通 Φ 的单位为 Wb，转速 n 的单位为 r/min 时，电枢电动势的单位为 V。

由式(1-7) 可知：对已制成的电机，电枢电动势 E_a 正比于每极磁通和转速。

转矩常数 C_T 与电动势常数 C_e 之间有固定的比值关系：

$$\frac{C_T}{C_e} = \left(\frac{pN}{2\pi a}\right) \Big/ \left(\frac{pN}{60a}\right) = \frac{60}{2\pi} = 9.55$$

即　　　　　　　　　　　　　　$$C_T = 9.55 C_e \tag{1-8}$$

例 1-5　有一台 4 极直流电动机，电枢绕组为单叠绕组，每极磁通为 2.0×10^{-2} Wb，电枢总导线数 $N = 432$，转速 $n = 2850$ r/min。求：

1) 电动机的电枢电动势。

2) 若电枢电流为400A时，能产生多大电磁转矩？

解

1) 电枢电动势：

单叠绕组：$a = p = 2$

$$E_a = C_e \Phi n = \frac{pN}{60a}\Phi n = \left(\frac{2 \times 432}{60 \times 2} \times 2.0 \times 10^{-2} \times 2850\right)V = 410.4V$$

2) 电磁转矩

$$T = C_T \Phi I_a = \frac{pN}{2\pi a}\Phi I_a = \left(\frac{2 \times 432}{2 \times 3.14 \times 2} \times 2.0 \times 10^{-2} \times 400\right)N \cdot m = 550.32N \cdot m$$

三、电磁功率 P_{em}

以上分析的电磁转矩 T 和感应电动势 E_a 在直流电机的机电能量变换中具有重要意义。以直流电动机为例，电功率转换为机械功率的桥梁在哪里？我们已知直流电动机的电动势是反电动势，施加的电源必须大于反电动势把电流灌入，电动机才能正常工作。E_a 与 I_a 的乘积是电功率，称之为电磁功率 P_{em}，即：

$$P_{em} = E_a I_a \tag{1-9}$$

这部分电磁功率是不是经过电磁感应的作用，确实都转变为机械功率了呢？根据式(1-7)、式(1-6) 和 $\Omega = 2\pi n/60$，式(1-9) 可写成：

$$P_{em} = E_a I_a = \frac{pN}{60a}\Phi n I_a = \frac{pN}{2\pi a}\Phi I_a \frac{2\pi n}{60} = T\Omega \tag{1-10}$$

从力学知识可知，转矩 T 和转子机械角速度 Ω 的乘积为机械功率表示方法。上式说明，电功率属性的电磁功率 $E_a I_a$ 全部转换为机械功率属性的电磁功率 $T\Omega$，它是机电能量转换的桥梁，在电磁量与机械量的计算中有很重要的意义。

小　结

电磁转矩 T、电枢电动势 E_a 是直流电机运行过程中重要的物理量，两者的公式可用物理意义去理解。在磁场一定的情况下，电磁转矩 T 是与电枢电流 I_a 有关，即电枢中的载流导体在磁场中受到电磁力而形成电磁转矩；而电枢电动势 E_a 是与转速有关，即电枢中的旋转导体相对切割磁场而感应电动势。

第三节　直流电动机的运行原理

一、直流电动机的基本方程式

直流电动机的基本方程式是指直流电动机稳定运行时电路系统的电动势平衡方程式，机械系统的转矩平衡方程式以及能量转换过程中的功率平衡方程式。这些方程式反映了直流电动机内部的电磁过程，又表达了电动机内外的机电能量转换，说明了直流电动机的运行原理，必须予以掌握。下面以他励直流电动机为例进行分析。

图 1-12 是一台他励直流电动机结构示意图和电路图，将各物理量的正方向按惯例标注在图上。电枢电动势 E_a 是反电动势，与电枢电流方向相反，电磁转矩 T 是拖动转矩，T 与转速 n 的方向一致，负载转矩 T_L 与转速方向相反。

1. 电动势平衡方程式

根据电路的基尔霍夫定律可以写出电枢回路的电动势平衡方程式

$$U = E_a + I_a R_a \tag{1-11}$$

式中　I_a——电枢电流，$I_a = I$（I 为负载电流或称为输入电流，若是并励电动机，则有 $I_a = I - I_f$）；

R_a——电枢回路中总电阻。

2. 功率平衡方程式

电动机在机电能量转换中，是不可能将输入的电功率全部转换成机械功率的，在转换过程中总有一部分能量被电机自身消耗掉，这部分能量称为损耗。直流电机的损耗可分为：由各类摩擦和风扇引起的机械损耗 p_m、电枢铁心磁滞和涡流损耗之和的铁耗 p_{Fe}、电枢回路铜耗 p_{Cua}（$= I_a^2 R_a$）、励磁回路铜耗 p_f（$= U I_f = R_f I_f^2$）、杂散损耗

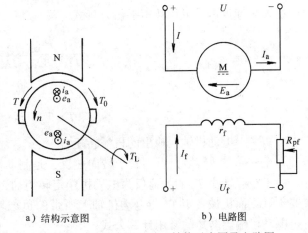

a）结构示意图　　b）电路图

图 1-12　他励直流电动机结构示意图及电路图

p_s。机械损耗 p_m 和铁耗 p_{Fe} 空载时就存在，两者之和近似为空载损耗 $p_0 \approx p_m + p_{Fe}$（略空载时很小的电枢回路铜耗），空载损耗又叫不变损耗；电枢回路铜耗 p_{Cua} 与励磁回路铜耗 p_f 之和称之为铜耗 p_{Cu}。但 p_{Cua} 相比 p_f 要大得多，且电枢电流随负载变化而变化，因而电机中的电枢铜耗 p_{Cua} 又叫可变损耗。

因此，功率平衡方程式，就是扣除损耗的过程。当他励直流电动机接上电源时，电枢绕组中流过电流 I_a，电网向电动机输入的电功率为

$$P_1 = UI = U I_a = (E_a + I_a R_a) I_a = E_a I_a + I_a^2 R_a$$

即

$$P_1 = P_{em} + p_{Cua} \tag{1-12}$$

上式说明：输入的电功率很小部分被电枢绕组消耗（电枢铜耗），大部分作为电磁功率转换成了机械功率。但这还不是输出的机械功率，扣除机械损耗 p_m、铁耗 p_{Fe} 以及附加损耗 p_s 后的大部分机械功率，才是从电动机轴上输出的机械功率 P_2，即

$$P_2 = P_{em} - p_{Fe} - p_m - p_s = P_{em} - p_0 - p_s \tag{1-13}$$

由式（1-12）和式（1-13）可得到 P_1 到 P_2 时的功率平衡方程式：

$$P_2 = P_1 - p_{Cua} - p_{Fe} - p_m - p_s = P_1 - \sum p \tag{1-14}$$

上述的功率平衡关系可由他励直流电动机功率流程图形象地表示，如图 1-13 所示。

图中可看到他励电动机的励磁铜耗 p_f 由其他电源提供。但要注意并励电动机的励磁铜

耗由同一电源提供，所以并励电动机的功率平衡方程式中还应包括励磁铜耗 p_f。

直流电动机的效率为

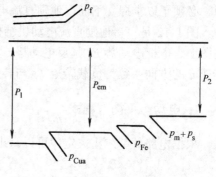

图1-13 他励直流电动机功率流程图

$$\eta = \frac{P_2}{P_1} \times 100\% = \frac{P_2}{P_2 + \sum p} \times 100\% \quad (1\text{-}15)$$

一般中小型直流电动机的效率在 $75\% \sim 85\%$ 之间，大型直流电动机的效率约在 $85\% \sim 94\%$ 之间。

3. 转矩平衡方程式

将式 (1-13) 中的 p_s 忽略，等号两边同除以电动机的机械角速度 Ω，可得转矩平衡方程式

$$\frac{P_2}{\Omega} = \frac{P_{em}}{\Omega} - \frac{p_0}{\Omega}$$

得

$$T_2 = T - T_0$$

或

$$T = T_2 + T_0 \tag{1-16}$$

式中 T_2——电动机轴上输出的机械转矩；

T_0——空载转矩，恒与转子转向相反，是制动性质的。

由于空载转矩 T_0 的数值仅为电动机额定转矩的 $2\% \sim 5\%$，所以在重载或额定负载下常忽略不计；而机械转矩 T_2 与电动机轴上所带的负载转矩 T_L 相平衡，即 $T_2 = T_L$，则由上式可得电动机输出转矩的常用计算公式

$$T_2 = \frac{P_2}{\Omega} = \frac{P_2}{2\pi n/60} = 9.55\frac{P_2}{n} \tag{1-17}$$

在额定情况下，$P_2 = P_N$，$T_2 = T_N$，$n = n_N$，则

$$T_N = 9.55\frac{P_N}{n_N}$$

例1-6 一台他励直流电机，接在440V直流电网上运行，已知：$a = 1$，$p = 2$，电枢总导体数 $N = 744$，每极磁通 $\Phi = 0.011\text{Wb}$，$n_N = 1500\text{r/min}$，$R_a = 0.412\Omega$，$p_{Fe} + p_m = 591.8\text{W}$。

1）问：此电机是发电运行还是电动运行？

2）求：电磁转矩、输入功率和效率各为多少？

解

1）判断一台直流电机是何种运行状态，可比较电枢电动势和端电压的大小，即

$$E_a = C_e \Phi n = \frac{pN}{60a}\Phi n = \left(\frac{2 \times 744}{60 \times 1} \times 0.011 \times 1500\right)\text{V} = 409.2\text{V}$$

$E_a < U$，所以是电动运行状态。

2）求 T 和 η

根据

$$U = E_a + I_a R_a$$

则 电枢电流 $\quad I_a = \dfrac{U - E_a}{R_a} = \left(\dfrac{440 - 409.2}{0.412}\right)\text{A} = 74.76\text{A}$

电磁功率 $\quad P_{em} = E_a I_a = (409.2 \times 74.76) \text{W} = 30591.8 \text{W}$

电磁转矩 $\quad T = 9.55 \times \dfrac{P_{em}}{n_N} = \left(9.55 \times \dfrac{30591.8}{1500}\right) \text{N} \cdot \text{m} = 194.77 \text{N} \cdot \text{m}$

也可:

$$T = C_T \Phi I_a = \dfrac{pN}{2\pi a} \Phi I_a$$

$$= \left(\dfrac{2 \times 744}{2 \times 3.14 \times 1} \times 1.1 \times 10^{-2} \times 74.76\right) \text{N} \cdot \text{m} = 194.77 \text{N} \cdot \text{m}$$

效率

$$\eta = \dfrac{P_2}{P_1} \times 100\% = \dfrac{P_{em} - (p_m + p_{Fe})}{UI} \times 100\%$$

$$= \dfrac{30591.8 - 591.8}{440 \times 74.76} = \dfrac{30000}{32894.4} = 91.2\%$$

以上:他励电动机,$I = I_a$

例 1-7 一台 Z4 - 180 - 11 他励直流电动机,额定数据为:$P_N = 37\text{kW}$,$U_N = 440\text{V}$,$\eta_N = 88.51\%$,$n_N = 1500\text{r/min}$,电枢回路总电阻 $Ra = 0.261\Omega$。试求:

1)额定负载时的电枢电动势 E_a 和额定电磁转矩 T;

2)额定输出转矩 T_N 和空载转矩 T_0。

解 $\qquad I_N = \dfrac{P_N}{U_N \eta_N} = \left(\dfrac{37 \times 10^3}{440 \times 0.8851}\right) \text{A} = 95\text{A} \qquad$ 他励 $\quad I_{aN} = I_N$

1)因为:$U = E_a + I_a R_a$ 所以:$E_a = U_N - I_N R_a = (440 - 95 \times 0.261)\text{V} = 415.21\text{V}$

$$P_{em} = E_a I_a = (415.21 \times 95) \text{W} = 39444.95 \text{W}$$

$$T = 9.55 \dfrac{P_{em}}{n_N} = \left(9.55 \times \dfrac{39444.95}{1500}\right) \text{N} \cdot \text{m} = 251.13 \text{N} \cdot \text{m}$$

2) $\qquad\qquad T_N = 9.55 \dfrac{P_N}{n_N} = \left(9.55 \times \dfrac{37 \times 10^3}{1500}\right) \text{N} \cdot \text{m} = 235.57 \text{N} \cdot \text{m}$

$$T_0 = T - T_N = (251.13 - 235.57) \text{N} \cdot \text{m} = 15.56 \text{N} \cdot \text{m}$$

二、直流电动机的工作特性

直流电动机的工作特性是指 $U = U_N = $ 常数,电枢回路不串入附加电阻,励磁电流 $I_f = I_{fN}$ 时,电动机的转速 n、电磁转矩 T 和效率 η 与输出功率 P_2 之间的关系,即 $n = f(P_2)$、$T = f(P_2)$、$\eta = f(P_2)$。

下面以他励电动机为例进行讨论。并励电动机的励磁绕组与电枢绕组虽然都并接在同一直流电源上,但因为直流电源电压恒定不变,这就与励磁绕组单独接在另一电源上的效果完全一样,因此并励电动机与他励电动机的运行性能基本相同。

1. 转速特性 $n = f(P_2)$

根据 $\qquad\qquad\qquad U = E_a + I_a R_a = C_e \Phi n + I_a R_a$

得 $\qquad\qquad\qquad\qquad n = (U - I_a R_a)/(C_e \Phi)$

当电动机轴上的机械负载增大时，输出的机械功率 P_2 随之增大，输入功率 P_1 和电枢电流 I_a 也随之增加，因电枢电阻很小，电枢电阻压降略增大，使转速 n 略降低。所以，转速特性是一条略微向下倾斜的曲线，如图 1-14 曲线 1 所示。

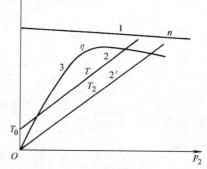

图 1-14　他励电动机工作特性
1—转速特性　2—转矩特性　3—效率特性

2. 转矩特性 $T = f(P_2)$

根据转矩平衡方程式 $T = T_2 + T_0 = 9.55 P_2/n + T_0$，如果 n 不变，则输出转矩 T_2 与 P_2 成正比关系。$T_2 = f(P_2)$ 特性曲线是一条过坐标原点的直线。考虑到 P_2 增大时，n 略有下降，故 $T_2 = f(P_2)$ 曲线在 T_2 较大时偏离上述直线呈略为上翘趋势，如图 1-14 曲线 2′ 所示。

空载转矩 T_0 在转速变化不大的情况下，可认为是一恒定值，因此 $T = f(P_2)$ 特性曲线与 $T_2 = f(P_2)$ 曲线平行，并比 $T_2 = f(P_2)$ 曲线高一个数值 T_0，即曲线在纵坐标上的截距为 T_0，如图 1-14 曲线 2 所示。

3. 效率特性 $\eta = f(P_2)$

根据效率公式

$$\eta = \frac{P_2}{P_1} \times 100\% = \left(1 - \frac{\sum p}{P_1}\right) \times 100\% = \left(1 - \frac{p_0 + p_{Cua}}{UI_a}\right) \times 100\%$$

$$= \left(1 - \frac{p_0 + I_a^2 R_a}{UI_a}\right) \times 100\%$$

由前面的分析可知，直流电机的损耗分为不变损耗 p_0 和可变损耗 p_{Cua} 两部分。当 P_2 从零逐渐增大时，I_a 值很小，可变损耗 $I_a^2 R_a$ 很小，可略而不计，电机损耗以不变损耗为主。这样输出功率 P_2 增大，而电机损耗极微，效率 η 上升很快。随后因为可变损耗随电流按二次方关系增大，使总损耗的增加很快、效率下降，由此可知，效率曲线是一条先上升、后下降的曲线，如图 1-14 曲线 3 所示。曲线中出现了效率最大值 η_{max}。令 $\mathrm{d}\eta/\mathrm{d}I_a = 0$，可得他励电动机获得最大效率的条件：

$$p_0 = p_{Cua}$$

可见，当电机的可变损耗等于不变损耗时其效率最高。效率特性还告诉我们，电动机空载、轻载时效率低，满载时效率较高，过载时效率反而降低。在使用和选择电动机上应尽量使电动机工作在高效率的区域。

小　结

直流电动机的基本公式和基本方程式是对直流电动机原理和运行进行分析的重要工具，工作特性是电动机的重要特性，归纳如下：

1. 基本公式

直流电动机的基本公式如表 1-2 所示。

2. 基本方程式

表征直流电动机稳定运行的基本方程式有：电动势平衡方程式、功率平衡方程式、转矩平衡方程式。电动机在能量转换过程中，从总功率方面考虑必须满足功率平衡方程关系；从机械方面必须满足转矩平衡关系；从电路方面考虑必须满足基尔霍夫第二定律，实质上它们是以不同形式反映同一个关系——能量守恒关系。他励直流电动机的基本方程式如表 1-3 所示。

表 1-2　直流电动机的基本公式

基本公式	电 动 机
电枢电动势 $E_a = C_e \Phi n$	电枢电动势与电枢电流的方向相反，为反电动势
电磁转矩 $T = C_T \Phi I_a$	电磁转矩与电枢旋转的方向相同，为拖动转矩
电磁功率 $P_{em} = E_a I_a = T\Omega$	电磁功率为电能转换为机械能的功率

表 1-3　他励直流电动机的基本方程式

平衡方程式名称	电 动 机
电动势平衡方程式	$U = E_a + I_a R_a$
功率平衡方程式	$P_1 = P_{em} + p_{Cua}$ $P_2 = P_{em} - p_0$ $P_2 = P_1 - p_0 - p_{Cua}$ $P_1 = UI$
转矩平衡方程式	$T = T_2 + T_0$

3. 电动机的工作特性

电动机的工作特性反映了电动机的运行特点，如转速特性、转矩特性、效率指标等，不同类型的电动机的转速特性、转矩特性是决定电动机使用场合的依据之一。

第四节　直流电机的换向

直流电机运行时，电枢绕组的线圈由一条支路经电刷短路进入另一条支路，该线圈中的电流方向发生改变，这种电流方向的改变叫作换向。换向不良，将在电刷下出现火花。若火花超过一定程度，就会烧坏电刷和换向器，使电机不能继续运行。然而换向问题又是十分复杂的，有电磁、机械和电化学等各方面因素交织在一起，以下我们仅就换向过程、影响换向的电磁原因及改善换向的方法作些简要介绍。

一、直流电机的换向过程

图 1-15 表示为一个单叠绕组线圈的换向过程。图中电刷是固定不动的，电枢绕组和换向器以 v_a 的速度从右向左移动。

图 1-15a 中，电刷只与换向片 1 接触，线圈 K 属于电刷右边的支路，线圈中电流为 $+i_a$。当电刷同时与换向片 1 和 2 接触（见图 1-15b）时，线圈 K 被电刷短路，线圈中电流 $i = 0$。当电刷只与换向片 2 接触（见图 1-15c）时，换向线圈 K 已属于电刷左边支路，电流反向为 $-i_a$。这样线圈 K 中的电流在被电刷的短路过程中，进行了电流换向。而线圈 K 就称之为换向线圈。从 $+i_a$ 变换到 $-i_a$ 所经历的换向时间称为换向周期 T_c，换向周期是极短的，它一

般只有千分之几秒。如换向线圈中的电动势等于零,则换向电流变化规律如图1-16的曲线1所示的直线(理想)换向。

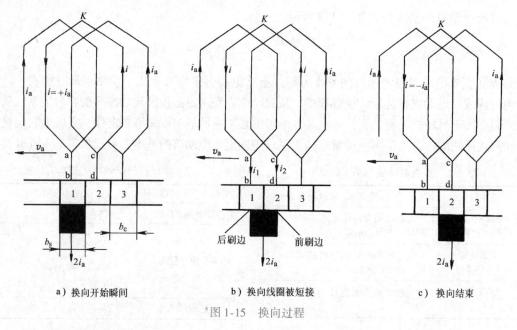

a) 换向开始瞬间　　　　　　b) 换向线圈被短接　　　　　　c) 换向结束

图1-15　换向过程

二、影响换向的电磁原因

在实际换向过程中,换向电流变化规律并不是图1-16中曲线1所示的理想情况。换向线圈中还存在着以下感应电动势而会影响电流的换向。

(1) 电抗电动势 e_x　从图1-15中可知,换向时换向线圈中换向电流 i 的大小、方向发生急剧变化,因而会产生自感电动势。同时进行换向的线圈不止一个,电流的变化,除了各自产生自感电动势外,各线圈之间还会产生互感电动势。自感电动势和互感电动势的总和称为电抗电动势 e_x。根据楞次定律,电抗电动势 e_x 具有阻碍换向线圈中电流变化的趋势,故电抗电动势的方向与线圈换向前的电流方向一致,如图1-17所示。

(2) 电枢反应电动势 e_a　直流电机负载运行时,电枢反应使主极磁场畸变,几何中性线处磁场不为零,这时处在几何中性线上的换向线圈,就要切割电枢磁场的磁力线而产生一种旋转电动势,称为电枢反应电动势 e_a。在图1-17中,用右手定则,可判断出直流电动机的电枢反应电动势 e_a 的方向也与线圈换向前的电流方向一致,阻碍电流的换向。

由上分析,换向线圈中出现的 e_x 和 e_a 均阻碍电流的换向,它们共同产生一个附加换向电流 i_k,使换向电流的变化变慢,这表现在图1-16曲线2所示的延迟换向。当换向结束瞬间,被电刷短路的线圈瞬时脱离电刷(后刷边)时,i_k 不为零,因换向线圈属于电感线圈,所以其中存在一部分磁场能量 $Li_k{}^2/2$,这部分能量达到一定数值后,以弧光放电的方式转化为热能,散失在空气中,因而在电刷与换向器之间出现火花。经推导,e_x 和 e_a 的大小都与电枢电流成正比,又与电动机的转速成正比,所以大容量高转速电机会给换向带来更大的困难。

至此,我们得出结论,影响换向的电磁原因是换向线圈中存在由电抗电动势 e_x 和电枢

反应电动势 e_a 引起的附加换向电流 i_k，造成延迟换向，使电刷的后刷边易出现火花。

用同样的分析方法可以知道，直流发电机负载运行时，也将出现延迟换向。

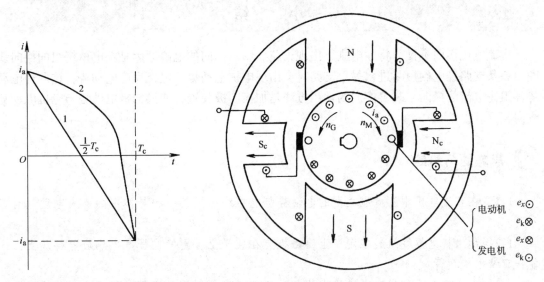

图 1-16　换向电流变化过程　　　　　图 1-17　换向线圈中电动势方向及换向极位置和极性

三、改善换向的方法

不良换向会使直流电机运行造成困难，所以要改善换向。改善换向的方法是从减小、甚至消除附加换向电流 i_k 着手。

一般容量在 1kW 以上的直流电机均在主磁极之间的几何中性线处装置换向极，如图 1-17 所示。换向极的作用是要产生一个与电枢磁通势方向相反的换向极磁通势，它除了抵消处在几何中性线处的电枢磁通势外，还要产生一个换向极磁场，在几何中性线上的换向线圈切割该磁场，产生的旋转电动势——换向极电动势 e_k 与电抗电动势 e_x 大小相等、方向相反，使 $e_x + e_k \approx 0$，则附加换向电流 i_k 近似为零，达到改善换向的目的。

因电枢磁通势与电枢电流成正比，所以换向极绕组应与电枢绕组串联，使换向极产生的磁场也与电枢电流成正比，达到随时能抵消该处电枢磁通势的目的，从而使换向始终处于理想状态（注：电枢绕组与换向极绕组在电机内部已串联）。换向极的极性必须正确。对于电动机来说，应使换向极的极性与旋转方向后面的主磁极极性相同（见图 1-17）；而对发电机来说，则相反，应使换向极的极性与旋转方向前方的主磁极极性相同。或者用右手螺旋定则确定电枢磁场的极性，换向极的极性与之相反。

例 1-8　某台直流电动机，在运行时后刷边发生火花，如在换向极根部加装铜垫片，运行时便无火花，为什么？

解　运行时后刷边发生火花属于延迟换向，其原因是换向线圈中电抗电动势大于换向极电动势。为改善换向，消除火花，应该设法增加换向极电动势，这就要求增强换向极的磁场。若在换向极的根部加装非磁性的铜垫片（做成第二气隙），整个换向极磁路的总气隙长度虽未改变，但极面下的气隙减小了。这样可以减小换向极的漏磁通，增加了换向极的有效磁通，使换向极电动势增加，从而达到消除火花的目的。

小　结

直流电机换向不良，将在电刷下出现火花。影响换向的电磁原因是：电枢绕组的换向线圈由一条支路经电刷短路进入另一支路时会出现电抗电动势和电枢反应电动势，这两种电动势都阻碍电流的换向。改善换向的常用方法是加换向极装置，使换向极电动势与电抗电动势方向相反。

思考题与习题

1-1　在直流电机中，电刷之间的电动势与电枢绕组里某一根导体中的感应电动势有何不同？

1-2　如果将电枢绕组装在定子上，磁极装在转子上，则换向器和电刷应怎样放置，才能作直流电机运行？

1-3　直流发电机和直流电动机中的电磁转矩 T 有何区别？它们是怎样产生的？而直流发电机和直流电动机中的电枢电动势 E_a 又有何区别？它们又是怎样产生的？

1-4　直流电机有哪些主要部件？各起什么作用？

1-5　直流电机里的换向器在发电机和电动机中各起什么作用？

1-6　一台直流发电机，$P_N = 145kW$，$U_N = 230V$，$n_N = 1450r/min$，求该发电机额定电流。

1-7　一台 Z4-250-42 他励直流电动机，额定数据为：$P_N = 160kW$，$U_N = 440V$，$\eta_N = 90.46\%$，$n_N = 1000r/min$，求其额定电流和额定负载时的输入功率。

1-8　一台四极直流电动机，电枢绕组为单叠绕组，每极磁通为 $3.5 \times 10^{-2}Wb$，电枢总导线数 $N = 236$，$n_N = 3000r/min$。求：

1）电动机的电枢电动势；

2）若电枢电流为 60A 时，能产生多大电磁转矩？

1-9　如何判断直流电机是发电机运行还是电动机运行？它们的电磁转矩、电枢电动势、电枢电流、端电压的方向有何不同？

1-10　直流电机的励磁方式有哪几种？在各种不同励磁方式的电机中，电机输入（输出）电流 I 与电枢电流 I_a 及励磁电流 I_f 有什么关系？

1-11　一台 Z4-160-31 他励直流电动机，额定数据为：$P_N = 22kW$，$U_N = 440V$，$\eta_N = 84.46\%$，$n_N = 1000r/min$，电枢回路总电阻 $Ra = 0.675\Omega$。试求：

1）额定负载时的电枢电动势 E_a 和额定电磁转矩 T；

2）额定输出转矩 T_N 和空载转矩 T_0。

1-12　他励直流电动机的工作特性在什么条件下求取？有哪几条曲线？

1-13　何谓换向？讨论换向过程有何实际意义？

1-14　换向极的作用是什么？它应当装在何处？换向极绕组应当如何连接？如果换向极绕组的极性接反了，电机在运行时会出现什么现象？

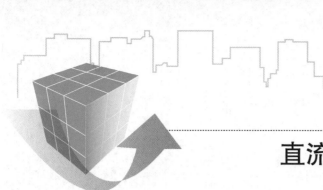

第二章
直流电动机的电力拖动

凡是由交流或直流电动机拖动生产机械，并完成一定工艺要求的系统，都称为电力拖动系统。生产机械称为电动机的负载。电力拖动系统一般由控制设备、电动机、传动机构、生产机械和电源 5 部分组成，如图 2-1 所示。

电动机作为原动机，通过传动机构带动生产机械执行某一生产任务；控制设备是由各种控制电机、电器、自动化元件及工业控制计算机、可编程序控制器等组成，用以控制电动机的运动，从而对生产机械的运动实现自动控制；电源的作用是向电动机和其他电气设备供电。最简单的电力拖动系统如日常生活中的电风扇和洗衣机、工业生产中的水泵等，复杂的电力拖动系统如龙门刨床、轧钢机、电梯等。

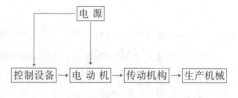

图 2-1　电力拖动系统组成示意图

本章中首先介绍电力拖动系统的运动方程式，然后介绍直流电动机的机械特性和生产机械的转矩特性，最后主要研究他励直流电动机拖动应用的 4 大问题——起动、反转、制动、调速。

第一节　电力拖动系统的运动方程式

电力拖动系统中所用的电动机种类很多，生产机械的性质也各不相同。因此，需要找出它们普遍的运动规律，予以分析。从动力学的角度看，它们都服从动力学的统一规律。所以，我们首先研究电力拖动系统的动力学，建立电力拖动系统的运动方程式。

一、单轴电力拖动系统的运动方程式

所谓单轴电力拖动系统，就是电动机输出轴直接拖动生产机械运转的系统，如图 2-2 所示。

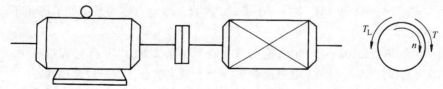

图 2-2　单轴电力拖动系统及轴上转矩

根据牛顿第二定律，物体作直线运动时，作用在物体上的拖动力 F 总是与阻力 F_L 以及速度变化时产生的惯性力 ma 所平衡。平衡方程式写为

$$F - F_L = ma = m\frac{dv}{dt}$$

式中　F——拖动力（N）；

　　　F_L——阻力（N）；

　　　m——物体的质量（kg）；

　　　a——物体获得的加速度（m/s^2），$a = dv/dt$；

　　　v——物体运动的线速度（m/s）。

与直线运动时相似，做旋转运动的电力拖动系统的运动平衡关系，即运动方程式为（忽略 T_0）

$$T - T_L = \frac{GD^2}{375}\frac{dn}{dt} \tag{2-1}$$

式中　T——电动机的拖动转矩（电磁转矩）（N·m）；

　　　T_L——生产机械的阻力矩（负载转矩）（N·m）；

　　　G——转动体所受的重力（N），$G = mg$；

　　　D——转动体的惯性直径（m）；

　　GD^2——物体的飞轮力矩（N·m^2），它是电动机飞轮力矩和生产机械飞轮力矩之和，为一个整体的物理量，反映了转动体的惯性大小。电动机和生产机械各旋转部分的飞轮力矩可在相应的产品目录中查到。

二、电力拖动系统运动状态的分析

电力拖动系统的运动状态，即：是处于静态（静止不动或匀速）还是处于动态（加速或减速），用运动方程式来判断。

先任意规定某一旋转方向为正向运动，即 $n > 0$，则反向运动 $n < 0$。运动方程式中电磁转矩 T 和负载转矩 T_L 的正、负有如下规定：

T 帮助正向运动为正，反对正向运动为负；T 帮助反向运动为负，反对反向运动为正。T_L 反对正向运动为正，帮助正向运动为负；T_L 反对反向运动为负，帮助反向运动为正。若转矩为负，把负号提到转矩符号前面，如 $-T$。

无论正向还是反向运动，T 与 n 同向时，为拖动转矩；T 与 n 反向时，为制动转矩。T_L 也同理。

对正向运动而言，电力拖动系统的运动状态分析如下：

1）当 $T = T_L$ 时，$dn/dt = 0$，则 $n = 0$ 或 $n =$ 常数，即电力拖动系统处于静止不动或匀速运行的稳定状态。

2）当 $T > T_L$ 时，$dn/dt > 0$，电力拖动系统处于加速状态，即处于过渡过程中。

3）当 $T < T_L$ 时，$dn/dt < 0$，电力拖动系统处于减速状态，也是过渡过程。

由此可知，系统在 $T = T_L$ 稳定运行时，一旦受到外界的干扰，平衡被打破，转速将会变化。对于一个稳定系统来说，要求具有恢复平衡状态的能力。

当 $T - T_L =$ 常数时，系统处于匀加速或匀减速运动状态，其加速度或减速度 dn/dt 与飞轮力矩 GD^2 成反比。飞轮力矩 GD^2 越大，系统惯性越大，转速变化就越小，系统稳定性好，灵敏度低；惯性越小，转速变化越大，系统稳定性差，灵敏度高。

注意：对反向运动，$dn/dt < 0$ 时，电力拖动系统的运动状态是反向加速；$dn/dt > 0$ 时，是反向减速。

例 2-1 分析图 2-3 中电力拖动系统的运动状态。

解 设图 a 中为正向运动，T 帮助正向运行为正，T_L 反对正向运行为正，且 $T < T_L$，所以运动方程式中：$T - T_L < 0$，$dn/dt < 0$，系统处于正向减速状态。

设图 b 中为反向运动，T 帮助反向运行为负，T_L 帮助反向运行为正，且数值上 $T = T_L$，所以运动方程式中：$-T - T_L < 0$，$dn/dt < 0$，系统处于反向加速状态。

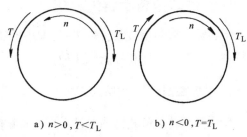

a）$n > 0$，$T < T_L$ b）$n < 0$，$T = T_L$

图 2-3 例 2-1 附图

前面所述的是单轴电力拖动系统的运动分析。其实在传统的电力拖动系统中，电动机的转速常常较高，而生产机械的工作速度较低，因此，生产机械大多与电动机通过传动装置相连。常见的传动装置如齿轮减速箱、蜗轮蜗杆、带轮等。

图 2-4a 为某一机械装置的传动系统图，由图可以看出，在电动机和工作机械之间要通过多根轴传动，所以生产实际中的电力拖动系统有较多的为多轴电力拖动系统。这样需将实际的多轴拖动系统折算为等效的单轴拖动系统。经过等效折算，单轴运动方程式中的 T_L 和 GD^2 分别用折算值 T_L'（折算到电动机轴上的等效负载转矩）和 $(GD^2)'$（整个传动机构折算到电动机轴上的等效飞轮力矩）代替，如图 2-4b 所示。具体的折算方法，参见参考文献 3。

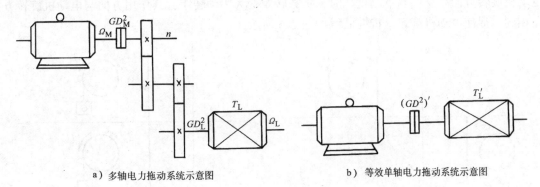

a）多轴电力拖动系统示意图 b）等效单轴电力拖动系统示意图

图 2-4 多轴电力拖动系统图

不过，在现代机械装置的电力拖动中，广泛应用自动调速系统，将多轴拖动系统中累赘的传动装置取消，代之以现代的电气调速方式，使之成为单轴拖动系统。

小 结

与物体作直线运动平衡方程式对比，电力拖动系统运动方程式的物理意义很易理解。电力拖动系统运动方程式用来判断系统的运动状态时，注意对 $dn/dt > 0$，或 $dn/dt < 0$ 是处于正向运动的加速或减速，而对反向运动时正好相反。

第二节　生产机械的负载转矩特性

生产机械运行时常用负载转矩标志其负载的大小。不同的生产机械的转矩随转速变化规律不同，用负载转矩特性来表征，即生产机械的转速 n 与负载转矩 T_L 之间的关系 $n = f(T_L)$。各种生产机械的特性大致可分为以下三种类型。

一、恒转矩负载特性

恒转矩负载是指负载转矩 T_L 的大小不随转速变化，T_L = 常数，这种特性称为恒转矩负载特性。它有反抗性和位能性两种。

1. 反抗性恒转矩负载

反抗性恒转矩负载的特点是，负载转矩的大小不变，但负载转矩的方向始终与生产机械运动的方向相反，总是阻碍电动机的运转。当电动机的旋转方向改变时，负载转矩的作用方向也随之改变，永远是阻力矩。属于这类特性的生产机械有轧钢机和机床的平移机构等。特性曲线如图2-5所示。

2. 位能性恒转矩负载

这种负载的特点是负载转矩由重力作用产生，不论生产机械运动的方向变化与否，负载转矩的大小和方向始终不变。例如起重设备提升重物时，负载转矩为阻力矩，其作用方向与电动机旋转方向相反，当下放重物时，负载转矩变为驱动转矩，其作用方向与电动机旋转方向相同，促使电动机旋转。特性曲线如图2-6所示。

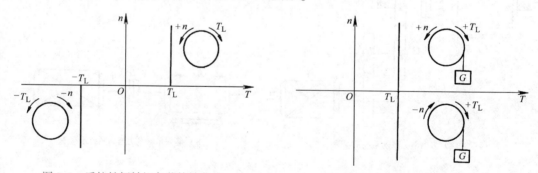

图2-5　反抗性恒转矩负载特性曲线

图2-6　位能性恒转矩负载特性曲线

二、恒功率负载特性

恒功率负载的特点是当转速变化时，负载从电动机吸收的功率为恒定值：

$$P_L = T_L \Omega = T_L \frac{2\pi n}{60} = \frac{2\pi}{60} T_L n = 常数$$

就是说，负载转矩与转速成反比。例如，一些机床切削加工，车床粗加工时，切削量大（T_L 大），用低速档；精加工时，切削量小（T_L 小），用高速档。恒功率负载特性曲线如图2-7所示。

三、通风机型负载特性

通风机型负载的特点是负载转矩的大小与转速 n 的二次方成正比。即

$$T_L = Kn^2$$

式中 K——比例常数。

常见的这类负载如鼓风机、水泵、液压泵等。负载特性曲线如图2-8所示。

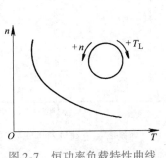

图2-7 恒功率负载特性曲线   图2-8   通风机型负载特性曲线

小   结

恒转矩、恒功率、通风机型是典型的负载特性，实际生产机械的负载特性常为几种类型负载的综合。例如起重机提升重物时，电动机所受到的除位能性负载转矩外，还要克服系统机械摩擦所造成的反抗性负载转矩。所以电动机轴上的负载转矩 T_L 应是上述两个转矩之和。

第三节   他励直流电动机的机械特性

从电力拖动系统的运动方程式(2-1) 可知，电动机稳定运行时，电动机的拖动转矩 T 与负载转矩 T_L 必须保持平衡，即大小相等，方向相反。当负载转矩 T_L 改变时，要求电磁转矩 T 也随之改变，以达到新的平衡关系，而电动机电磁转矩 T 的变化过程，实际上也就是电动机内部电动势达到新的平衡关系的过程，这个过程称为过渡过程，它将引起电动机转速的改变。

直流电动机的机械特性就是指在稳定运行情况下，电动机的转速与电磁转矩之间的关系，即 $n = f(T)$。机械特性是电动机的主要特性，是分析电动机起动、调速、制动等问题的重要工具。下面以他励直流电动机为例讨论机械特性。

一、他励直流电动机的机械特性

由图2-9可以列出他励直流电动机的电动势平衡方程 $U = E_a + I_a(R_a + R_{pa}) = E_a + I_a R$（$R_{pa}$是电枢回路外串电阻）。因为 $E_a = C_e \Phi n$，所以

$$n = \frac{U - I_a R}{C_e \Phi}$$

根据 $T = C_T \Phi I_a$，得 $I_a = T/(C_T \Phi)$，可得机械特性方程

$$n = \frac{U}{C_e \Phi} - \frac{R}{C_e C_T \Phi^2} T \tag{2-2}$$

当 U、R、Φ 的数值不变时，C_e、C_T 是由电动机结构决定的常数，转速 n 与电磁转矩 T 为线性关系。机械特性曲线如图 2-10 所示。

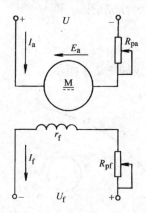

图 2-9　他励直流电动机接线图

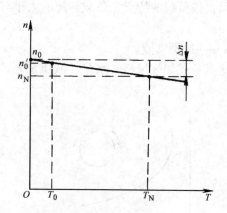

图 2-10　他励直流电动机的机械特性

式(2-2) 还可以写成

$$n = n_0 - \beta T = n_0 - \Delta n \tag{2-3}$$

式中　n_0——电磁转矩 $T = 0$ 时的转速，称为理想空载转速，$n_0 = U/(C_e\Phi)$。电动机实际上空载运行时，由于 $T = T_0 \neq 0$，所以实际空载转速 n_0' 略小于理想空载转速 n_0；

　　　　β——机械特性的斜率，$\beta = R/(C_e C_T \Phi^2)$ 在同样的理想空载转速下，β 值较小时，直线倾斜不大，即转速随电磁转矩的变化较小，称此机械特性曲线为硬机械特性，β 值越大，直线倾斜越厉害，机械特性为软机械特性；

　　　　Δn——转速降，$\Delta n = RT/(C_e C_T \Phi^2)$。

当机械负载变化时，例如 T_L 从零逐渐增大，则电动机的电磁转矩 T 由零逐渐增大，电动机的转速从 n_0 逐渐下降，下降数值是 Δn。斜率 β 越大，转速下降越快。

电动机的机械特性分为固有机械特性和人为机械特性。

1. 他励电动机的固有机械特性

当他励电动机的电源电压、磁通为额定值，电枢回路未接附加电阻 R_{pa} 时的机械特性称为固有机械特性。将上述条件代入式(2-2)，得到固有机械特性方程式为

$$n = \frac{U_N}{C_e \Phi_N} - \frac{R_a}{C_e C_T \Phi_N^2} T \tag{2-4}$$

由于电枢回路没有串联电阻 R_{pa}，而电枢绕组的电阻 R_a 阻值很小，$\Phi = \Phi_N$ 数值最大，所以特性曲线斜率 β 最小，固有机械特性曲线为硬特性。

2. 他励电动机的人为机械特性

如果人为地改变式(2-2) 中气隙磁通 Φ、电源电压 U 和电枢回路串联电阻 R_{pa} 等任意一个或两个、甚至三个参数，这样的机械特性称为人为机械特性。

(1) 电枢回路串接电阻时的人为机械特性　根据上述假定条件，可知电枢串接电阻时的

人为机械特性方程为

$$n = \frac{U_N}{C_e \Phi_N} - \frac{R_a + R_{pa}}{C_e C_T \Phi_N^2} T \tag{2-5}$$

与固有机械特性相比，电枢回路串接电阻的人为机械特性的特点是：①理想空载转速 n_0 保持不变；②斜率 β 随 R_{pa} 的增大而增大，转速降 Δn 增大，特性曲线变软。图 2-11 是不同 R_{pa} 时的一组人为机械特性。观察特性曲线可知，改变电阻 R_{pa} 的大小，可使电动机的转速发生变化。因此电枢回路串接电阻的方法可以用于调速。

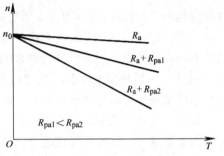

图 2-11 他励直流电动机电枢
回路串电阻的人为机械特性

（2）改变电源电压时的人为机械特性 当 $\Phi = \Phi_N$，电枢回路不串联电阻（$R_{pa} = 0$），改变电源电压的人为机械特性方程为

$$n = \frac{U}{C_e \Phi_N} - \frac{R_a}{C_e C_T \Phi_N^2} T \tag{2-6}$$

由于受到绝缘强度的限制，电压只能从额定值 U_N 向下调节。与固有机械特性相比，改变电源电压的人为机械特性的特点是：①理想空载转速 n_0 正比于电压 U，U 降低时，理想空载转速成比例减小；②特性曲线斜率 β 不变。图 2-12 是调节电压的一组人为机械特性曲线，它是一组平行直线。降低电源电压也可用于调速，U 越低，转速越低。

（3）改变磁通时的人为机械特性 保持电动机的电枢电压 $U = U_N$，电枢回路不串接电阻（$R_{pa} = 0$），改变磁通的人为机械特性方程式为

$$n = \frac{U_N}{C_e \Phi} - \frac{R_a}{C_e C_T \Phi^2} T \tag{2-7}$$

由于电机设计时，Φ_N 处于磁化曲线的膝点，接近饱和值，因此，磁通一般从额定值 Φ_N 减弱。具体方法为调节励磁回路串接的可变电阻 R_{pf} 使其增大。与固有机械特性相比，弱磁的人为机械特性的特点是：①理想空载转速与磁通成反比，减弱磁通 Φ，n_0 升高；②斜率 β 与磁通二次方成反比，弱磁使斜率增大。图 2-13 是弱磁人为机械特性曲线。它是一组随 Φ 减弱，理想空载转速 n_0 升高、曲线斜率 β 变大的直线。若将此法应用于调速时，则一般 Φ 越弱，转速越高。

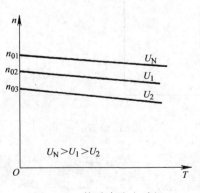

图 2-12 他励直流电动机
降压的人为机械特性

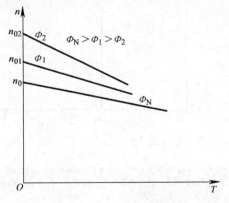

图 2-13 他励直流电动机
弱磁的人为机械特性

显然，在实际生产负载中，不仅仅只改变某一参数，往往同时改变两个、甚至三个参数，此时的人为机械特性又是怎样呢？读者可自行讨论。

二、电力拖动系统稳定运行的条件

前面分析了生产机械的负载转矩特性 $n=f(T_L)$ 和电动机的机械特性 $n=f(T)$，把两种特性配合起来，就可以研究电力拖动系统的稳定运行问题。

所谓稳定运行，就是指电力拖动系统在某种外界因素的扰动下，离开原来的平衡状态，当外界因素消失后，仍能恢复到原来的平衡状态，或在新的条件下达到新的平衡状态。这里的"扰动"一般是指电网电压波动或负载的微小变化。电动机在电力拖动系统中运行时，会使系统出现稳定运行和不稳定运行两种情况。

在电力拖动系统中，电动机的机械特性与负载转矩特性有交点，即 $T=T_L$ 是系统稳定运行的必要条件。系统要稳定运行，还需要两条特性配合恰当。电力拖动系统稳定运行的充分必要条件是

在 $T=T_L$ 处

$$\frac{\mathrm{d}T}{\mathrm{d}n} < \frac{\mathrm{d}T_L}{\mathrm{d}n} \tag{2-8}$$

根据式(2-8)，我们来分析图 2-14 和图 2-15 中电力拖动系统是否稳定运行。两图中电动机的机械特性和负载的转矩特性都有交点 A，负载特性均为恒转矩负载，$\mathrm{d}T_L/\mathrm{d}n=0$。但图 2-14 中电动机的机械特性是下降的，在 A 点的 $\mathrm{d}T/\mathrm{d}n<0$，因而系统满足 $\mathrm{d}T/\mathrm{d}n<\mathrm{d}T_L/\mathrm{d}n$，是稳定运行。它说明电动机的电源电压波动时（$U_1 \rightarrow U_2$），系统运行点从 $A \rightarrow C \rightarrow B$，在新的平衡点 B 稳定运行；如果电源电压波动消失，则系统运行点从 $B \rightarrow D \rightarrow A$，回到了原来的平衡点 A。在图 2-15 中电动机的机械特性在 A 点后是上翘的，在 A 点的 $\mathrm{d}T/\mathrm{d}n>0$，系统不满足 $\mathrm{d}T/\mathrm{d}n<\mathrm{d}T_L/\mathrm{d}n$，是不稳定运行。它说明电动机的电源电压波动时（$U_1 \rightarrow U_2$），系统运行点到 B 点后，$T>T_L$，系统继续加速，无法达到新的平衡点。

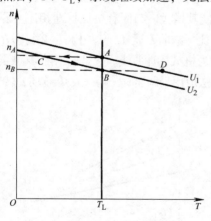

图 2-14　电力拖动系统的稳定运行

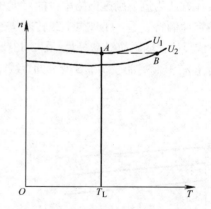

图 2-15　电力拖动系统的不稳定运行

小　结

电动机 $n=f(T)$ 的关系称为机械特性。他励直流电动机机械特性方程式为

$$n = \frac{U}{C_e\varPhi} - \frac{R_a + R_{pa}}{C_e C_T \varPhi^2} T$$

当 $U = U_N$、$\varPhi = \varPhi_N$、$R_{Pa} = 0$ 时，为固有机械特性。分别改变 U、R_{pa}、$\varPhi$ 可以得到人为机械特性。因为他励直流电动机的机械特性是一条直线，所以可用两点确定一直线的方法定性绘制机械特性。

在一个电力拖动系统中（忽略 T_0），当 $T = T_L$，且满足 $\mathrm{d}T/\mathrm{d}n < \mathrm{d}T_L/\mathrm{d}n$ 时，则系统能保持平衡且稳定运行。

第四节　他励直流电动机的起动和反转

电动机要工作时，转子总是从静止状态开始转动，转速逐渐上升，最后达到稳定运行状态的，由静止状态到稳定运行状态的过程称为起动过程或简称起动。电动机在起动过程中，电枢电流 I_a、电磁转矩 T、转速 n 都随时间变化，是一个过渡过程。开始起动的一瞬间，转速等于零，这时的电枢电流称为起动电流，用 I_{st} 表示；对应的电磁转矩称为起动转矩，用 T_{st} 表示。生产机械对直流电动机的起动有下列要求：

1）起动转矩足够大（$T_{st} > T_L$，电动机才能顺利起动）。

2）起动电流不可太大。

3）起动设备操作方便、起动时间短、运行可靠、成本低廉。

一、他励直流电动机的起动方法

1. 全压起动

全压起动就是在直流电动机的电枢上直接加以额定电压的起动方式。如图 2-16 所示。起动时，先合 Q_1 建立磁场，然后合 Q_2 全压起动。

起动开始瞬间，由于机械惯性的影响，电动机转速 $n = 0$，电枢绕组感应电动势 $E_a = C_e\varPhi n = 0$，由电动势平衡方程式 $U = E_a + I_a R_a$ 可知

起动电流 $\qquad I_{st} = \dfrac{U_N}{R_a}$　　　　　　　(2-9)

起动转矩 $\qquad T_{st} = C_T \varPhi I_{st}$　　　　　　(2-10)

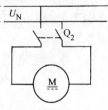

例 2-2　一台 Z4 - 160 - 31 他励直流电动机，$P_N = 30\mathrm{kW}$，$U_N = 440\mathrm{V}$，$n_N = 1500\mathrm{r/min}$，$I_N = 77.8\mathrm{A}$，$R_a = 0.376\Omega$，计算：

1）全压起动时的起动电流。

2）在额定磁通下起动的起动转矩。

解　1）求起动电流：

$$I_{st} = \frac{U_N}{R_a} = \frac{440}{0.376}\mathrm{A} = 1170.21\mathrm{A}$$

$$\frac{I_{st}}{I_N} = \frac{1170.21}{77.8} = 15$$

起动电流是额定电流的 15 倍。

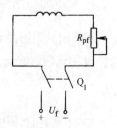

图 2-16　他励直流电动机的全压起动

2）求起动转矩：

忽略空载转矩 T_0；$T = T_N = 9.55 \dfrac{P_N}{n_N} = 9.55 \times \dfrac{30 \times 10^3}{1500} \mathrm{N \cdot m} = 191 \mathrm{N \cdot m}$。

当不考虑电枢反应去磁的影响，则 $T_{st} \propto I_{st}$，所以

$$T_{st} = \frac{I_{st}}{I_N} T = 15 \times 191 \mathrm{N \cdot m} = 2865 \mathrm{N \cdot m}$$

从上例可以看出，由于电枢电阻 R_a 阻值很小，额定电压下直接起动的起动电流很大，通常可达额定电流的（10~30）倍。起动转矩也很大，过大的起动电流将引起电网电压的较大下跌，影响其他用电设备的正常工作，而对电动机自身的换向器也将产生剧烈的火花。同时很大的起动转矩可能会使轴上受到直流电动机一般不允许的机械冲击，严重时将损坏电力拖动系统中的传动装置。所以全压起动只限用于容量很小的直流电动机。

对于常规的他励电动机，为了限制起动电流，可以采用减压起动和电枢回路串联电阻的起动方法。起动前，应将励磁回路的可变电阻调至零，使励磁电流最大，以保证励磁磁通为最大值，这样在电枢电流不太大时能产生足够大的起动转矩。

2. 减压起动

减压起动即起动前将施加在电动机电枢绕组两端的电源电压降低，以减小起动电流 I_{st}。为了获得足够的起动转矩（$T_{st} > T_L$），起动时电流通常限制在 $(1.5 \sim 2) I_N$ 内，则起动电压应为

$$U_{st} = I_{st} R_a = (1.5 \sim 2) I_N R_a \tag{2-11}$$

随着转速 n 的上升，电动势 E_a 也逐渐增大，I_a 相应减小，起动转矩也减小。为使 I_{st} 保持在 $(1.5 \sim 2) I_N$ 范围，即保证有足够大的起动转矩，起动过程中电压 U 必须不断升高，直到电压升至额定电压 U_N，电动机进入稳定运行状态，起动过程结束。

随着电力电子技术的发展，目前多用晶闸管整流装置自动控制起动电压。Z4 系列直流电动机均为减压起动。

例2-3　例2-2中的电动机若限制起动电流不超过 $2I_N$，求：采用减压起动，起动电压是多少？

解　求起动电压

$$U_{st} = I_{st} R_a = (2 \times 77.8 \times 0.376) \mathrm{V} = 58.51 \mathrm{V}$$

3. 电枢回路串电阻起动

电枢回路串电阻起动时，电源电压为额定值且恒定不变，在电枢回路中串接一起动电阻 R_{st}，以达到限制起动电流的目的。

$$I_{st} = \frac{U_N}{R_a + R_{st}}$$

对 Z2 系列直流电动机，可串入合适的起动电阻 R_{st}，使起动电流限制在规定的范围内。

起动过程中，由于 $n \uparrow \rightarrow E_a \uparrow \rightarrow I_{st} \downarrow \rightarrow T_{st} \downarrow$，所以电动机的加速作用也逐渐减小，致使转速上升缓慢，起动过程延长。要想在起动过程中保持加速度不变，必须要求电动机的电枢

电流和电磁转矩在起动过程中不变，即随着转速上升，起动电阻 R_{st} 应平滑均匀地减小。这样做比较困难。通常把起动电阻分成若干段（一般2～4段），逐级切除（称分级起动）。

二、他励直流电动机的反转

第一章曾讨论到要使电动机反转，必须改变电磁转矩的方向，而电磁转矩的方向由磁通方向和电枢电流的方向决定，所以，只要将磁通 Φ 和 I_a 任意一个参数改变方向，电磁转矩即改变方向。在自动控制中，通常直流电动机的反转实施方法有两种：

1. 改变励磁电流方向

保持电枢两端电压极性不变，将励磁绕组反接，使励磁电流反向，磁通 Φ 即改变方向。

2. 改变电枢电压极性

保持励磁绕组两端的电压极性不变，将电枢绕组反接，电枢电流 I_a 即改变方向。

由于他励直流电动机的励磁绕组匝数多，电感大，励磁电流从正向额定值变到负向额定值的时间长，反向过程缓慢，而且在励磁绕组反接断开瞬间，绕组中将产生很大的自感电动势，有可能造成绝缘击穿，所以实际应用中大多采用改变电枢电压极性的方法来实现电动机的反转。

小　结

限制起动电流，有足够大的起动转矩是对直流电动机起动的基本要求，因而有减压起动和电枢回路串电阻起动的方法。直流电动机起动时必须保证励磁电路正常通电，防止只有剩磁情况下的转速超高（"飞车"）现象，所以他励直流电动机起动时应先接通磁励磁回路并使励磁电流达到一定数值，再接通电枢回路；断电停车时则反之。

第五节　他励直流电动机的制动

许多生产机械，如龙门刨床，为了提高生产率和产品质量、保证设备和人身安全，要求电动机能迅速、准确地停车或迅速反向；有些设备要求限制电动机的转速在一定的数值以内，例如起重机下放重物、电车下坡等。这时电动机转子会产生一个与旋转方向相反的电磁转矩，阻碍电动机转动，这就是电动机的制动。在制动过程中，要求电动机制动迅速、平滑、可靠、能量损耗少。电动机的电动状态和制动状态的区别在于：电动状态——电动机产生的电磁转矩 T 与转速 n 的方向相同，机械特性在第Ⅰ、第Ⅲ象限内；制动状态——电动机产生的电磁转矩 T 与转速 n 的方向相反，机械特性在第Ⅱ、第Ⅳ象限内。

常用的电气制动方法有能耗制动、反接制动和再生制动三种，下面分别进行分析讨论。

一、能耗制动

能耗制动是把正在作电动运行的他励直流电动机的电枢从电网上切除（$U=0$），并接到一个外加的制动电阻 R_{bk} 上构成闭合回路。控制电路如图 2-17a 所示。制动时，保持磁通大小和方向均不变，接触器 KM_1 常开触点断开，切断电源，常闭触点闭合，接入制动电阻 R_{bk}，电动机进入制动状态。

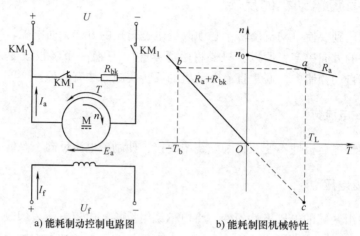

a) 能耗制动控制电路图　　　　b) 能耗制图机械特性

图 2-17　能耗制动

制动瞬时，由于机械惯性作用，n 来不及变，电枢电动势 E_a 亦不变，又因 $U = 0$，$I_a = (U - E_a)/(R_a + R_{bk}) = -E_a/(R_a + R_{bk}) < 0$，电枢电流为负值，说明其方向与电动状态时的方向相反，称为制动电流 I_{bk}。因此，电磁转矩 T 反向，与转速 n 方向相反，起制动作用，使电动机迅速停转。在制动过程中，电动机把拖动系统的动能转变成电能并消耗在电枢回路的电阻上，因此称为能耗制动。

把 $U = 0$、$R = R_a + R_{bk}$ 代入直流电动机的机械特性式（2-2），可见，因 $n_0 = 0$，能耗制动机械特性曲线是一条过坐标原点、位于第 II 象限的直线，如图 2-17b 所示。在制动过程中，假设原来电动机拖动反抗性恒转矩负载运行于电动状态（a 点），制动切换瞬间，由于转速 n 不能突变，电动机的工作点从 a 点跳变至 b 点，此时，电磁转矩反向，与负载转矩同方向，在它们的共同作用下，电动机沿曲线 $\overline{bO}$ 减速，随着 $n \downarrow \rightarrow E_a \downarrow \rightarrow I_a \downarrow \rightarrow$ 制动电磁转矩 $T \downarrow$，直至 O 点（原点），$n = 0$，$E_a = 0$，$I_a = 0$，$T = 0$，电动机迅速停车。

能耗制动机械特性的斜率决定于能耗制动电阻 R_{bk} 大小。R_{bk} 越大，特性越斜；R_{bk} 越小，机械特性越平，制动转矩越大，制动就越快。但 R_{bk} 又不宜太小，否则，在制动瞬间会产生过大的冲击电流。允许的最大制动电流 $I_{bk} \leqslant (2 \sim 2.5) I_N$，据此选择制动电阻 R_{bk}。

能耗制动的控制电路比较简单，制动过程中不需要从电网吸收电功率，比较经济、安全。常用于反抗性负载电气制动停车，有时也用于下放重物。

二、反接制动

反接制动有电枢反接制动和倒拉反接制动两种方式。

1. 电枢反接制动

电枢反接制动是将电枢反接在电源上，同时电枢回路要串联制动电阻 R_{bk}，控制电路如图 2-18a 所示。

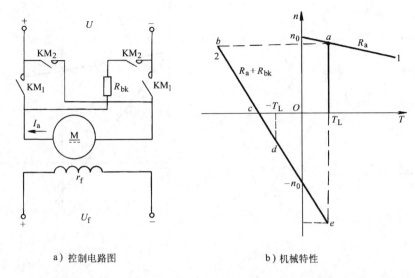

a）控制电路图　　　　　　　　　　　b）机械特性

图 2-18　电枢反接制动

当接触器常开触点 KM_1 接通，KM_2 断开时，电动机稳定运行于电动状态。为使生产机械迅速停车或迅速反向运行，同时控制 KM_1 断开，KM_2 接通，把电枢电源反接，并串入限制电流的制动电阻 R_{bk}。电枢电源反接瞬间，转速 n 不能突变，电动势 E_a 亦不变，但电压 U 的方向改变，为负值，此时电枢电流

$$I_a = \frac{-U_N - E_a}{R_a + R_{bk}} = -\frac{U_N + E_a}{R_a + R_{bk}}$$

I_a 为负值，说明制动时电枢电流反向，那么电磁转矩也反向（负值），与转速方向相反，起制动作用，电机处于制动状态。在 T 和 T_L 的共同作用下，电机转速迅速下降。

电枢反接制动中，$U = -U_N$，$R = R_a + R_{bk}$，机械特性过 $-n_0$ 点，如图 2-18b 所示。

电枢反接制动时，电动机的工作点从原来的电动状态 a 点瞬间跳变到 b 点，电磁转矩反向对电动机制动，使电动机转速迅速降低，从 b 点沿制动机械特性下降到 c 点，此时 $n = 0$，如果要求停车，就必须马上切断电源。如果要求电动机反向运行，若负载是反抗性恒转矩负载，当 $n = 0$ 时，若电磁转矩 $|T| > |T_L|$，电动机将反向起动，沿特性曲线至 d 点（第Ⅲ象限）$-T = -T_L$，电动机稳定运行在反向电动状态。如果负载是位能性恒转矩负载，具体内容见后面的再生制动部分。

电枢反接制动过程中，电动机一方面向电源吸取电功率 $P_1 = UI_a$，另一方面将系统的动能或位能转换成电磁功率 $P_{em} = E_a I_a$，这些电功率全部消耗在电枢电路的总电阻（$R_a + R_{bk}$）上。

同样，反接制动的机械特性斜率也取决于制动电阻的大小。保证制动电流 I_{bk} 不超过 $(2 \sim 2.5) I_N$，是制动电阻 R_{bk} 取值的依据。

频繁正、反转的电力拖动系统常常采用电枢反接制动，系统先反接制动停车，接着自动反向起动，达到迅速制动并反转的目的。

2. 倒拉反接制动

这种制动方法一般发生在提升重物转为下放重物的情况下。控制电路如图 2-19a 所示。

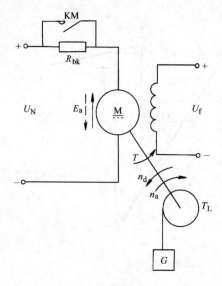

a）控制电路

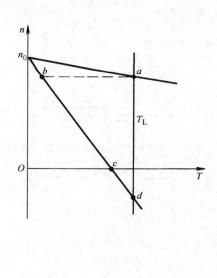

b）机械特性

图 2-19   倒拉反接制动

电动机提升重物时，接触器 KM 常开触点是闭合的，电动机运行在固有机械特性的 a 点（电动状态），如图 2-19b 所示。下放重物时，将 KM 触点打开，电枢电路内串接较大电阻 R_{bk}，这时电动机转速不能突变，工作点从 a 点跳至对应的人为机械特性 b 点上，由于 $T < T_L$，电机减速沿曲线下降至 c 点。在 c 点，$n = 0$，此时仍有 $T < T_L$，在负载重物的作用下，电动机被倒拉而反转过来，重物下放。由于 n 反向（负值），E_a 也反向（负值），电枢电流

$$I_a = \frac{U_N - E_a}{R_a + R_{bk}}$$

电枢电流是正值，所以电磁转矩保持原方向，与转速方向相反，电动机运行在制动状态。此运行状态是由于位能负载转矩拖动电动机反转而形成的，所以称为倒拉反接制动。

电动机过 c 点后，仍有 $T < T_L$，电动机反向加速，使 E_a 增大，I_a 与 T 也相应增大，直到 d 点，$T = T_L$，电动机以 d 点的速度匀速下放重物。

因倒拉反接制动的 $U = U_N$，其机械特性过 $+ n_0$ 点

$$n = \frac{U_N}{C_e \Phi_N} - \frac{R_a + R_{bk}}{C_e C_T \Phi_N^2} T = n_0 - \frac{R_a + R_{bk}}{C_e C_T \Phi_N^2} T$$

由于 $(R_a + R_{bk}) T / (C_e C_T \Phi_N^2) > n_0$，所以 n 为负值，特性曲线位于第 Ⅳ 象限 $\overline{cd}$ 段。显而易见，下放重物的速度可以因串入电阻 R_{bk} 的大小不同而异，制动电阻越大，下放速度越快。

综上所述，电动机进入倒拉反接制动状态必须有位能负载反拖电动机，同时电枢回路要串入较大的电阻。在此状态中，位能负载转矩是拖动转矩，而电动机的电磁转矩是制动转矩，它抑制重物下放的速度，使之限制在安全范围之内。

倒拉反接制动的能量转换关系与电枢反接制动时相同，区别仅在于机械能的来源。倒拉反接制动运行中的机械能来自负载的位能，因此此制动方式不能用于快速停车，只可以用于下放重物。

三、再生制动

对位能性负载，由于位能负载转矩的影响使电力机车下坡或起重装置下放重物时，电动机加速至转速高于理想空载转速（即 $|n| > |n_0|$）时，电枢电动势 $|E_a|$ 大于电枢电压 $|U|$，电枢电流 I_a 的方向与电动运行状态相反，因而电磁转矩 T 也与电动运行状态时相反，即 T 与 n 反向，是制动转矩。此时，电动机向电源回馈电能，即电动机再生了电能，运行于再生制动状态。

如前面提及的电枢反接制动，带位能性负载时，当 $n = 0$，如不切除电源，电动机便在电磁转矩和位能负载转矩的作用下，迅速反向电动加速（机械特性位于第 III 象限），当 $|n| > |n_0|$ 时，电动机进入反向再生制动状态。此时因 n 为负，T 为正，机械特性位于第 IV 象限，如图 2-18b 所示。当 $T < T_L$ 时，$\mathrm{d}n/\mathrm{d}t < 0$，电机继续沿着图 2-18b 所示的机械特性反向加速，直至 T 增加到与 T_L 平衡，电动机最终工作在反向再生制动状态的稳定运行点 e 点，以高速稳定下放重物。起重装置的高速下放重物常用这种方法。再生制动时 $P_1 < 0$，这意味着向电网馈送机械能（势能）转化的电能，所以运行经济性好。但再生制动必须发生在 $|n| > |n_0|$ 时，且电枢回路所串电阻愈大，下放速度愈高。因此，为了安全起见，再生制动下放重物时，常切除电枢外串电阻，使其工作在反向固有机械特性上。

四、制动问题计算

以上介绍了他励直流电动机的能耗制动、反接制动、再生制动的原理，并从机械特性的角度分析对应的制动过程。对于制动问题的计算，我们可简便地应用电动势平衡方程式，代入不同的制动条件来进行求解。

一般先求出 $C_e\Phi_N$，然后分别针对两类问题：

（1）快速停车　已知瞬时制动电流（$I_{bk} < 0$），求电枢回路串入的制动电阻。

$$R_{bk} = \frac{U - C_e\Phi_N n}{I_{bk}} - R_a \text{（能耗制动：} U = 0\text{；电枢反接制动：} U = -U_N\text{）}$$

（2）稳定下放重物（$I_{bk} > 0$，与已知负载转矩成正比）

1）已知电枢串入电阻，求下放转速 $n = \dfrac{U - I_{bk}(R_a + R_{bk})}{C_e\Phi_N}$。

2）已知下放转速（$n < 0$），求电枢回路串入的电阻值 $R_{bk} = \dfrac{U - C_e\Phi_N n}{I_{bk}} - R_a$。

1）、2）中，能耗制动：$U = 0$；倒拉反接制动：$U = U_N$；反向再生制动 $U = -U_N$。

例 2-4　一台他励直流电动机，$P_N = 5.6\text{kW}$，$U_N = 220\text{V}$，$I_N = 31\text{A}$，$n_N = 1000\text{r/min}$，$R_a = 0.4\Omega$，负载转矩 $T_L = 0.8T_N$，（忽略空载转矩 T_0）。试计算：

1）电动机拖动反抗性负载，采用能耗制动停车，电枢回路应串入的制动电阻最小值是多少？若采用电枢反接制动停车，电阻最小值是多少？（电枢电流不得超过 2 倍额定电流）

2）电动机拖动位能性恒转矩负载，要求以 300r/min 速度下放重物，采用倒拉反接制动运行，电枢回路应串入多大电阻？若采用能耗制动运行，电枢回路应串入多大电阻？

3）想使电动机以 1200r/min 速度，在反向再生制动运行状态下，下放重物，电枢回路应串多大的电阻？

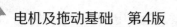

解 $$C_e\Phi_N = \frac{U_N - I_a R_a}{n_N} = \frac{220 - 31 \times 0.4}{1000} = 0.208$$

对应负载转矩为 $0.8T_N$ 的电枢电流，略 T_0，则 $I_a = 0.8I_N = (0.8 \times 31)\text{A} = 24.8\text{A}$

1）计算能耗制动电阻和电枢反接制动电阻

电动状态的稳定转速：$n = \dfrac{U - I_a R_a}{C_e\Phi_N} = \left(\dfrac{220 - 24.8 \times 0.4}{0.208}\right)\text{r/min} = 1010\text{r/min}$

能耗制动电阻：$R_{bk} = \dfrac{U - C_e\Phi_N n}{I_{bk}} - R_a = \left(\dfrac{0 - 0.208 \times 1010}{-2 \times 31} - 0.4\right)\Omega = 2.99\Omega$

电枢反接制动电阻：$R_{bk} = \dfrac{U - C_e\Phi_N n}{I_{bk}} - R_a = \left(\dfrac{-220 - 0.208 \times 1010}{-2 \times 31} - 0.4\right)\Omega = 6.54\Omega$

2）计算倒拉反接运行和能耗制动运行时，电枢回路应串入电阻

倒拉反接制动电阻：$R_{bk} = \dfrac{U - C_e\Phi_N n}{I_{bk}} - R_a = \left(\dfrac{220 - 0.208 \times (-300)}{24.8} - 0.4\right)\Omega = 10.99\Omega$

能耗制动电阻：$R_{bk} = \dfrac{U - C_e\Phi_N n}{I_{bk}} - R_a = \left(\dfrac{0 - 0.208 \times (-300)}{24.8} - 0.4\right)\Omega = 2.12\Omega$

3）计算反向再生制动运行时电阻

$$R_{bk} = \frac{U - C_e\Phi_N n}{I_{bk}} - R_a = \left(\frac{-220 - 0.208 \times (-1200)}{24.8} - 0.4\right)\Omega = 0.79\Omega$$

小　结

制动状态的特点是电动机的电磁转矩和转速方向相反。几种制动的比较与应用如表 2-1 所示。

表 2-1　制动形式的比较和应用

制动形式	优　点	缺　点	制动电阻的计算 $R_{bk} = (U - E_a)/I_{bk} - R_a$ $= (U - C_e\Phi_N n)/I_{bk} - R_a$	应 用 场 合
能耗制动	①控制电路简单、平稳可靠,制动过程中不吸收电能,经济、安全 ②可以实现准确停车	制动效果随转速成比例减小	$U = 0 \begin{cases} I_{bk} < 0, n > 0, \text{制动过程} \\ I_{bk} > 0, n < 0, \text{稳定制动} \end{cases}$	应用于要求减速平稳的场合,例如反抗性负载准确停车。另可应用于下放重物
反接制动	①电枢反接制动的制动转矩随转速变化较小,制动转矩较恒定,制动强烈而迅速 ②倒拉反接制动的转速可以很低,安全性好	①电枢反接制动有自动反转的可能性。在转速降到零时,必须切断电源 ②需要从电网吸收大量电能	电枢反接制动(制动过程) $U = -U_N, I_{bk} < 0, n > 0$ 倒拉反接制动(稳定制动) $U = U_N, I_{bk} > 0, n < 0$	电枢反接制动应用于频繁正、反转的电力拖动系统,例如龙门刨床、轧钢机以及辊道等 倒拉反接制动不能用于停车,只能应用于起重设备以较低的稳定转速下放重物

（续）

制动形式	优　点	缺　点	制动电阻的计算 $R_{bk} = (U - E_a)/I_{bk} - R_a$ $= (U - C_e \Phi_N n)/I_{bk} - R_a$	应 用 场 合
再生制动	①制动简单可靠，不需改变电动机的接线 ②能量反馈到电网，比较经济	①在转速$\lvert n \rvert > \lvert n_0 \rvert$时，才能产生制动，应用范围较窄 ②不能使拖动装置停车	正向 $U = U_N, I_{bk} < 0, n > 0$ 反向 $U = -U_N, I_{bk} > 0, n < 0$ （稳定制动）	应用在位能负载的稳定高速下降场合 在降压和弱磁调速的过渡过程中可能会出现这种制动状态

现将他励直流电动机 4 个象限运行的机械特性画在一起，如图 2-20 所示，便于加深理解和综合分析。在第Ⅰ、Ⅲ象限内，T 与 n 同方向，为电动运行状态；在第Ⅱ、Ⅳ象限内，T 与 n 反方向，为制动运行状态。

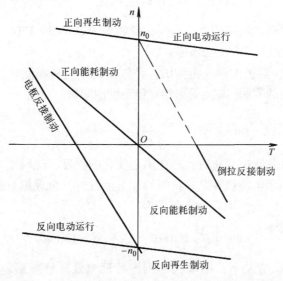

图 2-20　他励直流电动机各种运行状态的机械特性

第六节　他励直流电动机的调速

在工业生产中，有大量的生产机械为了满足生产工艺要求，需要改变工作速度，例如龙门刨床，由于工件的材料和精度的要求不同，工作速度也就不同；又如轧钢机，因轧制不同品种和不同厚度的钢材，要采取不同的最佳速度。这种人为地改变电动机速度以满足生产工艺要求的操作，通常称为调速。

调速可用机械方法、电气方法或机械电气相结合的方法，本节只讨论电气调速。电气调速是人为地改变电动机的参数，使电力拖动系统运行于不同的人为机械特性上，从而在相同的负载下，得到不同的运行速度。这不同于由于负载变化，使电动机在同一条特性上，发生的转速变化。

根据机械特性方程式

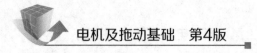

$$n = \frac{U}{C_e \Phi} - \frac{R}{C_e C_T \Phi^2} T$$

人为改变电枢电压 U、电枢回路总电阻 R 和主磁通 Φ 都可以改变转速 n。所以，调速的方法有降压调速、电枢回路串电阻调速和弱磁调速三种。

一、调速指标

电动机的调速性能，常用下列指标衡量：

1. 调速范围

调速范围是指电动机在额定负载时所能达到的最高转速 $n_{\max}$ 与最低转速 $n_{\min}$ 之比，用系数 D 表示，即

$$D = \frac{n_{\max}}{n_{\min}} \tag{2-12}$$

不同的生产机械对调速范围的要求不同，例如车床 $D = 20 \sim 120$、龙门刨床 $D = 10 \sim 40$、轧钢机 $D = 3 \sim 120$、造纸机 $D = 3 \sim 20$ 等。

由式（2-12）可知，要扩大调速范围 D，必须提高 $n_{\max}$ 和降低 $n_{\min}$，但 $n_{\max}$ 受到电动机的机械强度和换向条件的限制，$n_{\min}$ 受到相对稳定性的限制。

2. 调速的相对稳定性（静差率）

相对稳定性是指负载转矩变化时，转速随之变化的程度，工程上常用静差率 $\delta\%$ 来衡量相对稳定性。静差率表示电动机在某一机械特性上运行时，由理想空载到额定负载所出现的转速降与理想空载转速之比，用百分数表示为

$$\delta\% = \frac{\Delta n}{n_0} \times 100\% = \frac{n_0 - n_N}{n_0} \times 100\% \tag{2-13}$$

显然，在相同的 n_0 情况下，电动机的机械特性愈硬，静差率就愈小，相对稳定性就愈好。

生产机械调速时，要求静差率小于一定值，以使负载发生变化时，转速在一定范围内变化，保持一定的稳定程度，生产机械容许的静差率用 $\delta_r\%$ 表示。例如，卧式车床要求 $\delta_r\% \leqslant 30\%$，一般设备要求 $\delta_r\% \leqslant 50\%$，高精度的造纸机要求 $\delta_r\% \leqslant 0.1\%$。

3. 调速的平滑性

调速的平滑性是指两个相邻调速级（如第 i 级与第 $i-1$ 级）的转速之比，用系数 φ 表示

$$\varphi = \frac{n_i}{n_{i-1}} \tag{2-14}$$

φ 值越接近于 1，调速平滑性越好，在一定的调速范围内，调速的级数越多，则调速的平滑性越好，不同的生产机械对调速的平滑性要求不同，例如龙门刨床要求基本上近似无级调速（即 $\varphi \approx 1$）。

4. 调速的经济性

调速的经济性是指对调速设备的投资和电能消耗、调速效率等经济效果的综合比较。

5. 调速时的容许输出

容许输出是指电动机在得到充分利用的情况下，调速过程中轴上所能输出的功率和转矩。在电动机稳定运行时，实际输出的功率和转矩由负载的需要来决定，故应使调速方法适应负载的要求。

二、改变电枢电路串联电阻的调速

在本章第三节曾经分析过，当电枢电路串接电阻 R_{pa} 后，机械特性方程式为式(2-5)，绘出不同 R_{pa} 值的人为机械特性如图 2-21 所示。从图中可以看出，串入的电阻越大，曲线的斜率越大，机械特性越软。

设电枢未串接电阻 R_{pa} 时，电动机稳定运行在固有机械特性的 a 点上，当电阻 R_{pa1} 接入电枢电路瞬间，因转速不能突变，工作点从 a 点跳至人为机械特性的 b 点，这时，电枢电流减小，电磁转矩减小，$T < T_L$，电动机减速，电枢电动势减小，电流 I_a 回升，T 增大，直到 $T = T_L$，电动机在低速的 c 点稳定运行。

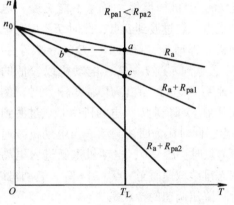

图 2-21　他励直流电动机电枢串接电阻调速的机械特性

电枢串电阻调速的特点是：

1) 串入电阻后转速只能降低，由于机械特性变软，静差率变大，特别是低速运行时，负载稍有变动，电动机转速波动大，因此调速范围受到限制。$D = 1 \sim 3$。

2) 调速的平滑性不高。

3) 由于电枢电流大，调速电阻消耗的能量较多，不够经济。

4) 调速方法简单、设备投资少。

Z2 系列直流电动机基速以下调速可用电枢串电阻调速（例如起重设备和运输牵引装置），也可用降压调速。

例 2-5　一台他励直流电动机，其额定数据为：$P_N = 100\text{kW}$，$I_N = 511\text{A}$，$U_N = 220\text{V}$，$n_N = 1500\text{r/min}$，电枢电路总电阻 $R_a = 0.04\Omega$，电动机拖动额定恒转矩负载运行，现用电枢串电阻的方法将转速调至 600r/min，应在电枢电路内串多大电阻？

解　调速的计算题，一般与制动的计算题一样，先求电动机的 $C_e\Phi_N$。

$$C_e\Phi_N = \frac{U_N - I_aR_a}{n_N} = \frac{220 - 511 \times 0.04}{1500} = 0.133$$

对恒转矩负载，调速前后为额定负载不变，磁通大小也不变，所以电枢电流在调速前后保持恒定，

$$I_a = I_N = 511\text{A}$$

由电动势平衡方程式：$U = E_a + I_a(R_a + R_{pa}) = C_e \Phi_N n + I_a(R_a + R_{pa})$，则

$$R_{pa} = \frac{U_N - C_e \Phi_N n}{I_a} - R_a = \left(\frac{220 - 0.133 \times 600}{511} - 0.04\right)\Omega = 0.234\Omega$$

在电枢电路中必须串接的电阻为 0.234Ω，比电枢电阻大得多。所以将转速从 1500r/min 降到 600r/min。

三、降压调速

降低电枢电压，已知人为机械特性方程式为式（2-6），绘出降压后的人为机械特性曲线如图 2-22 所示。

降压调速的物理过程为：设电动机稳定运行 a 点，突然将电枢电压从 U_1 降至 U_2，因机械惯性，转速不能突变，电动机由 a 点过渡到 b 点，此时 $T < T_L$，电动机立即减速，随 $n\downarrow \rightarrow E_a\downarrow \rightarrow I_a\uparrow \rightarrow T\uparrow$，直到 c 点 $T = T_L$，电动机以较低的转速稳定运行。在降压幅度较大时，例如从 U_1 突降到 U_3，电动机由 a 点过渡到 d 点，此时成为回馈制动。当电动机减速至 e 点时，$E_a = U$，电动机重新进入电动状态继续减速直至 f 点，$T = T_L$，电动机以更低的转速稳定运行。

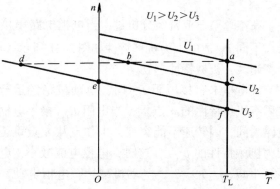

图 2-22　他励直流电动机降压调速的机械特性

降压调速的特点是：

1）无论是高速还是低速，机械特性硬度不变，调速性能稳定，故调速范围广。

2）电源电压能平滑调节，故调速平滑性好，可达到无级调速。

3）降压调速是通过减小输入功率来降低转速的，低速时，损耗减小、调速经济性好。降压调速的性能好，目前被广泛用于自动控制系统中。如轧钢机、龙门刨床等。

Z4 系列直流电动机基速以下调速均采用降压调速，恒转矩降低电枢电压向下调速，在电流连续的情况下最低可达 20r/min。

例 2-6　例 2-2 的电动机，拖动额定恒转矩负载运行，欲进行降压调速。

1）现将电枢电压降低至额定电压的 50%，求调压后的稳定转速。

2）要把转速降到 400r/min，求电枢电压应降至多少？

解　先求电动机的 $C_e \Phi_N$。

$$C_e \Phi_N = \frac{U_N - I_a R_a}{n_N} = \frac{440 - 77.8 \times 0.376}{1500} = 0.274$$

对恒转矩负载，调速前后为额定负载不变，磁通大小也不变，所以电枢电流在调速前后保持恒定，

$$I_a = I_N$$

1）$n = \dfrac{U - I_N R_a}{C_e \Phi_N} = \left(\dfrac{440 \times 0.5 - 77.8 \times 0.376}{0.274} \right) \text{r/min} = 696.16 \text{r/min}$

2）$U = C_e \Phi_N n + I_N R_a = (0.274 \times 400 + 77.8 \times 0.376) \text{V} = 138.85 \text{V}$

四、弱磁调速

在电动机励磁电路中，串接磁场调节电阻 R_{pf} 改变励磁电流，从而改变磁通大小即可调节转速。弱磁调速的机械特性方程式为式(2-7)，弱磁调速的人为机械特性曲线如图 2-23 所示。

弱磁调速的物理过程为：设电动机在 a 点稳定运行，当突然将磁通从 Φ_1 降至 Φ_2 时，转速来不及变化，则电动机运行由 a 点过渡到 b 点，在 b 点 $T > T_L$，电动机立即加速，随 $n \uparrow \rightarrow E_a \uparrow \rightarrow I_a \downarrow \rightarrow T \downarrow$，直到 c 点 $T = T_L$，电动机以新的较高的工作速度稳定运行。与降压调速类似，在突然增磁过程中，也会出现再生制动。读者可自行分析。

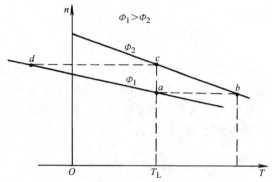

图 2-23 他励直流电动机弱磁调速的机械特性

弱磁调速的特点是：

1）弱磁调速机械特性较软，受电动机换向条件和机械强度的限制，转速调高幅度不大，调速范围 $D = 1 \sim 3$。

2）调速平滑，可以无级调速。

3）在功率较小的励磁回路中调节，能量损耗小。

4）控制方便，控制设备投资少。

Z4 系列直流电动机基速以上调速，恒功率弱磁向上调速范围对不同规格可达到额定转速的 $1 \sim 3$ 倍。Z2 系列直流电动机一般是 $1 \sim 2$ 倍。

小　结

他励直流电动机有三种调速方法。应根据生产机械提出的调速要求，综合考虑调速性能指标，选择调速方法。三种调速方法的比较如表 2-2 所示。

表 2-2　他励直流电动机调速方法比较

调速方法	调速范围 D	相对稳定性	平滑性	经济性	应　用
串电阻调速	在额定负载下约为 2，轻载时更小	差	差	调速设备投资少，电能损耗大	对调速性能要求不高的场合，适用于与恒转矩负载配合
降压调速	一般为 8 左右；100kW 以上电动机可达 10 左右；1kW 以下的电动机为 3 左右	好	好	调速设备投资大，电能损耗小	对调速要求高的场合，适用于与恒转矩负载配合

（续）

调速方法	调速范围 D	相对稳定性	平滑性	经济性	应　用
弱磁调速	一般直流电动机为 1.2 左右；变磁通电动机最大可达到 4	较好	好	调速设备投资少，电能损耗少	一般与降压调速配合使用，适用于与恒功率负载配合

*第七节　串励和复励直流电动机

一、串励直流电动机

串励电动机的接线如图 2-24 所示，因为直流串励电动机的励磁绕组与电枢电路相串联，励磁电流 I_f 与电枢电流 I_a 相等，造成了串励电动机具有与他（并）励电动机有很大差异的特性。从结构上来看，由于串励电动机的励磁绕组流过的是电枢电流，导线截面与他（并）励电动机相比较大，匝数较少。

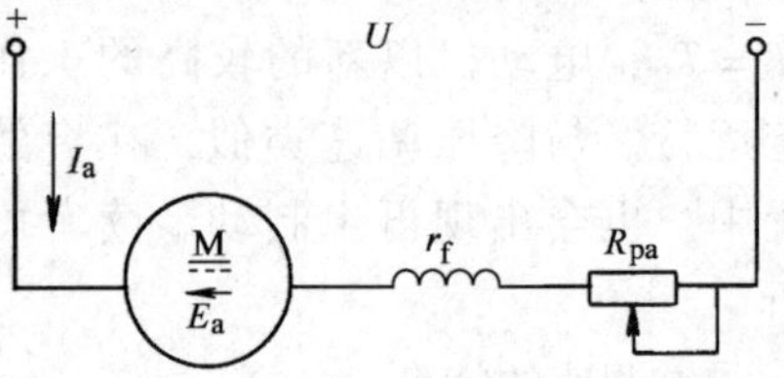

1. 串励直流电动机的机械特性

按图 2-24 写出串励直流电动机的电动势平衡方程式：

$$U = E_a + I_a(R_a + r_f + R_{pa})$$

由此推出电动机的转速方程为

$$n = \frac{U - I_a R}{C_e \Phi} \tag{2-15}$$

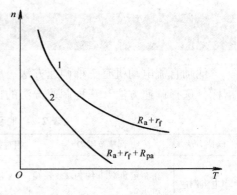

图 2-24　串励电动机接线图

式中　$R = R_a + r_f + R_{pa}$。

串励电动机的磁通 Φ 是随电枢电流 I_a 变化的，因为电枢电流也就是它的励磁电流，因此，在轻负载运行区间，串励电动机电枢电流较小，电机铁心未饱和，电枢电流与磁通成正比。由上式可知，负载增大，$I_a\uparrow\rightarrow(I_aR)\uparrow\rightarrow n\downarrow$，同时 $I_a\uparrow\rightarrow\Phi\uparrow\rightarrow n\downarrow$，双重因素使负载增大时转速快速下降，如图 2-25 曲线 1 所示；当负载继续增大，I_a 增大，使电机铁心渐趋饱和，磁通 Φ 随电枢电流 I_a 的增大而很少增加，可近似把 Φ 视为常数，这时串励电动机的机械特性与他励电动机相似，可认为是一直线，如图 2-25 曲线 1 所示。

综上所述，串励电动机的机械特性具有如下特点：

1）由于负载增大即电枢电流增大时，磁通也同时增大，所以它的转速随负载转矩增大而迅速下降，机械特性为软特性。

图 2-25　串励电动机的机械特性

2）串励电动机的理想空载转速 $n_0 = U/(C_e\Phi)$，当 $I_a = 0$ 时，从理论上分析 n_0 应为无穷大，实际上电动机总有剩磁存在，空载转速不能达到无穷大。但因剩磁很小，致使电动机的实际空载转速仍很高，一般可达 $(5\sim6)n_N$，出现"飞车"现象，这样高的速度将造成电动机与传动机构损坏，所以串励电动机是绝对不允许空载起动和空载运行的。通常要求负载转矩不得小于四分之一额定转矩。为了安全起见，串励电动机和拖动的生产机械之间不得用带或链条传动，以免传动带、链条断裂或传动带打滑致使电动机空载运行。

3）当电枢电路串接外电阻时，机械特性曲线更加变软，如图2-25曲线2所示，外加电阻越大，特性越软。

2. 串励电动机的电力拖动

串励电动机的起动性能比他励、并励电动机好，如果铁心未饱和，则串励电动机 $\Phi \propto I_a$，因此电磁转矩 $T = C_T \Phi I_a = C_T' I_a^2 \propto I_a^2$，而并励或他励电动机 Φ 为常数，则 $T \propto I_a$，相比之下，在相同的起动电流倍数（起动电流与额定电流之比）下，串励电动机的起动转矩倍数（起动转矩与额定转矩之比）要比他（并）励电动机大。为了限制起动电流，与并（他）励电动机一样，串励电动机起动时也要接入起动电阻。

串励电动机的过载能力比他（并）励电动机强，因若负载转矩增大时，电动机转速迅速下跌，P_2 变化不大，P_1 也就变化不大，而电源电压一定，则电流就不会增大很多，保证电动机正常运行。

串励电动机改变转向的方法为：电枢绕组反接或励磁绕组反接。

串励电动机的调速方法与并（他）励一样，可以通过电枢串电阻，改变磁通和改变电源电压来调速。

电枢串电阻调速方法与并（他）励电动机基本相同，这里不再详细分析。

在串励电动机中要改变串励磁场的磁通进行调速，可在电枢绕组并联调节电阻来增大串励绕组电流，如图2-26a所示；或在串励绕组并联调节电阻来减小串励绕组电流，如图2-26b所示从而改变电动机的磁通，达到调速的目的。

改变电压调速，一般选用两台较小容量的电动机来代替一台大容量电动机，两台电动机同轴连接，拖动同一生产机械工作。两台电动机并联接电网时，每台电动机都在全电压下高速运行。两台电动机串联后接电网时，每台电动机都降低电压，低速运行，这样就可以得到两级调速。如果要得到更多的调速级，可以在电枢中串入电阻，改变电阻值，又可获得中间的调速级，这种调速方法，广泛用在电力牵引机车中。

串励电动机的制动方法有：反接制动和能耗制动。串励电动机不能实现再生制动，因为串励电动机的理想空载转速 n_0 趋于无穷大而实际转速不可能超过 n_0。

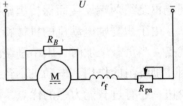

a）电枢分路

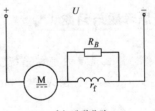

b）励磁分路

图2-26 串励电动机改变
磁通调速的接线图

二、复励直流电动机

复励直流电动机的接线如图2-27所示，它有两个励磁绕组，一个是并励绕组，与电枢绕组并联；另一个是串励绕组，和电枢绕组相串联。两个励磁绕组的磁通势方向相同称为积复励；方向相反称为差复励。复励电动机一般接成积复励。

复励电动机的主极磁通是由两个励磁绕组的合成磁通势所产生的，当电枢电流 $I_a = 0$ 时，串励绕组的磁通势为零。此时，主极磁通由并励绕组磁通势产生，并为一恒定值。因此，复励电动机 $I_a = 0$ 时的理想空载转速 n_0 不会像串励电动机那样趋向无穷大，而是一个较适当的数值。

当负载增加时（I_a 增大），由于串励绕组磁通势的增大，积复励电动机的合成磁通相应增大，致使电动机的转速比并（他）励电动机有显著下降，它的机械特性不像并（他）励电动机那么硬。又因为随着负载的增大只有串励磁通势相应增加，并励绕组的磁通势基本保持不变，所以它的特性又不像串励电动机的特性那么软，积复励电动机的机械特性介于并励和串励电动机机械特性之间，如图2-28所示。

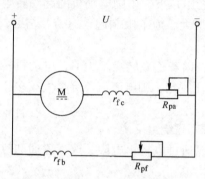

图2-27　复励直流电动机的接线图

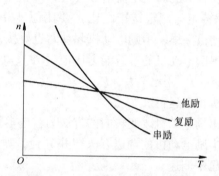

图2-28　复励电动机的机械特性

如果串励绕组和并励绕组磁通势方向相反，即电动机接成差复励。这样，当负载增加时，串励绕组磁通势对并励绕组起去磁作用，引起主磁通减小，转速随负载增大而升高，这种机械特性是上翘的，使电动机不能稳定运行，因此复励电动机一般不允许运行于差复励状态。

复励直流电动机需要反转运行时，为了保持串励磁通势与并励磁通势的方向一致，只需把电枢绕组两端反接而保持串励绕组的接法不变。

由于积复励电动机的机械特性介于并励电动机与串励电动机之间，兼备这两种电动机的优点，当负载增加时，因串励绕组的作用，转速比并励电动机下降得多些，当负载减轻时，因并励绕组的作用，电动机不致出现危险的高速，同时，它有较大的起动转矩，起动时加速较快；还有过载能力强的优点。所以积复励直流电动机在起重、电力牵引装置及冶金辅助机械等方面得到广泛的应用。

思考题与习题

2-1　什么是电力拖动系统？它包括哪几个部分，各起什么作用？试举例说明。

2-2　从运动方程式中，如何判定系统是处于加速、减速、稳定还是静止的各种运动状态？

2-3　电力拖动系统稳定运行的充分必要条件是什么？

2-4　他励直流电动机在什么条件下得到固有机械特性 $n = f(T)$ 的？一台他励电动机的固有机械特性有几条？人为机械特性有几类？有多少条？

2-5　起动他励直流电动机时为什么一定先加励磁电压？如果未加励磁电压，而将电枢接通电源，会发生什么现象？

2-6　一台 Z4 - 180 - 21 他励直流电动机，额定数据为：$P_N = 45kW$，$U_N = 440V$，$R_a = 0.217\Omega$，$I_N = 115A$，$n_N = 1500r/min$。试计算：

1）全压起动时的起动电流 I_{st} 及起动电流倍数。

2）若限制起动电流不超过 200A，采用降压起动的最低电压为多少？

2-7　设有一台并励直流电动机接在一电源上，如把外施电源极性倒换，电动机的转向是否改变？如何改变电动机的转向？接在电源上的电动机若为串励电动机又如何？

2-8　什么叫电气调速？指标是什么？他励直流电动机调速有哪几种方法？

2-9　一台他励直流电动机，$P_N = 18kW$，$U_N = 220V$，$I_N = 94A$，$n_N = 1000r/min$，$R_a = 0.202\Omega$。求在额定负载下：设降速至 800r/min 稳定运行，外串多大电阻？

2-10　题 2-6 的直流电动机，采用降压调速，求在额定负载下：

1）转速降至 500r/min，电枢电压应降到多少伏？

2）$0.8U_N$ 时的稳定转速是多少？

2-11　他励直流电动机有几类制动方法，试说明它们之间有什么共同点？从电枢电压、机械特性方程和功率关系来说明它们有什么不同？

2-12　一台他励直流电动机，$P_N = 17kW$，$U_N = 110V$，$I_N = 185A$，$n_N = 1000r/min$，$R_a = 0.065\Omega$，已知电动机最大允许电流 $I_{max} = 1.8I_N$，电动机拖动负载 $T_L = 0.8T_N$ 电动运行。试求：

1）若采用能耗制动停车，则电枢回路应串多大电阻？

2）若采用反接制动停车，则电枢回路应串多大电阻？

2-13　他励直流电动机，$P_N = 5.5kW$，$U_N = 220V$，$I_N = 30.3A$，$n_N = 1000r/min$，$R_a = 0.847\Omega$，$T_L = 0.8T_N$。试求：

1）如果用能耗制动、倒拉反接制动以 400r/min 的速度下放位能负载，则应串入多大的制动电阻？

2）直流电动机在再生制动运行下放重物，电枢回路不串电阻，求电动机的转速。

3）现用制动电阻 $R_{bk} = 10\Omega$，求倒拉反接制动的稳定转速，并定性画出机械特性。

2-14　一台串励直流电动机与一台他励电动机都在额定负载下工作，它们的额定容量、额定电压和额定电流都相同，如果它们的负载转矩都同样增加 50%，试问哪一台电动机转速下降得多？哪一台电动机电流增加得多？

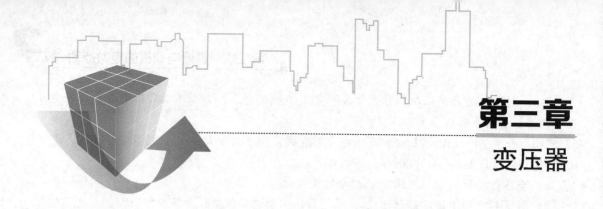

第三章
变压器

变压器是一种静止的电气设备，它利用电磁感应原理，根据需要可以将一种交流电压和电流等级转变成同频率的另一种电压和电流等级。它对电能的经济传输、灵活分配和安全使用具有重要的意义；同时，它在电气的测试、控制和特殊用电设备上也有广泛的应用。

本章主要叙述一般用途的电力变压器的工作原理、分类、结构和运行特性，对特殊用途的变压器只作扼要的介绍。

第一节 变压器的基本工作原理和结构

一、变压器的基本工作原理

变压器是利用电磁感应原理工作的，其结构主要由铁心和套在铁心上的两个（或两个以上）互相绝缘的绕组所组成，绕组之间有磁的耦合，但没有电的联系（特殊变压器除外，例如自耦变压器，后有介绍），如图3-1所示。通常一个绕组接交流电源，称为一次绕组；另一个绕组接负载，称为二次绕组。当在一次绕组两端连接上合适的交流电源时，在电源电压 u_1 的作用下，一次绕组中就有交流电流 i_0 流过，产生一次绕组磁通势，于是铁心中激励起交变的磁通 ϕ，这个交变的磁通 ϕ 同时交链一次、二次绕组，根据电磁感应定律，便在一次、二次绕组中产生感应电动势 e_1、e_2。二次绕组在感应电动势 e_2 的作用下，便可向负载供电，实现能量传递。

在以后的分析中可知，一、二次绕组感应电动势之比等于一、二次绕组匝数之比，而一次侧感应电动势 e_1 的大小接近于一次侧外加电源电压 u_1，二次侧感应电动势 e_2 的大小则接近于二次侧输出电压 u_2。因此，只要改变一次或二次绕组的匝数，便可达到变换输出电压

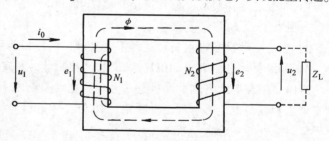

图3-1 变压器的工作原理图

u_2 大小的目的。这就是变压器利用电磁感应原理，将一种电压等级的交流电源转换成同频率的另一种电压等级的交流电源的基本工作原理。

二、变压器的应用和分类

1. 变压器的应用

变压器除了能够变换电压外，在以后的分析中还可以知道，变压器还能够变换电流和阻抗，因此在电力系统和电子设备中得到广泛的应用。

电力系统中使用的变压器称作电力变压器，它是电力系统中的重要设备。由交流电功率 $P = UI\cos\varphi$ 可知，如果输电线路输送的电功率 P 及功率因数 $\cos\varphi$ 一定，电压 U 越高时，线路电流 I 越小，则输电线路上的压降损耗和功率损耗也就越小，由此可以减小输电线的截面积，节省材料，达到减小投资和降低运行费用的目的。由于发电厂、水电站的交流发电机受绝缘和工艺技术的限制，通常输出电压为 10.5kV、16kV 或更高的 20kV、27kV，而一般高压输电线路的电压为 110kV、220kV、330kV、500kV、800kV、1000kV，因此需用升压变压器将电压升高后送入输电线路。当电能输送到用电区后，为了用电安全，又必须用降压变压器将输电线路上的高电压降为配电系统的配电电压，然后再经过降压变压器降压后供电给用户。电力系统的多次升压和降压，使得变压器的应用相当广泛。**值得一提的是：**目前，国家已有多条远距离高压直流输变电网，最高已可达到 ±800kV（三峡电力外送的第三条通道——三峡至上海是 ±500kV、哈密南-郑州特高压为 ±800kV），因为直流电能传输效率更高、对通信干扰小、稳定性好，且只需两根输电线，但发电当地的交流升压和用电地的交流降压，还是需由变压器完成的，而交流与直流的转换是靠换流站设备实现的。

另外，变压器的用途还很多，如测量系统中使用的仪用互感器，可将高电压变换成低电压，或将大电流变换成小电流，以隔离高压和便于测量；感应和自耦调压器，则可任意调节输出电压的大小，以适应负载对电压的要求；在电子线路中，除了电源变压器外，变压器还用来耦合电路、传递信号、实现阻抗匹配等。

2. 变压器的分类

为了达到不同的使用目的并适应不同的工作条件，变压器可以从不同的方面进行分类。

（1）**按用途分类**　变压器可以分为电力变压器和特种变压器两大类。电力变压器主要用于电力系统，又可分为升压变压器、降压变压器、配电变压器和厂用变压器等。特种变压器根据不同系统和部门的要求，提供各种特殊电源和用途，如电炉变压器、整流变压器、电焊变压器、仪用互感器、试验用高压变压器和调压变压器等。

（2）**按绕组构成分类**　变压器可分为双绕组、三绕组、多绕组变压器和自耦变压器。

（3）**按铁心结构分类**　变压器可分为壳式变压器和心式变压器。

（4）**按相数分类**　变压器可分为单相、三相和多相变压器。

（5）**按冷却方式分类**　变压器可分为干式变压器、油浸式变压器（油浸自冷式、油浸风冷式和强迫油循环式等）、充气式变压器。

尽管变压器的种类繁多，但它们皆是利用电磁感应的原理工作的。

三、变压器的基本结构

变压器的主要组成是铁心和绕组（合称为器身）。为了改善散热条件，对油浸式变压器，大、中容量的电力变压器的铁心和绕组浸入盛满变压器油的封闭油箱中，各绕组对外线路的联接由绝缘套管引出。为了使变压器安全、可靠地运行，还设有其他附件，如图 3-2 所示，它是铁心采用硅钢片叠装的传统油浸式电力变压器。随着设计、材料和工艺水平的提高，目前有大量立体卷铁心的变压器投入生产和使用，其节能效果显著。立体卷铁心油浸式电力变压器可扫二维码观看。

立体卷铁心油浸式电力变压器

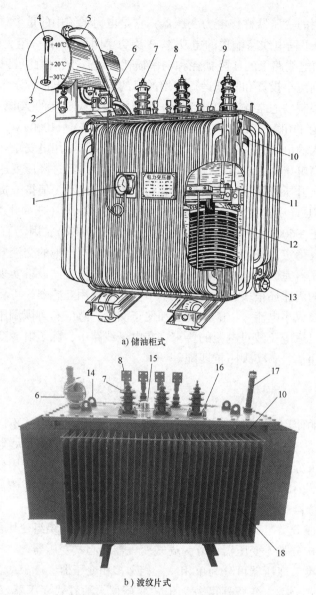

a) 储油柜式

b) 波纹片式

图 3-2　油浸式电力变压器

1—信号式温度计　2—吸湿器　3—储油柜　4—油表　5—安全气道　6—气体继电器
7—高压套管　8—低压套管　9—分接开关　10—油箱　11—铁心　12—线圈　13—放油阀门
14—吊攀　15—（盘形）分接开关　16—温度计座　17—油位计　18—波纹片

1. 铁心

铁心是变压器的主磁路，又作为绕组的支撑骨架。铁心分铁心柱和铁轭两部分，铁心柱上装有绕组，铁轭是连接两个铁心柱的部分，其作用是使磁路闭合。为了提高铁心的导磁性能、减小磁滞损耗和涡流损耗，铁心采用硅钢片叠装或卷制而成。硅钢片有热轧（表面涂有绝缘漆）和冷轧硅钢片两种。而冷轧硅钢片又分为晶粒有取向和无取向两类。目前电力变压器主要采用晶粒有取向冷轧硅钢片，片厚 0.3mm 或 0.27mm，或更薄，它沿碾压方向有较高的导磁性和很小的铁心损耗。热轧硅钢片已淘汰。

（1）叠装铁心 叠装的铁心，一般先将硅钢片裁成条形，然后采用交错叠片的方式叠装而成，如图3-3a、b所示。交错叠片的目的是使各层磁路的接缝互相错开，以免接缝处的间隙集中，从而减小磁路的磁阻和励磁电流。图3-3c是已制成的三相铁心及固定架。

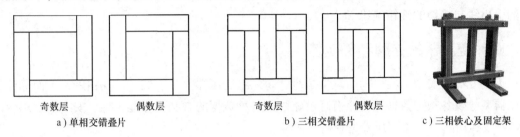

奇数层	偶数层	奇数层	偶数层	
a）单相交错叠片		b）三相交错叠片		c）三相铁心及固定架

图3-3 变压器的交错叠片与铁心

（2）立体卷铁心 三维立体卷铁心层间没有接缝，磁通方向与硅钢片晶体取向完全一致，没有接缝处磁通密度的畸变现象，具有空载电流低、空载损耗小、噪声低、结构紧凑与占地面积小等优点。立体卷铁心的结构示意图可扫二维码观看。

立体卷铁心
结构示意图

2. 绕组

绕组是变压器的电路部分，常用绝缘铜线或铝线绕制而成，在变压器中，工作电压高的绕组称为高压绕组，工作电压低的绕组称为低压绕组。同心式绕组是将高、低压绕组同心地套在铁心柱上。为了便于绕组与铁心之间的绝缘，通常将低压绕组装在里面，而把高压绕组装在外面，如图3-4所示。在高、低压绕组之间及绕组与铁心之间都加有绝缘。同心式绕组具有结构简单、制造方便的特点，国产变压器多采用这种结构。

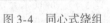

高压绕组　　低压绕组

图3-4 同心式绕组

3. 其他结构附件

（1）油箱 油浸式变压器的外壳就是油箱，它起着机械支撑、冷却散热和保护的作用。变压器的器身放在装有变压器油的油箱内。变压器油既是绝缘介质，又是冷却介质，它使铁心和绕组不被潮气所侵蚀，同时通过变压器油的对流，将铁心和绕组所产生的热量传递给油箱和散热管，再往空气中散发热量。

（2）储油柜 图3-2a中的储油柜亦称油枕，它是安装在油箱上面的圆筒形容器，它通过连通管与油箱相连，柜内油面高度随油箱内变压器油的热胀冷缩而变动。保证器身始终浸在变压器油中。

（3）波纹片 图3-2b中的波纹片是由一种特殊的碳钢材料制成的，它是连接油箱的散热管片（道），因其散热面积较大、散热效果好，又是热胀冷缩系数较大的材料，其热胀冷缩的作用，可取代图3-2a中的储油柜作用。所以目前2000kV·A及以下10/0.4kV的油浸式电力变压器均采用波纹片式的，储油柜（油枕）式已很少生产。

（4）分接开关 变压器运行时，为了使输出电压控制在允许的变化范围内，通过分接开关改变一次绕组匝数，从而达到调节输出电压的目的。通常输出电压的调节范围是额定电压的 $\pm 2 \times 2.5\%$、$\pm 5\%$。

（5）绝缘套管　变压器的引出线从油箱内穿过油箱盖时，通过瓷质绝缘套管，以使带电的引出线与接地的油箱绝缘。

四、变压器的铭牌和额定值

为使变压器安全、经济、合理地运行，每一台变压器上都安装了一块铭牌，上面标注了变压器型号及各额定数据等。只有理解铭牌上各种数据的含义，才能正确、安全地使用变压器。图 3-5 所示为电力变压器的铭牌。

油浸式电力变压器

开关位置	高压		产品型号	S13－M RL－200/10	标准代号	GB/T 1094.1—2013
	电压 V	电流 A	额定容量	200　kV·A		GB/T 1094.3~5—2017
1	10500		额定电压	(10±2×2.5%)/0.4kV	产品代号	××××××
2	10250		额定频率	50　Hz	出厂序号	
3	10000	11.55	相　数	3　相	制造日期	年　月
4	9750		联结组标号	Dyn11	器身吊重	kg
5	9500		冷却方式	ONAN	油　重	kg
低压			使用条件	户外	本体重	kg
电压 V	电流 A		绝缘水平：h. v. 线路端子		LI/AC　75/35　kV	
400	288.7		I. v. 线路端子		AC　　5kV	
短路阻抗	4.01%		××变压器有限公司			

a）油浸式电力变压器铭牌

干式电力变压器

分接联结	高压		产品型号	SGB11－1250/10	标准代号	GB/T 1094.11—2007
	电压 V	电流 A	额定容量	1250　kV·A		
1-2	10500		额定电压	(10±2×2.5%)/0.4kV	产品代号	××××××
2-3	10250		额定频率	50　Hz	出厂序号	
3-4	10000	72.2	相　数	3　相	制造日期	年　月
4-5	9750		联结组标号	Dyn11	绝缘等级	H
5-6	9500		冷却方式	AN	使用条件	户内
低压			气候/环境等级	C2/E2	本体重	kg
电压 V	电流 A		绝缘水平：h. v. 线路端子		LI/AC　75/35　kV	
400	1804.2		I. v. 线路端子		AC　　5kV	
短路阻抗	6.2%		××变压器有限公司			

b）干式电力变压器铭牌

图 3-5　电力变压器铭牌

下面介绍铭牌上的主要内容：

1. 变压器的型号及冷却方式

电力变压器的型号包括变压器的结构性能特点的基本代号、额定容量（kV·A）和高压侧额定电压等级（kV），图 3-5a 油浸式变压器的型号具体意义如下：

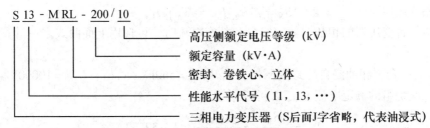

图 3-5b 型号中的 SGB 是干式电力变压器（简称干变）中的一类。S 指三相；G 是指用美国 DUPONT 公司的 NOMEX 绝缘纸作匝绝缘，高压绕组在外；B 是指低压绕组用铜箔绕制，高低压线圈都是用 VPI（真空压力浸漆）来绝缘处理的。另一类是 SCB，C 是指环氧树脂浇注的干式变压器，其高压线圈是用环氧树脂密封的，但低压铜箔线圈环氧树脂是很难浇进去的；在线圈端部用环氧树脂密封好。由于当今的冷轧硅钢片质量好、损耗小，绕组的绝缘等级不断提高，允许的温升提高，在 2000kV·A 及以下 10/0.4kV 的干式电力变压器广泛应用于工厂、学校等用电场合。

电力变压器的冷却方式包括变压器中与绕组接触的内部冷却介质、循环方式（油浸式变压器才有此内容），以及变压器外部冷却介质、循环方式，其冷却方式具体意义如下：

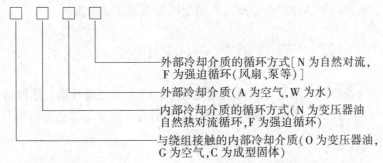

目前我国生产的电力变压器，代表性能水平的代号都是 10 及以上，数字越大，代表空载损耗和负载损耗越小，是节能型变压器，因此 SJ 系列、S7、S9 系列等已淘汰，S11、S13 等油浸式三相变压器系列已广泛生产。同时 SG、SC 系列三相干式变压器性能水平代号都已是 11 以上，也大量生产。

2. 变压器的额定值

（1）额定电压 U_{1N} 和 U_{2N} 一次绕组的额定电压 U_{1N}（kV）是根据变压器的绝缘强度和允许发热条件规定的一次绕组正常工作电压值。二次绕组的额定电压 U_{2N} 指一次绕组加上额定电压，分接开关位于额定分接头时，二次绕组的空载电压值。对三相变压器，额定电压指线电压。

（2）额定电流 I_{1N} 和 I_{2N} 额定电流 I_{1N} 和 I_{2N}（A）是根据允许发热条件而规定的绕组长期允许通过的最大电流值。对三相变压器，额定电流指线电流。

（3）额定容量 S_N 额定容量 S_N（kV·A）指额定工作条件下变压器输出能力（视在功率）的保证值。三相变压器的额定容量是指三相容量之和。由于电力变压器的效率很高，忽略压降损耗时有

对单相变压器 $$S_N = U_{2N}I_{2N} = U_{1N}I_{1N} \tag{3-1}$$

对三相变压器 $$S_N = \sqrt{3}\, U_{2N} I_{2N} = \sqrt{3}\, U_{1N} I_{1N}\qquad\qquad (3\text{-}2)$$

当已知一台变压器的相数、额定容量和额定电流时，可选用上面两式之一计算该变压器的额定电流。

例 3-1 一台三相油浸自冷式变压器，已知 $S_N = 560\text{kV}\cdot\text{A}$，$U_{1N}/U_{2N} = 10000\text{V}/400\text{V}$，试求一次、二次绕组的额定电流 I_{1N}、I_{2N} 各是多大？

解
$$I_{1N} = \frac{S_N}{\sqrt{3}\, U_{1N}} = \frac{560\times10^3}{\sqrt{3}\times10000}\text{A} = 32.33\text{A}$$

$$I_{2N} = \frac{S_N}{\sqrt{3}\, U_{2N}} = \frac{560\times10^3}{\sqrt{3}\times400}\text{A} = 808.29\text{A}$$

小　结

变压器是静止的交流电气设备，根据电磁感应原理，利用不同的变压比，可以实现变压、变流和阻抗变换的功能。

变压器的主要结构是铁心和绕组，分别对应变压器的磁路和电路。电力变压器主要有干式和油浸式，当前屋内用 2000kV·A 及以下的变压器以干式的为主。

第二节　单相变压器的空载运行

变压器的一次绕组接在额定电压的交流电源上，而二次绕组开路，这种运行方式称为变压器的空载运行。如图 3-6 所示，其中 N_1 和 N_2 分别为一次、二次绕组的匝数。

一、空载运行时的物理状况

由于变压器中电压、电流、磁通及电动势的大小和方向都随时间作周期性变化，为了能正确表明各量之间的关系，因此要规定它们的正方向。一般采用电工惯例来规定其正方向（假定正方向）：

1）同一条支路中，电压 u 的正方向与电流 i 的正方向一致。

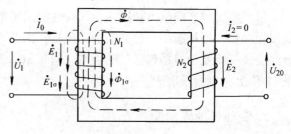

图 3-6　单相变压器的空载运行

2）由电流 i 产生的磁通势所建立的磁通 ϕ 其二者的正方向符合右手螺旋法则。

3）由磁通 ϕ 产生的感应电动势 e，其正方向与产生磁通 ϕ 的电流 i 的正方向一致，则 $e = -N\mathrm{d}\phi/\mathrm{d}t$。

以上各瞬时量正方向的规定，同样适用于图 3-6 中各相量的正方向确定。

当一次绕组加上交流电源电压 $\dot{U}_1$ 时，一次绕组中就有电流产生，由于变压器为空载运行，此时称一次绕组中的电流为空载电流 $\dot{I}_0$。由 $\dot{I}_0$ 产生空载磁通势 $\dot{F}_0 = \dot{I}_0 N_1$，并建立空载时的磁场。由于铁心的磁导率比空气（或油）的磁导率大得多，所以绝大部分磁通通过铁心闭合，同时交链一次、二次绕组，并产生感应电动势 $\dot{E}_1$ 和 $\dot{E}_2$，如果二次绕组与负载接通，则在电动势作用下向负载输出电功率，所以这部分磁通起着传递能量的媒介作用，因此称之主磁通 $\dot{\Phi}$；另有一小部分磁通（约为主磁通的 0.25% 左右）主要经非磁性材料（空气或变压器油等）形成闭路，与一次绕组交链，不参与能量传递，称之为一次绕组的漏磁通 $\dot{\Phi}_{1\sigma}$，它在一次绕组中产生漏磁电动势 $\dot{E}_{1\sigma}$。另外，$\dot{I}_0$ 将在一次绕组中产生绕组压降 $\dot{I}_0 r_1$，此过程可表示为

$$\dot{U}_1 \rightarrow \dot{I}_0 \rightarrow \dot{I}_0 N_1 \begin{cases} \rightarrow \dot{I}_0 r_1 \\ \rightarrow \dot{\Phi}_{1\sigma} \rightarrow \dot{E}_{1\sigma} \\ \rightarrow \dot{\Phi} \begin{cases} \rightarrow \dot{E}_1 \\ \rightarrow \dot{E}_2 \longrightarrow \dot{U}_{20} \end{cases} \end{cases}$$

二、感应电动势和漏磁电动势

1. 感应电动势

在变压器的一次绕组加上正弦电压 u_1 时，e_1 和 e_2 也按正弦规律变化。假设主磁通 $\phi = \Phi_{\mathrm{m}} \sin\omega t$。根据电磁感应定律，则一次绕组的感应电动势 e_1 为

$$\begin{aligned} e_1 &= -N_1 \frac{\mathrm{d}\phi}{\mathrm{d}t} = -\omega N_1 \Phi_{\mathrm{m}} \cos\omega t \\ &= \omega N_1 \Phi_{\mathrm{m}} \sin(\omega t - 90°) = E_{1\mathrm{m}} \sin(\omega t - 90°) \end{aligned} \tag{3-3}$$

由式(3-3) 可知，当主磁通 ϕ 按正弦规律变化时，由它产生的感应电动势也按正弦规律变化，但在时间相位上滞后于主磁通90°，且 e_1 的有效值为

$$E_1 = \frac{E_{1\mathrm{m}}}{\sqrt{2}} = \frac{\omega N_1 \Phi_{\mathrm{m}}}{\sqrt{2}} = \frac{2\pi f N_1 \Phi_{\mathrm{m}}}{\sqrt{2}} = \sqrt{2}\,\pi f N_1 \Phi_{\mathrm{m}} = 4.44 f N_1 \Phi_{\mathrm{m}}$$

同理，二次绕组的感应电动势的有效值为

$$E_2 = \sqrt{2}\,\pi f N_2 \Phi_{\mathrm{m}} = 4.44 f N_2 \Phi_{\mathrm{m}}$$

e_1 和 e_2 用相量表示时为

$$\begin{aligned} \dot{E}_1 &= -\mathrm{j}4.44 f N_1 \dot{\Phi}_{\mathrm{m}} \\ \dot{E}_2 &= -\mathrm{j}4.44 f N_2 \dot{\Phi}_{\mathrm{m}} \end{aligned} \tag{3-4}$$

式(3-4) 表明，变压器一次、二次绕组感应电动势的大小与电源频率 f、绕组匝数 N 及铁心中主磁通的最大值 Φ_{m} 成正比，而在相位上比产生感应电动势的主磁通滞后90°。

2. 漏磁电动势

变压器一次绕组的漏磁通 $\dot{\Phi}_{1\sigma}$ 也将在一次绕组中感应产生一个漏磁电动势 $\dot{E}_{1\sigma}$。根据前面的分析，同样可得出

$$\dot{E}_{1\sigma} = -\mathrm{j}4.44fN_1\dot{\Phi}_{1\sigma\,m} \tag{3-5}$$

为简化分析或计算，由电工基础知识，引入参数 L_1 或 X_1，L_1 和 X_1 分别为一次绕组的漏电感和漏电抗，从而把式(3-5) 漏磁电动势的电磁表达形式转换成我们习惯的电路表达形式

$$\dot{E}_{1\sigma} = -\mathrm{j}\,\dot{I}_0\omega L_1 = -\mathrm{j}\,\dot{I}_0 X_1 \tag{3-6}$$

从物理意义上讲，漏电抗反映了漏磁通对电路的电磁效应。由于漏磁通的主要路径是非铁磁物质，磁路不会饱和，是线性磁路。因此对已制成的变压器，漏电感 L_1 为一种常数，当频率 f 一定时，漏电抗 X_1 也是常数。

三、空载运行时的等效电路和电动势平衡方程式

除了前面引入的漏电抗参数 X_1，这里再引入参数 Z_m，就可把图 3-6 的单相变压器空载运行的电与磁的相互关系用纯电路的形式"等效"地表示出来，以简化对变压器的分析和计算。空载运行时的等效电路如图 3-7 所示。

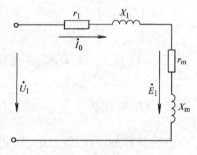

图 3-7　变压器空载时
的等效电路

图中阻抗 Z_m 是感应电动势 E_1 对应的参数，而 E_1 是主磁通感应的，参数中除了电抗还要考虑铁心损耗的影响，把 E_1 的作用看成是空载电流 I_0 流过 Z_m 而产生的压降，即

$$-\dot{E}_1 = \dot{I}_0 Z_m = \dot{I}_0(r_m + \mathrm{j}X_m) \tag{3-7}$$

式中　Z_m——变压器的励磁阻抗，$Z_m = r_m + \mathrm{j}X_m$；

　　　r_m——励磁电阻，对应铁心损耗 p_{Fe} 的等效电阻；

　　　X_m——励磁电抗，反映主磁通的作用。

由图 3-7 可得一次侧电动势平衡方程式

$$\dot{U}_1 = -\dot{E}_1 + \mathrm{j}\,\dot{I}_0 X_1 + \dot{I}_0 r_1 = -\dot{E}_1 + \dot{I}_0 Z_1 = \dot{I}_0 Z_m + \dot{I}_0 Z_1 = \dot{I}_0(Z_m + Z_1) \tag{3-8}$$

式中　r_1—— 一次绕组的电阻；

　　　Z_1—— 一次绕组的漏阻抗，$Z_1 = r_1 + \mathrm{j}X_1$。

可以看出，空载时的变压器相当于两个电抗线圈串联，一个是阻抗为 $Z_1 = r_1 + \mathrm{j}X_1$ 的空心线圈；另一个是阻抗为 $Z_m = r_m + \mathrm{j}X_m$ 的铁心线圈，r_m 和 X_m 均随电压的大小和变压器铁心饱和程度不同而变化。但是一般变压器实际运行时，电网的电压和频率基本恒定，可以认为是常数。

变压器的空载电流 $\dot{I}_0$ 主要分量是建立空载磁场的感性无功励磁分量，它与主磁通 $\dot{\Phi}_m$ 同相位；$\dot{I}_0$ 还有一个很小的用于平衡铁心损耗、空载铜耗的有功分量，它超前主磁通 $\dot{\Phi}_m 90°$。我们通常近似称空载电流 I_0 为励磁电流。对于电力变压器，空载电流 I_0 一般为额定电流的 $0.4\% \sim 2\%$，从 S11 系列开始，I_0 已小于额定电流的 2%，S13 的 I_0 占额定电流的比例小于 1%，随变压器容量增大而下降。

电力变压器的漏阻抗 Z_1 是很小的，漏阻抗压降 $I_0 Z_1$ 一般小于 $0.5\% U_{1N}$，因此式(3-8)可近似为

$$U_1 \approx E_1 \tag{3-9}$$

空载运行时二次侧电动势平衡方程式为

$$U_{20} = E_2 \tag{3-10}$$

由 E_1、E_2 有效值表达式和式(3-9)、式(3-10) 可得变压器的电压比为

$$\frac{U_1}{U_{20}} \approx \frac{E_1}{E_2} = \frac{N_1}{N_2} = k \tag{3-11}$$

对三相变压器来说，电压比是指相电压的比值。

由式(3-11) 可知，若 $N_2 > N_1$，则 $U_2 > U_1$，为升压变压器；若 $N_2 < N_1$，则 $U_2 < U_1$，为降压变压器。通过改变一次、二次绕组的匝数之比，即可达到改变二次绕组输出电压的目的。

四、空载运行时的相量图

为了直观地表示变压器中各物理量之间的大小和相位关系，在同一张图上将各物理量用相量的形式来表示，称之为变压器的相量图。

根据式(3-8) 作出的空载运行时的相量图如图3-8 所示。作相量图时，先以主磁通 $\dot{\Phi}_m$ 作参考相量，画在水平线上；依据 $\dot{E}_1$ 和 $\dot{E}_2$ 滞后 $\dot{\Phi}_m 90°$ 可画出 $\dot{E}_1$ 和 $\dot{E}_2$；因铁耗的存在，所以 $\dot{I}_0$ 超前 $\dot{\Phi}_m$ 一个铁耗角 α_{Fe}；最后根据式(3-8)，在 $-\dot{E}_1$ 相量的末端作电阻压降相量 $\dot{I}_0 r_1$ 平行于 $\dot{I}_0$，再在 $\dot{I}_0 r_1$ 相量末端作漏抗压降相量 $j\dot{I}_0 X_1$ 超前于 $\dot{I}_0 90°$，其末端与原点 O 相连后得到的相量，即为相量 $\dot{U}_1$。作图 3-8 的相量图时，为了看得清楚起见，把 $\dot{I}_0 r_1$ 和 $j\dot{I}_0 X_1$ 有意识地放大了比例。

由图 3-8 可知，$\dot{U}_1$ 与 $\dot{I}_0$ 之间的相位角 φ_0 接近 $90°$，因此变压器空载时的功率因数很低，一般 $\cos\varphi_0 = 0.1 \sim 0.2$。

例3-2 一台单相变压器，已知 $S_N = 5000\text{kV} \cdot \text{A}$，$U_{1N}/U_{2N} = 35\text{kV}/6.6\text{kV}$，铁心的有效截面积 $S_{Fe} = 1120\text{cm}^2$，若取铁心中最大磁通密度 $B_m = 1.5\text{T}$，试求高、低压绕组的匝数和电压比（不计漏磁）。

解 变压器的电压比为

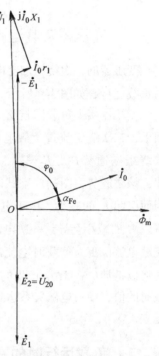

图 3-8 变压器空载运行时的相量图

$$k = \frac{U_1}{U_2} = \frac{35}{6.6} = 5.3$$

铁心中的磁通 $\quad \Phi_m = B_m S_{Fe} = (1.5 \times 1120 \times 10^{-4})\,\text{Wb} = 0.168\text{Wb}$

高压绕组匝数 $\quad N_1 = \frac{U_1}{4.44 f \Phi_m} = \frac{35 \times 10^3}{4.44 \times 50 \times 0.168} \approx 938$

低压绕组匝数 $\quad N_2 = \frac{N_1}{k} = \frac{938}{5.3} \approx 177$

小　　结

为了掌握变压器内部的物理过程和电磁耦合关系，一要搞清楚各物理量的正方向及相互关系；二要搞清楚主磁通和漏磁通的性质和作用，对应的电动势与频率、绕组匝数、磁通的相量关系式；三要搞清楚引入参数得到的空载等效电路、基本方程式并了解相量图的定性分析。

第三节　单相变压器的负载运行

一、变压器负载运行时的物理状况

变压器的一次绕组加上电源电压$\dot{U}_1$、二次绕组接上负载阻抗Z_L后的状态，称为变压器的负载运行，如图3-9所示。

变压器接上负载阻抗Z_L时，在$\dot{E}_2$的作用下，二次绕组流过负载电流$\dot{I}_2$，并产生二次绕组磁通势$\dot{F}_2$，$\dot{F}_2 = \dot{I}_2 N_2$，根据楞次定律，该磁通势力图削弱空载时的主磁通$\dot{\Phi}_m$，因而引起$\dot{E}_1$的减小。由于电源电压$\dot{U}_1$不变，所以$\dot{E}_1$的减小会导致一次电流的增加，即由空载电流$\dot{I}_0$变为负载时电流$\dot{I}_1$，其增加的磁

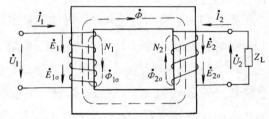

图3-9　变压器负载运行

通势以抵消$\dot{I}_2 N_2$对$\dot{I}_0$产生的空载主磁通的去磁影响，使负载时的主磁通基本回升至原来空载时的值，使得电磁关系达到新的平衡。因此负载时的主磁通由一、二次绕组的磁通势共同建立。

二、负载运行时的基本方程式

1. 磁通势平衡方程式

变压器负载运行时，一次电流由空载时的$\dot{I}_0$变为负载时的$\dot{I}_1$，由于Z_1较小，因此一次绕组漏阻抗压降$I_1 Z_1$也仅为$(3 \sim 5)\% U_{1N}$，当忽略不计时，有$U_1 \approx E_1$，故当电源电压U_1和频率f不变时，产生E_1的主磁通$\dot{\Phi}_m$也应基本不变。即从空载到负载的稳定状态，主磁通基本不变，因而负载时建立主磁通$\dot{\Phi}_m$所需的合成磁通势$(\dot{F}_1 + \dot{F}_2)$与空载时所需的磁通势$\dot{F}_0$也应基本不变，则磁通势平衡方程式为

$$\dot{F}_1 + \dot{F}_2 = \dot{F}_0$$

或
$$\dot{I}_1 N_1 + \dot{I}_2 N_2 = \dot{I}_0 N_1 \tag{3-12}$$

将式(3-12)两边除以N_1并移项，便得

$$\dot{I}_1 = \dot{I}_0 + \left(-\frac{N_2}{N_1}\dot{I}_2 \right) = \dot{I}_0 + \left(-\frac{\dot{I}_2}{k} \right) = \dot{I}_0 + \dot{I}_{1L} \tag{3-13}$$

式(3-13) 表明，负载时一次侧的电流$\dot{I}_1$由两个分量组成，一个是励磁电流$\dot{I}_0$，用于建立主磁通$\dot{\Phi}_m$；另一个是供给负载的负载电流分量($\dot{I}_{1L} = -\dot{I}_2/k$)，用以抵消二次绕组磁通势的去磁作用，保持主磁通基本不变。

式(3-13) 还表明变压器负载运行时，通过磁通势平衡关系，将一次、二次绕组电流紧密地联系在一起，$\dot{I}_2$的增加或减小必然同时引起$\dot{I}_1$的增加或减小；相应地，二次绕组输出功率的增加或减小，一次绕组输入功率必然同时增加或减小，这就达到变压器通过电磁感应、磁通势平衡传递能量的目的。

由于变压器空载电流$\dot{I}_0$很小，因此为了分析问题方便起见，常将$\dot{I}_0$忽略不计，则式(3-13)为

$$\dot{I}_1 \approx -\frac{N_2}{N_1}\dot{I}_2 = -\frac{\dot{I}_2}{k}$$

上式表明，$\dot{I}_1$与$\dot{I}_2$相位上相差接近180°，考虑数值关系时，有

$$\frac{I_1}{I_2} \approx \frac{N_2}{N_1} \tag{3-14}$$

上式说明，一次和二次电流数值上近似地与它们的匝数成反比，因此高压绕组匝数多，通过的电流小，而低压绕组匝数少，通过的电流大。

2. 电动势平衡方程式

根据前面的分析可知，负载电流$\dot{I}_2$通过二次绕组时也产生漏磁通$\dot{\Phi}_{2\sigma}$，相应地产生漏磁电动势$\dot{E}_{2\sigma}$。类似$\dot{E}_{1\sigma}$的计算，$\dot{E}_{2\sigma}$也可用漏抗压降的形式来表示，即

$$\dot{E}_{2\sigma} = -j\,\dot{I}_2 X_2 \tag{3-15}$$

参照图3-9所示的正方向规定，根据基尔霍夫第二定律，负载时的一次、二次绕组的电动势平衡式为

$$\dot{U}_1 = -\dot{E}_1 + \dot{I}_1 r_1 + j\dot{I}_1 X_1 = -\dot{E}_1 + \dot{I}_1 Z_1$$

$$\dot{U}_2 = \dot{E}_2 - \dot{I}_2 r_2 - j\dot{I}_2 X_2 = \dot{E}_2 - \dot{I}_2 Z_2$$

$$\dot{U}_2 = \dot{I}_2 Z_L$$

式中　r_2——二次绕组的电阻；

　　　X_2——二次绕组的漏电抗；

　　　Z_2——二次绕组的漏阻抗，$Z_2 = r_2 + jX_2$；

　　　Z_L——负载阻抗。

综上所述，可得到变压器负载时的基本方程式

$$\left. \begin{aligned} &\dot{I}_1 N_1 + \dot{I}_2 N_2 = \dot{I}_0 N_1 \\ &\dot{U}_1 = -\dot{E}_1 + \dot{I}_1 r_1 + j\dot{I}_1 X_1 = -\dot{E}_1 + \dot{I}_1 Z_1 \\ &\dot{U}_2 = \dot{E}_2 - \dot{I}_2 r_2 - j\dot{I}_2 X_2 = \dot{E}_2 - \dot{I}_2 Z_2 \\ &\dot{E}_1 = -\dot{I}_0 Z_m \\ &\dot{U}_2 = \dot{I}_2 Z_L \end{aligned} \right\} \tag{3-16}$$

三、变压器负载时的等效电路

变压器的一次、二次绕组之间是通过电磁耦合而联系的，它们之间并无直接的电路联系，因此利用基本方程式计算负载时变压器的运行性能，就显得十分繁琐，尤其在电压比 k 较大时更为突出。为了便于分析和简化计算，引入与变压器负载运行时等效的电路模型，即等效电路。采用折算法就能解决上述问题。

1. 绕组折算

绕组折算就是将变压器的一次、二次绕组折算成同样匝数，通常是将二次绕组折算到一次绕组，即取 $N'_2 = N_1$，则 E_2 变为 E'_2，使 $E'_2 = E_1$。折算仅是一种数学手段，它不改变折算前后的电磁关系，即折算前后的磁通势平衡关系、功率传递及损耗等均应保持不变。

对一次绕组而言，折算后的二次绕组与实际的二次绕组是等效的。由于折算前后二次绕组的匝数不同，因此折算后的二次绕组的各物理量数值与折算前的不同，其相位角仍未改变。为了区别折算量，常在原来符号的右上角加"'"表示。

（1）二次侧电动势和电压的折算 由于主磁通是不变的，根据电动势与匝数成正比，则有

$$\frac{E'_2}{E_2} = \frac{N'_2}{N_2} = \frac{N_1}{N_2} = k$$

即

$$E'_2 = kE_2 = E_1 \tag{3-17}$$

同理

$$E'_{2\sigma} = kE_{2\sigma}$$

$$U'_2 = kU_2$$

（2）二次电流的折算 根据折算前后二次绕组磁通势不变的原则，则有

$$I'_2 N'_2 = I_2 N_2$$

即

$$I'_2 = \frac{N_2}{N'_2} I_2 = \frac{N_2}{N_1} I_2 = \frac{1}{k} I_2 \tag{3-18}$$

（3）二次阻抗的折算 根据折算前后消耗在二次绕组电阻及漏电抗上的有功、无功功率不变的原则，则有

$$I'^2_2 r'_2 = I^2_2 r_2 \qquad\qquad I'^2_2 X'_2 = I^2_2 X_2$$

所以

$$r'_2 = \left(\frac{I_2}{I'_2}\right)^2 r_2 = k^2 r_2$$

$$X'_2 = \left(\frac{I_2}{I'_2}\right)^2 X_2 = k^2 X_2$$

相应

$$Z'_2 = r'_2 + jX'_2 = k^2 Z_2$$

对负载阻抗 Z_L，其折算值为

$$Z'_L = \frac{U'_2}{I'_2} = \frac{kU_2}{\frac{1}{k}I_2} = k^2 \frac{U_2}{I_2} = k^2 Z_L \tag{3-19}$$

由以上推导可得，将变压器二次绕组折算到一次绕组时，电动势和电压的折算值等于实

际值乘以电压比 k，电流的折算值等于实际值除以 k，而电阻、漏电抗及阻抗的折算值等于实际值乘以 k^2。

二次绕组经过折算后，变压器的基本方程式变为

$$
\left.
\begin{aligned}
\dot{I}_1 + \dot{I}_2' &= \dot{I}_0 \\
\dot{U}_1 &= -\dot{E}_1 + \dot{I}_1 Z_1 \\
\dot{U}_2' &= \dot{E}_2' - \dot{I}_2' Z_2' \\
\dot{E}_1 &= \dot{E}_2' = -\dot{I}_0 Z_m \\
\dot{U}_2' &= \dot{I}_2' Z_L'
\end{aligned}
\right\}
\tag{3-20}
$$

可见折算后仅改变二次量的大小，而不改变其相位或幅角，否则将引起功率传递的变化。

2. T 形等效电路

经过绕组折算，变压器就可以用一个电路的形式（即等效电路）来表示原来的电磁耦合关系。

根据式(3-20)，可以分别画出变压器的部分等效电路，如图 3-10a 所示，其中变压器一次、二次绕组之间磁的耦合作用，反映在由主磁通在绕组中产生的感应电动势 $\dot{E}_1$ 和 $\dot{E}_2$ 上，经过绕组折算后，$\dot{E}_1 = \dot{E}_2'$，构成了相应主磁场的励磁部分的等效电路。根据 $\dot{E}_1 = \dot{E}_2' = -\dot{I}_0 Z_m$ 和 $\dot{I}_1 + \dot{I}_2' = \dot{I}_0$ 的关系式，可将图 3-10a 的三个部分等效电路联系在一起，得到一个由阻抗串并联的 T 形等效电路，如图 3-10b 所示。

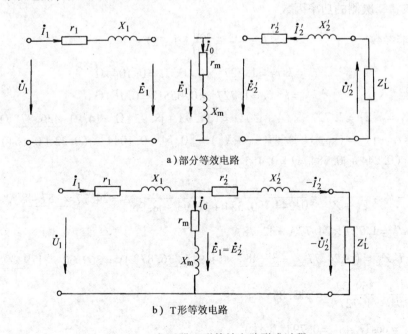

a）部分等效电路

b）T 形等效电路

图 3-10　变压器 T 形等效电路形成过程

3. 等效电路的简化

T形等效电路虽然正确反映了变压器内部的电磁关系，但它属于混联电路，进行复数运算比较麻烦。

由于一般电力变压器运行时，$I_0 < 2\%\,I_{1N}$，从工程计算的观点来看，完全可以把 I_0 略去不计，即去掉励磁支路，而得到一个简单的阻抗串联的电路，如图3-11所示，称为变压器的简化等效电路。此时接在电源与负载之间的变压器相当于一个串联阻抗 Z_k，Z_k 称为变压器的等效漏阻抗或短路阻抗。即

$$Z_k = Z_1 + Z_2' = r_k + jX_k \qquad (3\text{-}21)$$

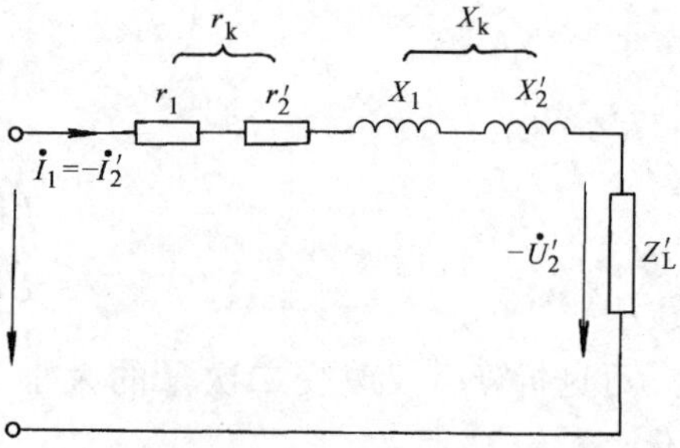

图 3-11 变压器的简化等效电路

式中　r_k——短路电阻，$r_k = r_1 + r_2'$；

　　　X_k——短路电抗，$X_k = X_1 + X_2'$。

变压器负载运行时的电磁关系，除了用基本方程式和等效电路表示外，还可以用相量图直观地表达出变压器运行时各物理量之间的关系。读者可根据基本方程式来画。

例3-3　一台单相变压器，$S_N = 10\text{kV·A}$，$U_{1N}/U_{2N} = 380\text{V}/220\text{V}$，$r_1 = 0.14\Omega$，$r_2 = 0.035\Omega$，$X_1 = 0.22\Omega$，$X_2 = 0.055\Omega$，$r_m = 30\Omega$，$X_m = 310\Omega$。一次侧加额定频率的额定电压并保持不变，二次侧接负载阻抗 $Z_L = (4 + j3)\,\Omega$。试用简化等效电路进行计算：

1）一次、二次电流及二次电压。

2）一次、二次侧的功率因数。

解　先求参数
$$k = \frac{U_{1N}}{U_{2N}} = \frac{380}{220} = 1.727$$

$$r_2' = k^2 r_2 = 1.727^2 \times 0.035\Omega = 0.1044\Omega$$

$$X_2' = k^2 X_2 = 1.727^2 \times 0.055\Omega = 0.164\Omega$$

$$Z_L' = k^2 Z_L = 1.727^2 \times (4 + j3)\,\Omega = (11.93 + j8.95)\,\Omega = 14.91\,\underline{/36.87°}\,\Omega$$

$$Z_k = r_k + jX_k = (r_1 + r_2') + j(X_1 + X_2') = [0.14 + 0.1044 + j(0.22 + 0.164)]\Omega$$
$$= (0.244 + j0.384)\Omega = 0.455\,\underline{/57.57°}\,\Omega$$

1）　$\dot{I}_1 = -\dot{I}_2' = \dfrac{\dot{U}_1}{Z_k + Z_L'} = \dfrac{380\,\underline{/0°}}{0.244 + j0.384 + 11.93 + j8.95}\text{A} = 24.77\,\underline{/-37.48°}\text{A}$

$$I_2 = kI_2' = 1.727 \times 24.77\text{A} = 42.78\text{A}$$

$$\dot{U}_2' = \dot{I}_2' Z_L' = (-24.77\,\underline{/-37.48°} \times 14.91\,\underline{/36.87°})\text{V} = 369.32\,\underline{/179.39°}\text{V}$$

$$U_2 = \frac{U_2'}{k} = \frac{369.32}{1.727}\text{V} = 213.85\text{V}$$

2）　$\cos\varphi_1 = \cos37.48° = 0.794(\text{感性})$

$$\cos\varphi_2 = \cos[179.39° - (180° - 37.48°)] = \cos36.87° = 0.8(\text{感性})$$

小　结

在变压器中，既有电路问题，又有磁路问题。为了便于变压器的分析和计算，把电磁场的问题转化成电路的问题进行分析，而引入电路参数——励磁参数 r_m、X_m、Z_m 和漏电抗 X_1、X_2，再经过绕组折算，就可将变压器的电磁关系用一个一次侧和二次侧之间有电流联系的等效电路来代替。

分析变压器内部的电磁关系可采用三种方法：基本方程式、等效电路和相量图。由于求解基本方程组比较麻烦，因此工程上，如作定性分析可采用相量图，如作定量计算，则可采用等效电路，特别是简化等效电路比较方便。

第四节　变压器参数的测定

通过上面的分析可知，我们可用基本方程式、等效电路或相量图分析和计算变压器的运行性能，但是我们必须先知道变压器绕组的电阻、漏电抗及励磁阻抗等参数。对于一台已制成的变压器，只有通过试验的方法来求取各个参数，即可以通过空载试验和短路试验测量并计算变压器的参数。

一、空载试验

变压器的空载试验是在变压器二次不接负载的情况下进行的，其目的是测定变压器的电压比 k、空载电流 I_0、空载损耗 p_0 和励磁参数 r_m、X_m、Z_m 等。

空载试验的电路如图 3-12 所示。空载试验可在高压侧或低压侧进行，但考虑到空载试验电压要加到额定电压，因此为了便于试验和安全起见，通常在低压侧进行试验，而高压侧开路。由于空载电流很小，故将电压表及功率表的电压线圈接在电流线圈和电流表的前面，以减小误差；另外，空载运行时功率因数很低，故应使用低功率因数的功率表。

空载试验时，调压器接工频的正弦交流电源，调节调压器的输出电压（即变压器的低压侧外加电源电压 U_2），使其等于低压侧的额定电压 U_{2N}，然后测量 U_1、I_0 及空载损耗（即空载输入功率）p_0。

由于空载试验时所加电源电压为额定值，感应电动势和主磁通也达到正常运行时的数值，所以此时的铁心损耗 p_{Fe} 相当于正常运行时的数值。由于空载电流 I_0 很小，因此绕组损耗 $I_0^2 r$ 很小，$I_0^2 r \ll p_{Fe}$，故可忽略不计，所以认为变压器空载时的输入功率 p_0 完全用来平衡变压器的铁心损耗，即 $p_0 \approx p_{Fe}$。

根据空载等效电路（见图 3-7）可知，变压器空载时的总阻抗

$$Z_0 = Z_1 + Z_m = (r_1 + jX_1) + (r_m + jX_m)$$

由于电力变压器中，一般 $r_m \gg r_1$，$X_m \gg X_1$，因此 $Z_0 \approx Z_m$

这样，根据测量结果，计算励磁参数及

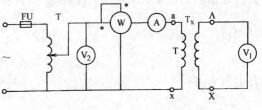

图 3-12　变压器的空载试验电路图

电压比

励磁阻抗
$$Z'_m \approx Z_0 = \frac{U_{20}}{I_0}$$

励磁电阻
$$r'_m = \frac{p_{Fe}}{I_0^2} \approx \frac{p_0}{I_0^2} \qquad (3\text{-}22)$$

励磁电抗
$$X'_m = \sqrt{Z'^2_m - r'^2_m}$$

电压比
$$k \approx \frac{U_1}{U_2}$$

注意: 励磁参数 r_m、X_m 和 Z_m 与铁心的饱和程度有关,当电源电压变化时,铁心的饱和程度不同,这些参数会发生变化,且随铁心饱和程度的增加而减小,因此为使测定的参数符合变压器的实际运行情况,应取额定电压下的数据来计算励磁参数。另外,空载试验在低压侧进行时,其测得的励磁参数是低压侧的,因此必须乘以 k^2,将其折算成高压侧的励磁参数。

二、短路试验

变压器的短路试验是在二次绕组短路的条件下进行的,其目的是测定变压器的短路损耗(铜损耗)p_k、短路电压 U_k 和短路参数 r_k、X_k、Z_k 等。

短路试验的电路如图 3-13 所示。由于短路试验时电流较大(加到额定电流),而外加电压却很低,一般为电力变压器额定电压的 $4\% \sim 10\%$,因此为便于测量,一般在高压侧试验,低压侧短路。另外,由于相对额定值而

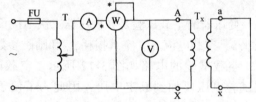

图 3-13 变压器的短路试验电路图

言,试验电压较低,因此将电压表及功率表的电压线圈接于电流表及功率表的电流线圈后面,以减小误差。

短路试验时,用调压器调节输出电压,从零开始缓慢地增大,使一次电流从零升到额定电流 I_{1N} 为止,分别测量其短路电压 U_k、短路电流 I_k 和短路损耗(即短路时输入的功率)p_k,并记录试验时的室温 $\theta(℃)$。

由于短路试验时外加电压很低,主磁通很小,所以铁耗和励磁电流均可忽略不计,这时输入的功率(短路损耗)p_k 可认为完全消耗在绕组的电阻损耗上,即 $p_k \approx p_{Cu}$。由简化等效电路,根据测量结果,取 $I_k = I_{1N}$ 时的数据计算室温下的短路参数。

短路阻抗
$$Z_k = \frac{U_k}{I_k} = \frac{U_k}{I_{1N}}$$

短路电阻
$$r_k = \frac{p_{Cu}}{I_k^2} \approx \frac{p_k}{I_{1N}^2} \qquad (3\text{-}23)$$

短路电抗
$$X_k = \sqrt{Z_k^2 - r_k^2}$$

由于一般一次、二次绕组的参数不易分开，故通常求出以上数值即可。若一定要分开时，对电阻可用电桥测量一次、二次电阻值 r_1 及 r_2；但一般用近似式求取，电抗求取也同理：

$$r_1 \approx r_2' \approx \frac{1}{2}r_k, \quad X_1 \approx X_2' \approx \frac{1}{2}X_k \tag{3-24}$$

在实际应用中，应把室温下测得的电阻值按相关公式换算到基准工作温度时的数值。

我们常把额定短路电压对一次侧额定电压比值的百分数简称为短路电压，用 u_k 表示。一般中小型变压器 $u_k = 4\% \sim 10.5\%$，大型变压器 $u_k = 12.5\% \sim 17.5\%$。

短路电压 u_k 也称阻抗电压相对值，是变压器的一个重要参数，标在变压器的铭牌上，它的大小反映了变压器在额定负载下运行时漏阻抗压降的大小。从运行的角度上看，希望 u_k 值小一些，使变压器输出电压波动受负载变化的影响小些，但从限制变压器短路电流的角度来看，则希望 u_k 值大一些，这样可以使变压器在发生短路故障时的短路电流小一些。如电炉用变压器，由于短路的机会多，因此将它的 u_k 值设计得比一般电力变压器的 u_k 值要大得多。

以上所分析的是单相变压器的计算方法，对于三相变压器而言，变压器的参数是指一相的参数，因此只要采用相电压、相电流、一相的功率（或损耗），即每相的数值进行计算即可。

例 3-4 有一台三相变压器，已知 $S_N = 100\text{kV} \cdot \text{A}$，$U_{1N}/U_{2N} = 6000\text{V}/400\text{V}$，$I_{1N}/I_{2N} = 9.63\text{A}/144.5\text{A}$，Yyn0 联结，空载及短路试验数据如下表所列：

试验名称	电压/V	电流/A	功率/W	电源所加位置
空载	400	2.17	400	低压侧
短路	240	9.63	1480	高压侧

试计算：折算到高压侧的励磁参数、短路参数（不计温度影响）。

解 由于为三相变压器，因此应采用相值进行计算。

由空载试验数据，先求低压侧励磁参数

$$Z_m' \approx Z_0 = \frac{U_{2N\phi}}{I_{0\phi}} = \frac{400/\sqrt{3}}{2.17}\Omega = 106.43\Omega$$

$$r_m' = \frac{p_{Fe\phi}}{I_{0\phi}} \approx \frac{p_{0\phi}}{I_{0\phi}^2} = \frac{400/3}{2.17^2}\Omega = 28.32\Omega$$

$$X_m' = \sqrt{Z_m'^2 - r_m'^2} = \sqrt{106.43^2 - 28.32^2}\Omega = 102.59\Omega$$

折算到高压侧的励磁参数

$$k = \frac{6000/\sqrt{3}}{400/\sqrt{3}} = 15$$

$$Z_m = k^2 Z_m' = 15^2 \times 106.43\Omega = 23946.75\Omega$$

$$r_m = k^2 r_m' = 15^2 \times 28.32\Omega = 6372\Omega$$

$$X_m = k^2 X_m' = 15^2 \times 102.59\Omega = 23082.75\Omega$$

短路参数：

$$Z_k = \frac{U_{k\phi}}{I_{k\phi}} = \frac{240/\sqrt{3}}{9.63}\Omega = 14.39\Omega$$

$$r_k = \frac{p_{k\phi}}{I_{k\phi}^2} = \frac{1480/3}{9.63^2}\Omega = 5.32\Omega$$

$$X_k = \sqrt{Z_k^2 - r_k^2} = \sqrt{14.39^2 - 5.32^2}\ \Omega = 13.37\Omega$$

小　结

电力变压器通过空载试验和短路试验来计算其励磁参数和短路参数。用公式计算时**应注意**：空载损耗近似为铁耗，短路损耗近似为铜耗；空载参数计算应取空载电压为额定电压时对应的空载电流和空载损耗；短路参数计算应取短路电流为额定电流时对应的短路电压和短路损耗。若是三相变压器，则均要变换成一相的量（功率、电压、电流）。

第五节　变压器的运行特性

对于负载来讲，变压器的二次侧相当于一个电源。对于电源，我们所关心的运行性能是它的输出电压与负载电流之间的关系（即一般所说的外特性），以及变压器运行时的效率特性。

一、变压器的外特性和电压变化率

由于变压器内部存在电阻和漏电抗，因此负载运行时，负载电流流过二次侧，变压器内部将产生阻抗压降，使二次侧端电压随负载电流的变化而有所变化，这种变化关系是用变压器的外特性来描述的。

变压器的外特性是指一次侧的电源电压和二次侧负载的功率因数均为常数时，二次侧端电压随负载电流变化的规律，即 $U_2 = f(I_2)$。

变压器负载运行时，二次侧端电压的变化程度通常用电压变化率来表示。所谓电压变化率是指：当一次侧接在额定频率和额定电压的电网上，负载功率因数一定时，从空载到负载运行时，二次侧端电压的变化量 ΔU 与额定电压的百分比，用 $\Delta U\%$ 表示，即

$$\Delta U\% = \frac{\Delta U}{U_{2N}} \times 100\% = \frac{U_{20} - U_2}{U_{2N}} \times 100\% = \frac{U_{2N} - U_2}{U_{2N}} \times 100\% \tag{3-25}$$

用上述定义式求实际中的电压变化率有诸多不便，如求额定负载时的电压变化率，耗电量大、测量 U_{2N} 和 U_2 误差引起的计算误差更大。因此通过推导，可以得到电压变化率的实用计算公式为

$$\Delta U\% = \beta \frac{I_{1N\phi}}{U_{1N\phi}}(r_k\cos\varphi_2 + X_k\sin\varphi_2) \times 100\% \tag{3-26}$$

式中　β——变压器的负载系数，$\beta = I_1/I_{1N} = I_2/I_{2N}$。

从式（3-26）可看出，变压器的电压变化率 $\Delta U\%$ 不仅决定于它的短路参数 r_k、X_k 和负载系数 β，还与负载的功率因数 $\cos\varphi_2$ 有关。

根据式（3-26），可以画出变压器的外特性，如图 3-14 所示。由于电力变压器中，

一般 X_k 比 r_k 大得多，因此在纯电阻负载，即 $\cos\varphi_2 = 1$ 时，$\Delta U\%$ 很小，说明负载变化时二次侧端电压 U_2 下降得很小；对感性负载，电流滞后电压，即 $\varphi_2 > 0$ 时，$\cos\varphi_2$ 和 $\sin\varphi_2$ 均为正值，$\Delta U\%$ 也为正值，说明二次侧端电压 U_2 随负载电流 I_2 的增大而下降，而且在相同负载电流 I_2 下，感性负载时 U_2 的下降比纯电阻负载时 U_2 的下降来得大；对容性负载，电流超前电压，即 $\varphi_2 < 0$ 时，$\cos\varphi_2 > 0$，而 $\sin\varphi_2 < 0$，则 $\Delta U\%$ 与电阻负载时的比较将减小，若 $I_1 r_k \cos\varphi_2 < | I_1 X_k \sin\varphi_2 |$，

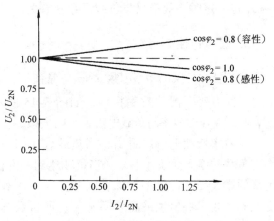

图 3-14　变压器的外特性

则 $\Delta U\%$ 为负值，这表明负载时二次侧端电压比空载时高，即 U_2 随 I_2 的增大而升高。

电压变化率 $\Delta U\%$ 是变压器主要性能指标之一，它表征了变压器二次侧供电电压的稳定性，一定程度上反映了电能的质量。一般电力变压器中，当 $\cos\varphi_2$ 接近 1 时，额定负载时的电压变化率约为 $2\% \sim 3\%$，而当 $\cos\varphi_2 = 0.8$（感性）时，额定负载时的电压变化率约为 $4\% \sim 7\%$，即电压变化率大为增加了，因此，提高负载的功率因数也可起到减小电压变化率的作用。

二、变压器的效率特性

1. 变压器的损耗

变压器在能量传递的过程中会产生损耗，由于变压器是静止的电器，因此变压器的损耗仅有铜损耗 p_{Cu} 和铁心损耗 p_{Fe} 两类。其中铜耗 $p_{Cu}(= I_2^2 r_k = (I_2/I_{2N})^2 I_{2N}^2 r_k = \beta^2 p_{kN})$ 是可变损耗；铁耗 $p_{Fe}(= p_0)$ 是不变损耗。变压器的总损耗为

$$\sum p = p_{Cu} + p_{Fe} = \beta^2 p_{kN} + p_0$$

2. 变压器的效率

变压器的效率 η 是指它的输出功率 P_2 与输入功率 P_1 的比值，用百分数表示，即

$$\eta = \frac{P_2}{P_1} \times 100\%$$

由于电力变压器的效率很高，一般电力变压器的额定效率 $\eta_N = 95\% \sim 99\%$，若用直接负载法测取 P_1 和 P_2 来确定效率，很难得到准确结果，同时又浪费电能，因此工程上常用间接法，即通过求取损耗的方法，用变压器效率的实用计算公式式(3-27) 计算取得效率。

$$\eta = \left(1 - \frac{\sum p}{P_2 + \sum p}\right) \times 100\% = \left(1 - \frac{p_0 + \beta^2 p_{kN}}{\beta S_N \cos\varphi_2 + p_0 + \beta^2 p_{kN}}\right) \times 100\% \qquad (3-27)$$

对于给定的变压器，p_0 和 p_{kN} 是一定的，由式(3-27) 不难看出，当负载的功率因数

$\cos\varphi_2$ 也一定时,效率只与负载系数 β 有关。

3. 效率特性

变压器在负载的功率因数 $\cos\varphi_2 =$ 常值下,效率 η 与负载系数 β 之间的关系,即 $\eta = f(\beta)$

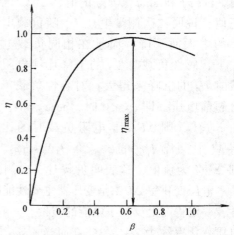

曲线,称为变压器的效率特性,如图 3-15 所示,它表明了变压器效率与负载电流大小的关系。

从效率特性上可以看出,当负载较小时,效率随负载的增大而快速上升,当负载达到一定值,负载的增大反而使效率下降,因此在某一负载下变压器的效率将出现最高效率 $\eta_{\max}$。通过数学分析可知,当可变损耗与不变损耗相等时,效率达最高值,由此可得到产生变压器最高效率时的负载系数 β_m 为

$$\beta_m^2 p_{kN} = p_0$$

即

$$\beta_m = \sqrt{\frac{p_0}{p_{kN}}} \qquad (3-28)$$

图 3-15　变压器的效率特性

将式(3-28)代入式(3-27)即可求得变压器的最高效率 $\eta_{\max}$ 值。

由于电力变压器常年接在电网上运行,铁耗总是存在,而铜耗随负载的变化而变化,同时变压器不可能一直在满载下运行,因此,为了使总的经济效果良好,铁耗应相对小些,所以一般电力变压器取 $p_0/p_{kN} = 1/4 \sim 1/2$,故最高效率 $\eta_{\max}$ 发生在 $\beta_m = 0.5 \sim 0.7$ 范围内。

例 3-5　试用例 3-4 中的数据。试求:

1)额定负载及 $\cos\varphi_2 = 0.8$(感性)时的电压变化率、二次电压及效率。

2)$\cos\varphi_2 = 0.8$ 时,产生最高效率时的负载系数 β_m 及最高效率 $\eta_{\max}$。

解　1)额定负载及 $\cos\varphi_2 = 0.8$(感性)时的电压变化率、二次电压及效率。

根据式(3-26)计算满载时的电压变化率

$$\Delta U\% = \beta \frac{I_{1N\phi}}{U_{1N\phi}} (r_k\cos\varphi_2 + X_k\sin\varphi_2)$$

$$= 1 \times \frac{9.63}{6000/\sqrt{3}} \times (5.32 \times 0.8 + 13.37 \times 0.6) = 3.41\%$$

二次电压　$U_2 = (1 - \Delta U\%) U_{2N} = (1 - 0.0341) \times 400\text{V} = 386.36\text{V}$

根据式(3-27)计算效率

$$\eta_N = \left(1 - \frac{p_0 + \beta^2 p_k}{\beta S_N\cos\varphi_N + p_0 + \beta^2 p_k}\right) \times 100\%$$

$$= \left(1 - \frac{400 + 1^2 \times 1480}{1 \times 100 \times 10^3 \times 0.8 + 400 + 1^2 \times 1480}\right) \times 100\% = 97.7\%$$

2)$\cos\varphi_2 = 0.8$ 时,产生最高效率时的负载系数的 β_m 及最高效率 $\eta_{\max}$

$$\beta_m = \sqrt{\frac{p_0}{p_k}} = \sqrt{\frac{400}{1480}} = 0.52$$

$$\eta_{\max} = \left(1 - \frac{2p_0}{\beta_{\mathrm{m}} S_{\mathrm{N}} \cos\varphi_2 + 2p_0}\right) \times 100\%$$

$$= \left(1 - \frac{2 \times 400}{0.52 \times 100 \times 10^3 \times 0.8 + 2 \times 400}\right) \times 100\% = 98.1\%$$

小　结

本节主要讨论变压器的运行特性，表征变压器运行性能的主要指标是电压变化率 $\Delta U\%$ 和效率 η。

电压变化率 $\Delta U\%$ 的大小表明了变压器运行时二次电压的稳定性，其稳定性既受到变压器短路阻抗、负载大小的影响，还受到负载功率因数的大小和性质的影响。计算 $\Delta U\%$ 时应注意，负载功率因数 $\cos\varphi_2$ 的感性与滞后是同义的，对应的 $\sin\varphi_2 > 0$；$\cos\varphi_2$ 的容性与超前是同义的，对应的 $\sin\varphi_2 < 0$。

在负载功率因数一定时，二次电压 U_2 随负载电流 I_2 变化的关系曲线 $U_2 = f(I_2)$，即为变压器的外特性曲线。当为纯电阻负载或感性负载时，外特性是下降的；当为容性负载时，若 $I_1 r_{\mathrm{k}} \cos\varphi_2 < |\,I_1 X_{\mathrm{k}} \sin\varphi_2\,|$，则外特性是上升的。负载的功率因数越低，外特性曲线的下降（或上升）的幅度越大。

变压器在传输电能时本身有损耗，它包括铁心损耗（即铁耗 p_{Fe}）和绕组损耗（即铜耗 p_{Cu}）。效率的高低与空载损耗、短路损耗、负载的大小及负载功率因数有关。一般电力变压器的效率都很高。将效率 η 随负载变化的关系用曲线表示出来，即为效率特性曲线。

第六节　三相变压器

现代电力系统均采用三相制供电，因而广泛使用三相变压器。三相变压器可以由 3 台同容量的单相变压器组成，这种三相变压器称为三相变压器组；还有一种是用铁轭把 3 个铁心柱连在一起的三相变压器，称为三相心式变压器。从运行原理来看，三相变压器在对称负载运行时，各相的电压和电流大小相等，相位上彼此相差 120°，因而可取一相进行分析。就其一相而言，这时三相变压器的任意一相与单相变压器之间就没有什么区别，因此前面所述的单相变压器的分析方法及其结论完全适用于三相变压器在对称负载下的运行情况。

本节主要讨论三相变压器本身的特点，如三相变压器的磁路、三相绕组的联结方法、三相变压器的联结组以及三相变压器的并联运行等问题。

一、三相变压器的磁路系统

1. 三相变压器组的磁路

三相变压器组是由 3 个单相变压器按一定方式联接起来组成的，如图 3-16 所示。由于每相的主磁通 Φ 各沿自己的磁路闭合，因此相互之间是独立的，彼此无关的。当一次绕组加上三相对称电压时，三相的主磁通必然对称，三相的空载电流也是对称的。

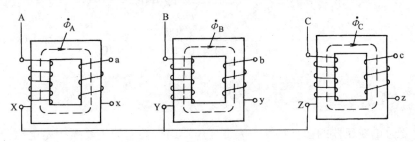

图 3-16 三相变压器组

2. 三相心式变压器的磁路

三相心式变压器的铁心是由 3 台单相变压器的铁心合在一起演变而来的，如图 3-17 所示。这种铁心结构的磁路，其特点是三相主磁通磁路相互联系，彼此相关。如果将 3 台单相变压器的铁心合并成图 3-17a 的样子，则当三相绕组外加三相对称电压时，三相绕组产生的主磁通也是对称的，此时中间铁心柱内的磁通为 $\dot{\Phi}_A + \dot{\Phi}_B + \dot{\Phi}_C = 0$，因此可将中间铁心柱省去，如图 3-17b 所示。为了使结构简单、制造方便、减小体积和节省硅钢片，将三相铁心柱布置在同一平面内，于是演变成图 3-17c 所示的常用的三相心式变压器的铁心结构，此种铁心结构的三相磁路长度不相等，中间 B 相最短，两边的 A、C 相较长，所以 B 相磁路的磁阻较其他两相的要小一些；在外加三相电压对称时，三相磁通相等，但三相空载电流不相等，B 相最小，A、C 两相大些。由于一般电力变压器的空载电流很小，它的不对称对变压器负载运行的影响很小，可以不予考虑，因而空载电流取三相的平均值。

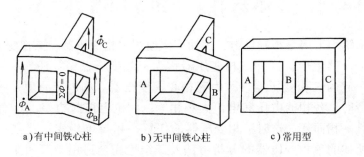

a) 有中间铁心柱   b) 无中间铁心柱   c) 常用型

图 3-17 三相心式变压器的铁心的演变

比较上面两种类型的三相变压器的磁路系统可以看出，三相心式变压器具有节省材料、效率高、维护方便、占地面积小等优点，但三相变压器组中的每个单相变压器具有制造及运输方便、备用的变压器容量较小等优点，所以现在广泛应用的是三相心式变压器，只在特大容量、超高压及制造和运输有困难时，才采用三相变压器组。

二、三相变压器的电路系统——联结组

为了方便变压器绕组的联结及标记，对绕组的首端和末端的标志规定如表 3-1 所示。

表 3-1 变压器绕组的首端和末端标志

绕组（线圈）名称	单相变压器		三相变压器		中性点
	首端	末端	首端	末端	
高压绕组（线圈）	A	X	A、B、C	X、Y、Z	N
低压绕组（线圈）	a	x	a、b、c	x、y、z	n
中压绕组（线圈）	Am	Xm	Am、Bm、Cm	Xm、Ym、Zm	Nm

1. 三相变压器绕组的联结法和联结组

（1）联结法 在三相变压器中，绕组的联结主要采用星形和三角形两种联结方法。如图 3-18 所示，将三相绕组的末端联结在一起，而由 3 个首端引出，则为星形联结，用字母 Y 或 y 表示，如果有中性点引出，则用 YN 或 yn 表示，如图 3-18a、b 所示；将三相绕组的各相绕组首末端相连而成闭合回路，再由 3 个首端引出，则为三角形联结，用字母 D 或 d 表示。根据各相绕组联结顺序，三角形联结可分为逆联（按 A—X—C—Z—B—Y—A 联结）和顺联（按 A—X—B—Y—C—Z—A 联结）两种接法，如图 3-18c、d 所示。大写字母 Y 或 D 表示高压绕组的联结，小写字母 y 或 d 表示低压绕组的联结。

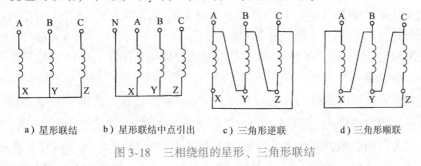

a）星形联结　　b）星形联结中点引出　　c）三角形逆联　　d）三角形顺联

图 3-18 三相绕组的星形、三角形联结

（2）联结组 由于变压器绕组可以采用不同的联结，因此一次绕组和二次绕组对应的电动势或电压之间将产生不同的相位移。为了简单明了地表达绕组的联结及对应的电动势或电压之间的相位关系，将变压器一次、二次绕组的联结分成不同的组合称为联结组，联结组标号采用"钟时序数表示法"进行确定。用相量图法确定时，高压侧相量图的 A 点始终落在钟面的"12"处，根据高低压侧绕组相电动势或相电压的相位关系作出低压侧相量图，其相量图的 a 点落在钟面的某数值上，该数值就是变压器的时钟序数，即变压器的联结组标号；用简明法确定时，高压侧相量图在 A 点对称轴位置指向外的相量作为时钟的长针（即分钟），始终指向钟面的"12"处，低压侧相量图在 a 点对称轴位置指向外的相量作为时钟的短针（即时针），它所指的钟点数即为变压器的钟时序数（联结组标号）。

标识变压器联结组时，变压器高压、低压绕组联结字母标志按额定电压递减的次序标注，在低压绕组联结字母之后，紧接着标出其钟时序数。如 Yy0、Yd11 等（具体判断见本节 3）。

按照电力变压器的国家标准 GB/T 1094.1—2013 中的"钟时序数表示法"确定的联结组标号，与旧标准的"时钟表示法"等确定的联结组标号完全相同，只是前者更符合 IEC 的相关标准，更方便些。"时钟表示法"确定联结组标号的方法参阅附录。

三相变压器的联结组，不仅仅是组成电路系统的电路问题，而且在变压器的并联运行和晶闸管变流技术中，都有重要的关系。因此如何判断联结组，必须予以掌握。

让我们先学习判断联结组的基础知识，同名端和高低压绕组对应相电动势的相位关系。

2. 高低压绕组相电动势的相位关系

（1）同名端 变压器的一次、二次绕组在同一主磁通 Φ 的作用下，在绕组中产生感应电动势。在任何瞬间，两个绕组中电动势（或电压）极性相同的两个端子，称作同名端，或同极性端，同名端常用黑点"$\bullet$"或星号"$*$"表示，如图3-19所示。两个绕组当从同名端通入电流时，其产生的磁通方

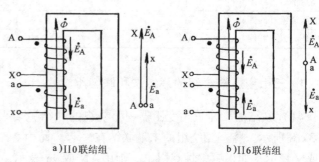

图 3-19　单相变压器的联结组

向相同，由此可确定同名端。图3-19a中 A 与 a 为同名端，而 X 与 x 同样也为同名端。在图3-19b中 A 与 a 则为异名端，由此可见，在绕组绕向一致的情况下，同名端与高、低压绕组的端点标志是否相同有关。相同的是同名端，不同的是异名端。

（2）高低压侧绕组相电动势的相位关系 以单相变压器为例，研究由同一主磁通所交链的两个绕组相电动势之间的相位关系。

假定绕组相电动势的正方向都是规定从绕组的首端指向末端。当高、低压侧绕组的同名端同时标为首端（或末端）时，如图3-19a所示，这时高、低压侧绕组相电动势 $\dot{E}_A$ 与 $\dot{E}_a$ 同相位，此时如果将高压侧绕组的相电动势 $\dot{E}_A$ 作为时钟的长针，指向时钟钟面的"12"处，则低压侧绕组的相电动势 $\dot{E}_a$ 作为时钟的短针也将指向时钟的"0"（"12"）点，此时 $\dot{E}_A$ 与 $\dot{E}_a$ 同相位，二者之间的相位移为零，故该单相变压器的联结组为II0，其中II表示高、低压绕组均为单相，即单相变压器，"0"表示其联结组的标号。如果取高、低压侧绕组的异名端同时标为首端（或末端），则高、低压侧绕组的相电动势 $\dot{E}_A$ 与 $\dot{E}_a$ 相位相反，如图3-19b所示，故为 II6 联结组。

从以上的分析可知，由同一主磁通所交链的两个绕组，其两个绕组的相电动势只有同相位和反相位两种情况，它取决于绕组的同名端和绕组的首末端标记。

3. 三相变压器的联结组标号的确定

三相变压器的联结组标号不仅与绕组的同名端及首末端的标记有关，还与三相绕组的联结方法有关。

三相绕组的联结图按传统的标志方法，高压绕组位于上面，低压绕组位于下面。

根据联结图用"钟时序数表示法"的相量图法判断联结组标号一般可分为四个步骤：

第一步：标出联结图中高、低压侧绕组相电动势的正方向。

第二步：作出高压侧的电动势相量图，将相量图的 A 点放在钟面的"12"处，相量图按逆时针方向旋转，相序为 A—B—C（相量图的3个顶点 A、B、C 按顺时针方向排列）。

第三步：作出低压侧的电动势相量图，以高、低压侧对应绕组的相电动势的相位关系（同相位或反相位）确定，相量图按逆时针方向旋转，相序为 a—b—c（相量图的3个顶点

a、b、c 按顺时针方向排列）。

第四步：确定联结组的标号。观察低压侧的相量图 a 点所处钟面的某序数，即为该联结组的标号。

（1）Dy11 联结组　在图 3-20a 的三相变压器联结图中，高、低压侧绕组分别是三角形（顺联结：A 联 Z）和星形联结，且同名端同为首端，同一铁心柱上高、低压绕组同名（如AX、ax 在同一铁心柱上）。按判断步骤，在图 3-20a 中标出高、低压侧绕组相电动势的假定正方向；在图 3-20b 中画出高压绕组的电动势相量图，将相量图的 A 点放在钟面的"12"处，接着画完其余两相，三相是一个等边三角形。低压绕组的 a 相与 A 相同相位，相量图中 $\dot{E}_a$ 与 $\dot{E}_A$ 平行且方向一致，画完其余两相，三相互差 120°，可见相量图的 a 点处在钟面的"11"，所以联结组标号是"11"，即为 Dy11 联结组。简明的画法如图 3-20c 所示。

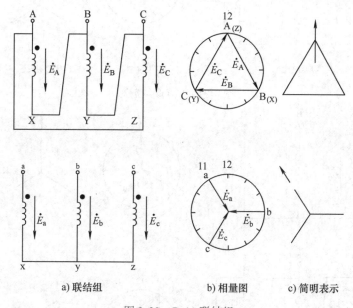

a) 联结组　　　　　b) 相量图　　　c) 简明表示

图 3-20　Dy11 联结组

（2）Yy0 联结组　在图 3-21a 的三相变压器联结图中，高、低压侧绕组都按星形联结，且同名端同时作为首端。按判断步骤，在图 3-21a 中标出高、低压侧绕组相电动势的正方向；在图 3-21b 中画出高压绕组的电动势相量图，将相量图的 A 点放在钟面的"12"处：根据低压绕组的 $\dot{E}_a$ 与 $\dot{E}_A$、$\dot{E}_b$ 与 $\dot{E}_B$、$\dot{E}_c$ 与 $\dot{E}_C$ 同相位，通过画平行线作出低压侧的电动势相量图，由于相量图的 a 点处在钟面的"0"（即"12"），所以该联结组的标号是"0"，即为 Yy0 联结组。简明的画法如图 3-21c 所示。

（3）Yd11 联结组　在图 3-22a 中，高压侧绕组为星形联结，低压侧绕组为三角形逆联结，且同名端同时作为首端。图 3-22b 中的高压侧相量图与图 3-21b 中的一样，低压侧绕组的 $\dot{E}_a$ 与 $\dot{E}_A$ 同相位，所以在低压侧的相量图中，$\dot{E}_a$ 与 $\dot{E}_A$ 平行且方向一致，同时注意因是三角形逆联结（a 联 y），即有 $\dot{E}_{ca} = -\dot{E}_a$，所以封闭三角形其余相量的对应关系时要画正确。在图 3-22b 中可见，低压侧相量图的 a 点处在钟面的"11"，所以是 Yd11 联结组。在图 3-22c 的简明画法中，画出对应三角形 a 点处的对称轴位置而指向外的相量，可见它指向"11"，得到与图 b 相同的结论。

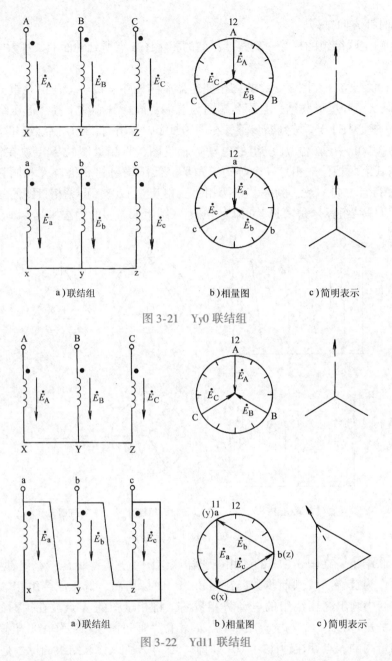

a）联结组　　　　　　　b）相量图　　　　　　　c）简明表示

图 3-21　Yy0 联结组

a）联结组　　　　　　　b）相量图　　　　　　　c）简明表示

图 3-22　Yd11 联结组

　　记住以上 3 种联结组的标号、绕组联结和首末端标记，则可通过以下规律确定其他联结组的标号或由联结组的标号确定绕组联结和首末端标记。在高压侧绕组的联结和标记不变，而只改变低压侧绕组的联结或标记的情况下，其规律归纳起来有以下 4 点：

　　1）对调低压侧绕组首末端的标记，即由高、低压侧绕组的首端是同名端改为异名端，其联结组的标号加 6 个钟序数。Yy6 联结组的标号，可由 Yy0 联结组的标号"0"加"6"推导而得。

　　2）低压侧绕组的首末端标记顺着相序移一相（a—b—c→c—a—b），则联结组标号加 4 个钟序数。由于两相间相位移为120°，故当首末端标记顺着相序移一相时，相当于电动势相量分别转过 120°，即 4 个钟序数。Yd3 联结组的标号可由 Yd11 联结组的标号"11"加"4"推导而得。同理低压侧首末端标记顺着相序移两相（a—b—c→b—c—a），则联结组标号加 8 个钟序数。

3）低压侧绕组的三角形联结由逆联结改为顺联结，其联结组的标号加 2 个钟序数，反之则减 2 个钟序数。如以图 3-23 为例，Yd1 联结组（顺联）的标号可由 Yd11 联结组（逆联）的标号"11"加"2"推导而得。（若高压侧绕组的三角形联结由逆联接改为顺联结，其联结组的标号减 2 个钟序数）。

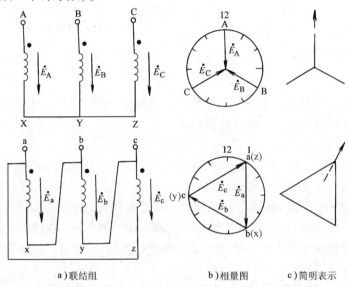

a）联结组　　　　　　b）相量图　　　　　c）简明表示

图 3-23　Yd1 联结组

4）高、低压侧的绕组联接相同（Yy 和 Dd）时，其联结组的标号为偶数；高、低压侧的绕组联结不相同（Yd 和 Dy）时，其联结组的标号为奇数。

变压器联结组的数目很多，为了方便制造和并联运行，对于三相双绕组电力变压器，一般采用 Dyn11、Yyn0、Yd11、YNd11、YNy0、Yy0 等标准联结组，因 Dyn11 联结组，高压侧采用三角形接法，其优点是没有高次谐波，对电网无污染；三相负载不平衡时，零点不漂移；在同样的电网电流下，高压绕组的相电流小了，导线截面减小，节省用铜量，所以 2000kV·A 及以下，10/0.4kV 的电力变压器普遍使用 Dyn11 联结组，见图 3-5 电力变压器铭牌中的联结组。对单相变压器只采用 II0 联结组。

三、三相变压器的并联运行

在近代电力系统中，常采用多台变压器并联运行的运行方式。所谓并联运行，就是将两台或两台以上的变压器的一次、二次绕组分别并联到公共母线上，同时对负载供电。图 3-24 为两台变压器的并联运行时的接线图。

变压器并联运行时有很多的优点，主要有：①提高供电的可靠性。并联运行的某台变压器发生故障或需要检修时，可以将它从电网上切除，而电网仍能继续供电。②提高运行的经济性。当负载有较大的变化时，可以调整并联运行的变压器台数，以提高运行的效率。③可以减小总的备用容量，并可随着用电量的增加而分批增加新的变压器。

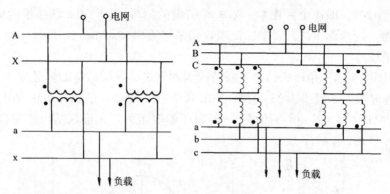

a) 单相变压器的并联运行(两台均为I I0) b) 三相变压器的并联运行(两台均为Yy0)

图 3-24 两台变压器的并联运行

当然，并联运行的台数过多也是不经济的，因为一台大容量的变压器，其造价要比总容量相同的几台小变压器的低，而且占地面积小。

变压器并联运行条件：

1) 并联运行的各台变压器的额定电压和对应的电压比要相等，否则，并联变压器空载时其一、二次绕组内部就会产生环流。

2) 并联运行的变压器的联结组必须相同，否则并联变压器二次绕组线电压相位不同，引起很大的环流。以 Yy0 与 Yd11 联结组有变压器并联为例，其二次绕组线电压相位差30°，在两台变压器二次绕组线中产生的空载环流是额定电流的 5.18 倍，所以联结组不同的变压器是绝对不允许并联运行的。

3) 并联运行的各变压器短路阻抗的相对值或短路电压的相对值要相等。这样在带上负载时，各变压器承担的负载按其容量大小成比例分配，使并联的变压器容量得到充分发挥。但实际中短路电压的相对值难以完全相等，选择并联变压器时，容量大的 u_k 小一些，这样容量大的变压器先达满载，使并联组的变压器利用率尽可能高些。

小 结

三相变压器在对称负载下运行时，它的每一相就相当于一个单相变压器，因此单相变压器的基本方程式、相量图及等效电路等分析方法和结论完全适用于三相变压器。

三相变压器的磁路系统分成各相磁路彼此无关的三相变压器组和三相磁路彼此相关的三相心式变压器两种。不同的磁路结构对变压器的运行和产生的经济效益是不同的。

三相变压器的电路系统，即联结组，反映了变压器高、低压侧绕组对应电压（或电动势）之间的相位关系，可用钟时序数表示法来确定联结组的标号。

第七节 其他用途的变压器

随着工业的不断发展，除了前面介绍的普通双绕组电力变压器外，相应地出现了适用于各种用途的特殊变压器，虽然种类和规格很多，但是其基本原理与普通双绕组变压器相同或相似，不再作一一论述。本节主要介绍较常用的自耦变压器、仪用互感器的工作原理及特点。

一、自耦变压器

普通双绕组变压器的一次、二次绕组之间只有磁的联系，而没有电的直接联系。自耦变压器的结构特点是一次、二次绕组共用一个绕组，如图3-25所示。此时，一次绕组中的一部分充当二次绕组（自耦降压变压器）或二次绕组中的一部分充当一次绕组（自耦升压变压器），因此一次、二次绕组之间既有磁的联系，又有电的直接联系。将一次、二次绕组共有部分的绕组称作公共绕组。自耦变压器无论是升压还是降压，其基本原理是相同的。

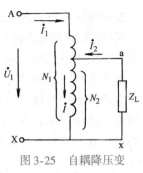

图3-25　自耦降压变压器原理图

由于自耦变压器的一次侧和二次侧之间有电的直接联系，所以高压侧的电气故障会波及到低压侧，因此在低压侧使用的电气设备同样要有高压保护设备，以防止过电压。另外，自耦变压器的短路阻抗小，短路电流比双绕组变压器的大，因此必须加强保护。

自耦变压器可做成单相的，还可做成三相的，图3-26示出了三相自耦变压器的结构示意图及原理图。一般三相自耦变压器采用星形联结。

如果将自耦变压器的抽头做成滑动触头，就成为自耦调压器。自耦调压器常用于调节试验电压的大小。图3-27示出了常用的环形铁心的单相自耦调压器的结构及原理图。

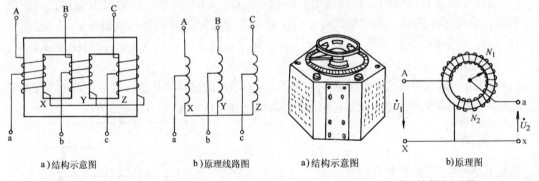

a）结构示意图　　　　b）原理线路图　　　　a）结构示意图　　　　b）原理图

图3-26　三相自耦变压器原理图　　　　图3-27　单相自耦调压器

二、仪用互感器

在生产和科学试验中，经常要测量交流电路的高电压和大电流，如果直接使用电压表和电流表进行测量，就存在一定的困难，同时对操作者也不安全，因此利用变压器既可变电压又可变电流的原理，制造了供测量使用的变压器，称之为仪用互感器，它分为电压互感器和电流互感器两种。

使用互感器有两个目的：一是使测量回路与被测量回路隔离，从而保证工作人员的安全；二是可以使用普通量程的电压表和电流表测量高电压和大电流。

互感器除用以测量交流电压和交流电流外，还用于各种继电保护的测量系统，因此应用十分广泛。下面分别对电压互感器和电流互感器进行介绍。

1. 电压互感器

电压互感器实质上就是一个降压变压器，其工作原理和结构与双绕组变压器基本相同。

图 3-28 是电压互感器的原理图，它的一次绕组匝数 N_1 很多，直接并联到被测的高压线路上；二次绕组匝数 N_2 较少，接高阻抗的测量仪表（如电压表或其他仪表的电压线圈）。

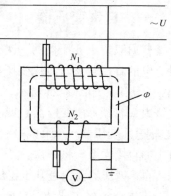

由于电压互感器的二次绕组所接仪表的阻抗很高，二次电流很小，近似等于零，所以电压互感器正常运行时相当于降压变压器的空载运行状态。根据变压器的变压原理，有

$$\frac{U_1}{U_2} = \frac{N_1}{N_2} = k$$

或

$$U_2 = \frac{U_1}{k} \tag{3-29}$$

图 3-28　电压互感器原理图

式（3-29）表明，利用一、二次绕组的不同匝数，电压互感器可将被测量的高电压转换成低电压供测量等。电压互感器的二次侧额定电压一般都设计为 100V，而固定的板式电压表表面的刻度则按一次侧的额定电压来刻度，因而可以直接读数。电压互感器的额定电压等级有 3000V/100V、10000V/100V 等。

使用电压互感器时，应注意以下几点：

1）电压互感器在运行时二次绕组绝对不允许短路。因为如果二次侧发生短路，则短路电流很大，会烧坏互感器。因此使用时，二次侧电路中应串接熔断器作短路保护。

2）电压互感器的铁心和二次绕组的一端必须可靠接地，以防止高压绕组绝缘损坏时，铁心和二次绕组带上高电压而造成的事故。

3）电压互感器有一定的额定容量，使用时二次侧不宜接过多的仪表，以免影响电压互感器的准确度。我国目前生产的电力电压互感器，按准确度分为 0.5 级、1.0 级和 3.0 级 3 个等级。

2. 电流互感器

电流互感器类似于一个升压变压器，它的一次绕组匝数 N_1 很少，一般只有一匝到几匝；二次绕组匝数 N_2 较多。使用时，一次绕组串联在被测线路中，流过被测电流，而二次绕组与电流表等阻抗很小的仪表接成闭路，如图 3-29 所示。

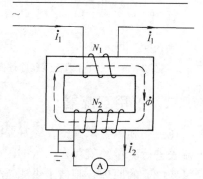

由于电流互感器二次绕组所接仪表的阻抗很小，二次绕组相当于被短路，因此电流互感器的运行情况相当于变压器的短路运行状态。为了减小误差，电流互感器铁

图 3-29　电流互感器原理图

心中的磁通密度一般设计得较低，在（0.08~0.10）T 的范围内，所以励磁电流很小，若忽略励磁电流，根据磁通势平衡关系可得

$$\frac{I_1}{I_2} = \frac{N_2}{N_1} = \frac{1}{k}$$

即

$$I_2 = \frac{I_1}{k} \tag{3-30}$$

由式（3-30）可知，利用一、二次绕组的不同匝数，电流互感器可将线路上的大电流转

成小电流来测量。通常电流互感器的二次侧额定电流均设计为5A（或1A），当与测量仪表配套使用时，电流表按一次侧的电流值标出，即从电流表上直接读出被测电流值。另外，二次绕组可能有很多抽头，可根据被测电流的大小适当选择。电流互感器的额定电流等级有100A/5A、500A/5A、2000A/5A等。按照测量误差的大小，电流互感器的准确度分为0.2级、0.5级、1.0级、3.0级和10.0级5个等级。

使用电流互感器时，应注意以下3点：

1）电流互感器在运行时二次绕组绝对不允许开路。如果二次绕组开路，电流互感器就成为空载运行状态，被测线路的大电流就全部成为励磁电流，铁心中的磁通密度就会猛增，磁路严重饱和，一方面造成铁心过热而毁坏绕组绝缘，另一方面，二次绕组将会感应产生很高的尖峰脉冲电压，可能使绝缘击穿，危及仪表及操作人员的安全。因此，电流互感器的二次绕组电路中，绝对不允许装熔断器；运行中如果需要拆下电流表等测量仪表，应先将二次绕组短路。

2）电流互感器的铁心和二次绕组的一端必须可靠接地，以免绝缘损坏时，一次线路电压传到二次侧，危及仪表及人身安全。

3）电流表的内阻抗必须很小，否则会影响测量精度。

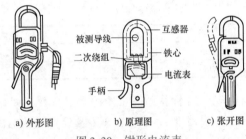

图3-30　钳形电流表

另外，在实际工作中，为了方便在带电现场检测线路中的电流，工程上常采用一种钳形电流表（如图3-30所示），其工作原理和电流互感器的相同。其结构特点是：铁心像一把钳子可以张合，二次绕组与电流表串联组成一个闭合回路。在测量导线中的电流时，不必断开被测电路，只要压动手柄，将铁心钳口张开，把被测导线夹于其中即可，此时被测载流导线就充当一次绕组（只有1匝），借助电磁感应作用，由二次绕组所接的电流表直接读出被测导线中电流的大小。一般钳形电流表都有几个量程，使用时应根据被测电流值适当选择量程。

思考题与习题

3-1　变压器是根据什么原理工作的？它有哪些主要用途？

3-2　变压器的主要组成部分有哪些？各部分的作用是什么？

3-3　变压器的叠装铁心为什么要用硅钢片叠成？为什么要交错装叠？立体卷铁心有何优点？

3-4　一台三相变压器，已知$S_N=5600kV\cdot A$，$U_{1N}/U_{2N}=10kV/3.15kV$，Yd11联结，试求：一次、二次绕组的额定相电流。

3-5　变压器中主磁通和漏磁通的性质和作用有什么不同？在等效电路中如何反映它们的作用？

3-6　一台单相变压器，额定电压为220V/110V，如果不慎将低压侧误接到220V的电源上，对变压器有何影响？

3-7　有一台单相变压器，已知$S_N=10500kV\cdot A$，$U_{1N}/U_{2N}=35kV/6.6kV$，铁心的有效截面$S_{Fe}=1580cm^2$，铁心中最大磁通密度$B_m=1.415T$，试求高低压侧绕组匝数和电压比（不计漏磁）。

3-8　一台单相变压器，额定容量为 $5\mathrm{kV\cdot A}$，高、低压侧绕组均为两个匝数相同的线圈，高、低压侧每个线圈的额定电压分别为1100V和110V，现将它们进行不同方式的联结，试问每种联结的高、低压侧额定电流为多少？可得几种不同的电压比？

3-9　有一台单相变压器，已知 $r_1=2.19\Omega$，$X_1=15.4\Omega$，$r_2=0.15\Omega$，$X_2=0.964\Omega$，$r_\mathrm{m}=1250\Omega$，$X_\mathrm{m}=12600\Omega$，$N_1=876$ 匝，$N_2=260$ 匝，$U_2=6000\mathrm{V}$，$I_2=180\mathrm{A}$，$\cos\varphi_2=0.8$（滞后），用简化等效电路求 U_1 和 I_1。

3-10　为什么变压器的空载损耗可以近似看成是铁耗，短路损耗可以近似看成是铜耗？负载时的实际铁耗和铜耗与空载损耗和短路损耗有无差别？为什么？

3-11　变压器负载后的二次电压是否总比空载时的低？会不会比空载时高？为什么？

3-12　有一台三相变压器，已知 $S_\mathrm{N}=1000\mathrm{kV\cdot A}$，$U_{1\mathrm{N}}/U_{2\mathrm{N}}=10000\mathrm{V}/400\mathrm{V}$，$I_{1\mathrm{N}}/I_{2\mathrm{N}}=57.74\mathrm{A}/1443.43\mathrm{A}$，Yyn0 联结，空载及短路试验数据如下：

试验名称	电压/V	电流/A	功率/W	电源所加位置
空载	400	12.27	1770	低压侧
短路	600	57.74	8130	高压侧

试计算：1）折算到高压侧的励磁参数、短路参数（不计温度影响）。

2）满载及 $\cos\varphi_2=0.8$（滞后）时的 $\Delta U\%$、U_2 及 η。

3）$\cos\varphi_2=0.8$ 时，产生最高效率时的负载系数 β_m 及最高效率 η_max。

3-13　变压器出厂前要进行"极性"试验，如图 3-31 所示（交流电压表法）。若变压器的额定电压为 220V/110V，如将 X 与 x 联结，在 A、X 端加电压 220V，A 与 a 之间接电压表。如果 A 与 a 为同名端，则电压表的读数为多少？如果 A 与 a 为异名端，则电压表的读数又为多少？

3-14　三相变压器的一次、二次绕组按图 3-32 联结，试确定其联结组标号。

3-15　试画出 Yd7、Yy10、Yy2、Yd3 的三相变压器联结图。

3-16　变压器为什么要并联运行？并联运行的条件有哪些？哪些条件必须严格遵守？

3-17　电压互感器和电流互感器的功能是什么？使用时必须注意什么？

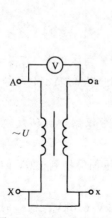

图 3-31　交流电压表法
测"极性"示意图

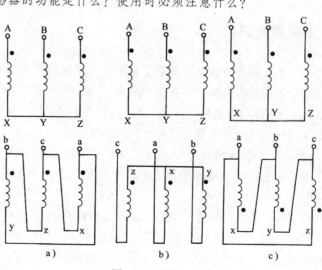

图 3-32　题 3-14 图

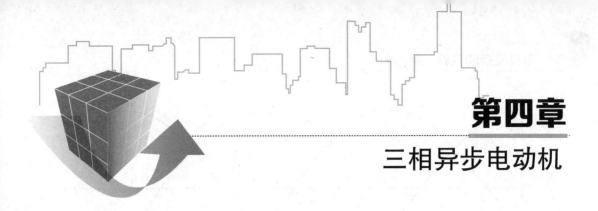

第四章

三相异步电动机

交流旋转电机可分为同步电机和异步电机两大类，它们的定、转子磁场与直流电机的静止磁场不同，都是旋转的。同步电机是指电机运行时的转子转速与旋转磁场的转速相等或与电源频率之间有严格不变的关系，不随负载大小而变化；异步电机是指电机运行时的转子转速与旋转磁场的转速不相等或与电源频率之间没有严格不变的关系，且随着负载的变化而有所改变。

异步电机有异步发电机和异步电动机之分。因为异步发电机一般只用于特殊场合，所以异步电机主要用作电动机。异步电动机（特指感应电动机，下同）中又有三相异步电动机和单相异步电动机两类，后者常用于只有单相交流电源的家用电器和医疗仪器中。而三相异步电动机在各种电动机中应用最广、需要量最大，在各种工业生产、农业机械化、交通运输、国防工业等电力拖动装置中，有 90% 左右采用三相异步电动机，在电网总负荷中，异步电动机占 60% 左右。这是因为三相异步电动机具有结构简单、制造方便、价格低廉、运行可靠等一系列优点；还具有较高的运行效率和较好的工作特性，从空载到满载范围内接近恒速运行，能满足各行各业大多数生产机械的传动要求。异步电动机还便于派生成各种专用、特殊要求的形式，以适应不同生产条件的需要。

本章先叙述三相异步电动机的基本工作原理和基本结构、三相交流电机的旋转磁场特点、定子绕组的构成、感应电动势的求取等。再根据三相异步电动机与变压器的基本电磁关系有许多相似之处，在沿用变压器的分析方法叙述异步电动机（在本章及以后章节中，由于习惯用法，异步电动机就是指三相异步电动机）的运行时要注意异步电动机的旋转、机械功率和电磁转矩等特殊性。对于单相异步电动机及同步电动机，将在第六章中加以阐述。

第一节　三相异步电动机的基本工作原理和结构

一、三相交流电的旋转磁场

前面我们已提及三相交流电机的磁场是旋转的，这里我们采用作图法来证明：旋转磁场是在三相对称绕组中通以三相对称电流而产生的，并说明旋转磁场的特点。

以两极三相异步电动机为例，如图 4-1 所示，定子绕组是两极的三相对称绕组。两极的每个线圈在空间的跨距是 1/2 个圆周，而三相对称绕组是指每相绕组的匝数、连接规律等相同且在空间布置上各相轴线互差 120° 空间电角的绕组，为了简化分析，可以用轴线互差 120° 电角的 3 个线圈来代表，线圈的首端分别为 U1、V1、W1，尾端分别为 U2、V2、W2。规定绕组轴线的正方向符合右手螺旋定则，即四指从每相的首端进，尾端出（不论电流方向如何），大拇指所指的方向代表绕组轴线（也称相轴）正方向。

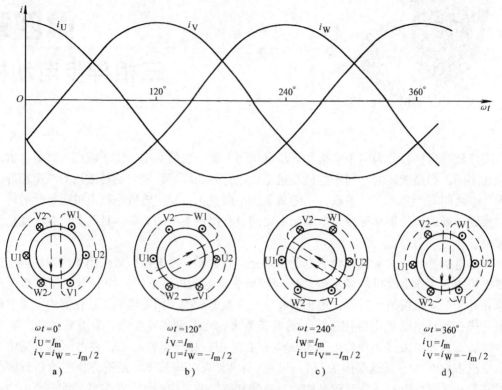

图 4-1 两极旋转磁场示意图

三相对称电流在时间上互差 120°，其解析式为

$$i_U = I_m \cos\omega t$$

$$i_V = I_m \cos(\omega t - 120°)$$

$$i_W = I_m \cos(\omega t - 240°)$$

规定电流为正时，电流从线圈的首端（U1、V1、W1）流入，从线圈的尾端（U2、V2、W2）流出；电流为负值时则方向相反，从线圈的首端流出，而从线圈的尾端流入。在表示线圈导线的小圆圈"○"内，用"×"表示电流流入，"·"表示电流流出。

选择 $\omega t = 0°$、$\omega t = 120°$、$\omega t = 240°$、$\omega t = 360°$ 这 4 个特定的时刻分析。首先以 $\omega t = 0°$ 这一时刻为例，如图 4-1a 所示。此时 $i_U = I_m$，电流从 U1 流入，以"×"表示，从 U2 流出，以"·"表示；$i_V = i_W = -I_m/2$，电流分别从 V1 及 W1 流出，以"·"表示，而从 V2 及 W2 流入，以"×"表示。根据右手螺旋定则可知，三相绕组中电流产生的合成磁场的方向是从上向下，用同样的方法可画出 $\omega t = 120°$、$\omega t = 240°$、$\omega t = 360°$ 时的电流及三相合成磁场的方向分别如图 4-1 的 b、c、d 所示。

比较图 4-1 中的 4 个时刻，可以看出三相基波合成磁场具有如下特点：

第一，三相基波合成磁场在空间是正弦分布，其轴线在空间是旋转的，故称旋转磁场。

第二，当某相电流达到最大值时，合成磁场的矢量也正好转到该相的相轴上，且与该相轴方向一致。因此，在三相绕组空间排序不变的条件下，旋转磁场的转向由电流的相序决定，若要改变旋转磁场的转向，只需将三相电源进线中的任意两相对调即可。

第三，旋转磁场的转速，如图 4-1 所示，可知电流在时间上变化了 $\omega t = 360°$ 电角时，即电流变化 1 个周期，旋转磁场在空间也转过 360° 电角度。在二极的情况下，转过的机械角也是 360°，即在空间正好转过 1 圈。电流每秒变化 f 周期，则旋转磁场的转速 n_1（r/min）为每秒 f 转或每分钟 $60f$ 转，即

$$n_1 = 60f$$

如果将三相定子绕组排列成每个线圈在空间跨过 1/4 个圆周，如图 4-2 所示。当通以三相对称电流时，用同样的方法可以画出四个特定瞬间的电流分布和合成磁场图，可见这是一个四极旋转磁场。

在两对磁极的电动机中，我们习惯上仍把 1 对磁极所占的空间角度作为 360°，因为从电磁观点看，经过 N、S 1 对磁极时磁场的空间分布曲线或线圈中的感应电动势正好变化 1 个周期。这种角度称为电角度。但以机械角度计算只是 180°，所以电角度是机械角度的两倍。由图 4-2 可知，

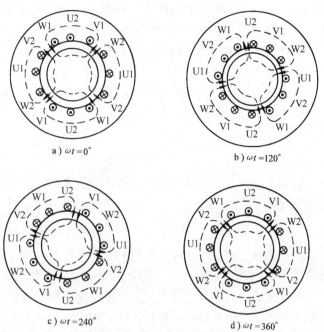

a）$\omega t = 0°$　　b）$\omega t = 120°$
c）$\omega t = 240°$　　d）$\omega t = 360°$

图 4-2　四极旋转磁场示意图

当电流在时间上变化 1 个周期即 360° 电角，磁场在空间旋转角度以电角度计算仍是 360°（1 对极距），但以机械角度计算只是 180°，即 1/2 个圆周。因此，四极电机的旋转磁场转速为

$$n_1 = \frac{60f}{2}$$

并由此可推断：对于 p 对极三相交流电机来说，因为电角度是机械角度的 p 倍，即

$$电角度 = p \times 机械角度$$

因此其旋转磁场转速的一般表达式为

$$n_1 = \frac{60f}{p} \qquad (4-1)$$

因为从上面的分析可知，旋转磁场的空间旋转电角度与电流在时间上变化的电角度总是相等的，所以 n_1 又称为同步转速。

二、三相异步电动机的基本工作原理

由上面的分析可知：当三相异步电动机接到三相交流电源上，有三相对称电流通过的三相定子绕组就能在电动机的气隙中产生旋转磁场。若旋转磁场的转向及瞬时位置如图 4-3 所示，则静止的转子绕组便相对磁场运动而切割磁力线，感

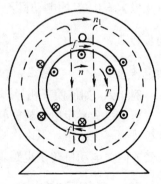

图 4-3　三相异步电动机
旋转原理图

应出电动势（方向由右手定则判断）。转子绕组是闭合的，就有转子电流产生，若不考虑电动势与电流的相位移，则电动势的方向就是电流方向，该电流再与旋转磁场相互作用，便在转子绕组中产生电磁力 f（方向由左手定则判断），而转子绕组中均匀分布的每一导体上的电磁力对转轴的力矩之总和即为电磁转矩 T，它驱动转子沿旋转磁场的方向旋转起来。

显然，三相异步电动机的转子转速最终不会加速到等于旋转磁场的转速。因为如果同步，转子绕组与旋转磁场之间没有相对运动，就不会感应电动势并产生电流，也不会产生电磁转矩使转子继续转动。所以转子的转速 n 总要略低于旋转磁场的转速 n_1，这就是异步电动机的"异步"由来。

转差（$n_1 - n$）是异步电动机运行的必要条件，我们将转差（$n_1 - n$）与同步转速 n_1 的比值称为转差率，用符号 s 表示，即

$$s = \frac{n_1 - n}{n_1} \tag{4-2}$$

转差率是异步电动机的一个基本参数，它对电机的运行有着极大的影响。它的大小同样也能反映转子转速，即

$$n = n_1(1 - s)$$

由于异步电机工作在电动状态时，其转速与同步速方向一致但低于同步速，所以电动状态的转差率 s 的范围是 $0 \sim 1$，其中，$s = 0$，是理想空载状态；$s = 1$，是起动瞬间。

对普通的三相异步电动机，为了使额定运行时的效率较高，通常设计成使它的额定转速略低于但很接近于对应的同步速，所以额定转差率 s_N 一般为 $1.0\% \sim 5\%$。

例 4-1 某台三相异步电动机的额定转速 $n_N = 720\text{r/min}$，试求该机的极对数和额定转差率；另一台 4 极三相异步电动机的额定转差率 $s_N = 0.05$，试求该机的额定转速。电源频率为 50Hz。

解 对 $n_N = 720\text{r/min}$ 的电动机，其对应的同步速 $n_1 = 750\text{r/min}$。

其极对数为

$$p = \frac{60f}{n_1} = \frac{60 \times 50}{750} = 4$$

额定转差率

$$s_N = \frac{n_1 - n_N}{n_1} = \frac{750 - 720}{750} = 0.04$$

对 4 极 $s_N = 0.05$ 的电动机：

同步转速

$$n_1 = \frac{60f}{p} = \frac{60 \times 50}{2}\text{r/min} = 1500\text{r/min}$$

额定转速

$$n_N = n_1(1 - s) = 1500 \times (1 - 0.05)\text{r/min} = 1425\text{r/min}$$

例 4-2 如何使三相异步电动机改变转向？

解 因为异步电动机的转子旋转方向与磁场的旋转方向一致，而旋转磁场的转向在三相绕组排列一定的条件下由电流的相序决定。因此只需要调任意两根电源进线，旋转磁场就会改变方向，电动机转子也跟着改变转向。

三、三相异步电动机的结构

三相异步电动机的种类很多，从不同的角度看，有不同的分类方法。若按转子绕组结构

分类有：笼型异步电动机和绕线转子异步电动机两类。笼型结构简单、制造方便、成本低、运行可靠；绕线转子可通过外串电阻来改善起动性能并进行调速。若按机壳的防护形式分类有：防护式、封闭式和开启式。还可按电动机容量的大小、冷却方式等分类。

不论三相异步电动机的分类方法如何，各类三相异步电动机的基本结构是相同的。它们都由定子和转子这两大基本部分组成，在定子和转子之间具有一定的气隙。图4-4是三相笼型电动机的外形图和一台封闭式三相笼型异步电动机的结构图。图4-5是三相绕线转子异步电动机的结构图。

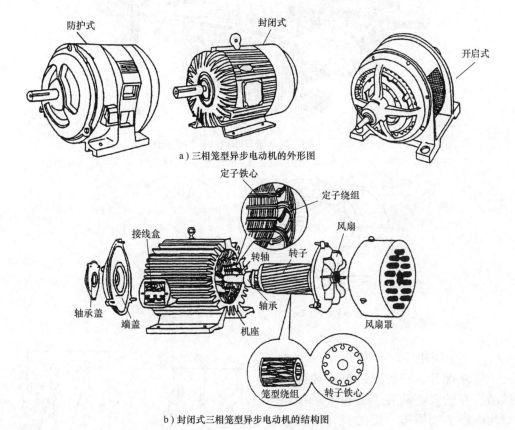

a）三相笼型异步电动机的外形图

b）封闭式三相笼型异步电动机的结构图

图4-4　三相笼型异步电动机

图4-4a 中的封闭式三相笼型异步电动机的 YE3 系列实际产品的外形图可扫描二维码观看。

下面介绍各主要零部件的结构及作用。

YE3系列实际产品的外形图

1. 定子

三相异步电动机的定子主要由定子铁心、定子绕组和机座等构成。

（1）定子铁心　定子铁心是电动机主磁路的一部分，并要放置定子绕组。为了导磁性能良好和减少交变磁场在铁心中的损耗，故采用片间绝缘的 0.5mm 厚的硅钢片迭压而成。定子铁心及冲片的示意图如图4-6a、b所示。为了放置定子绕组，在铁心内圆开有槽，槽的形状有：半闭口槽（如图4-6中的槽形）、半开口槽和开口槽等。它们分别对应放置小型、中型和大型的三相异步电动机的定子绕组。

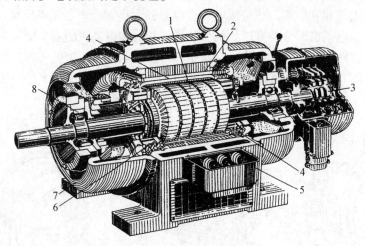

图4-5　三相绕线转子异步电动机的结构图

1—转子　2—定子　3—集电环　4—定子绕组　5—出线盒　6—转子绕组　7—端盖　8—轴承

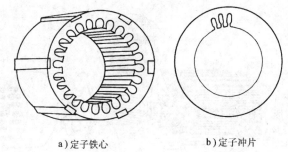

a）定子铁心　　　　　　b）定子冲片

图4-6　定子铁心及冲片示意图

（2）定子绕组　定子绕组是电动机的定子电路部分，它将通过电流建立旋转磁场，并感应电动势。三相定子绕组的每相由许多线圈按一定的规律嵌放在铁心槽内，它可以是单层的，也可以是双层的。绕组的线圈边与铁心槽之间必须要有槽绝缘；若是双层绕组，层间还均需用层间绝缘。另外，槽口的绕组线圈边还需用槽楔固定之。三相绕组的6个出线端都引至接线盒上，首端分别为U1、V1、W1，尾端分别为U2、V2、W2。为了接线方便，这6个出线端在接线板上的排列如图4-7所示，根据需要可联成星形或三角形。

（3）机座　机座是电动机机械结构的

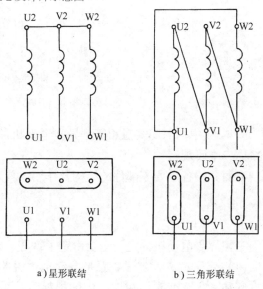

a）星形联结　　　　　　b）三角形联结

图4-7　定子绕组的联结

组成部分，主要作用是固定和支撑定子铁心还要固定端盖。在中小型电动机中，端盖兼有轴承座的作用，则机座还要支撑电动机的转子部分，故机座要有足够的机械强度和刚度。中小型电动机一般采用铸铁机座，而大容量的异步电动机采用钢板焊接机座。对于封闭式中小型异步电动机，其机座表面有散热筋片以增加散热面积，使紧贴在机座内壁上的定子铁心中的定子铁耗和铜耗产生的热量，通过机座表面加快散发到周围空气中，不使电动机过热。对于大型的异步电动机，机座内壁与定子铁心之间隔开一定距离而作为冷却空气的通道，因而不需散热筋。

2. 转子

三相异步电动机的转子由转轴、转子铁心和转子绕组等所构成。

（1）转子铁心　转子铁心也是电动机主磁路的一部分，并要放置转子绕组。它也用 0.5mm 厚的冲有转子槽形的硅钢片叠压而成。中小型异步电动机的转子铁心一般都直接固定在转轴上，而大型三相异步电动机的转子铁心则套在转子支架上，然后将支架固定在转轴上。

（2）转轴　转轴是支撑转子铁心和输出转矩的部件，它必须具有足够的刚度和强度。转轴一般用中碳钢车削加工而成，轴伸端铣有键槽，用来固定带轮或联轴器。

（3）转子绕组　转子绕组是转子电路部分，它的作用是感应电动势、流过电流并产生电磁转矩。按其结构形式可分为笼型转子和绕线转子两种。

1）笼型转子绕组是在转子铁心的每个槽内放入一根导体，在伸出铁心的两端分别用两个导电端环把所有的导条连接起来，形成一个自行闭合的短路绕组。如果去掉铁心，剩下来的绕组形状就像一个松鼠笼子，如图 4-8 所示，所以称之为笼型绕组。对

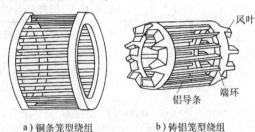

a）铜条笼型绕组　　b）铸铝笼型绕组

图 4-8　笼型转子绕组结构示意图

于中小型三相异步电动机，笼型转子绕组一般采用铸铝，将导条、端环和风叶一次铸出，如图 4-8b 所示。也有用铜条焊接在两个铜端环上的铜条笼型绕组，如图 4-8a 所示。其实在生产实际中笼型转子铁心槽沿轴向是斜的，这样导致导条也是斜的，这主要是为了削弱由于定、转子开槽引起的齿谐波，以改善笼型电动机的起动性能。

2）绕线转子绕组与定子绕组一样，也是一个对称三相绕组。它连接成Y后，其 3 根引出线分别接到轴上的 3 个集电环，

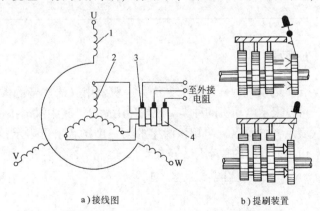

a）接线图　　b）提刷装置

图 4-9　绕线转子异步电动机示意图

1—定子绕组　2—转子绕组　3—电刷　4—集电环

再经电刷引出而与外部电路接通，如图 4-9a 所示，可以通过集电环与电刷而在转子回路中串入外接的附加电阻或其他控制装置，以便改善三相异步电动机的起动性能及调速性能。绕线转子异步电动机还装有提刷短路装置，如图 4-9b 所示。当电动机起动完毕而又不需调速时，可操作手柄将电刷提起切除全部电阻同时使 3 个集电环短路起来，其目的是减少电动机在运行中电刷磨损和摩擦损耗。

一般的绕线转子异步电动机的集电环和电刷系统是放在电动机非轴伸端盖外的，所以绕线转子异步电动机的外观与笼型电动机有很大的差别。

3. 气隙

三相异步电动机的定子与转子之间的空气隙，比同容量直流电动机的气隙要小得多，一般仅为 0.2 ~ 1.5mm。气隙的大小对三相异步电动机的性能影响极大。气隙大，则磁阻大，由电网提供的励磁电流（滞后的无功电流）大，使电动机运行时的功率因数降低。但是气隙过小时，将使装配困难，运行不可靠；高次谐波磁场增强，从而使附加损耗增加以及使起动性能变差。

四、三相异步电动机的铭牌

每一台三相异步电动机，在其机座上都有一块铭牌，铭牌上标注有型号、额定值等。如表 4-1 所示。

表 4-1　三相异步电动机的铭牌

三相异步电动机			
型号　　YE3 - 160M - 4		标准 GB/T 28575—2012	
额定功率 11kW		额定电流 21.5A	
额定电压 380V	额定转速 1465r/min	频率 50Hz	功率因数 0.85
接法　△	防护等级 IP55	绝缘等级 F	能效等级 2
工作制 S1	产品编号××	××kg	××年××月
××电机厂			

1. 型号

异步电动机型号的表示方法：一般采用汉语拼音的大写字母、英文字母和阿拉伯数字组成，可以表示电动机的种类、规格和用途等。其中汉语拼音字母是根据电动机的相关名称选择有代表意义的汉字，再用该汉字的第一个拼音字母表示，如异步电动机用"Y"表示；"E"是英语单词效率的首字母。英文字母 S、M、L 分别表示短、中、长机座。下面举例说明：

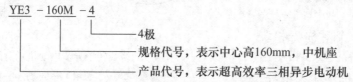

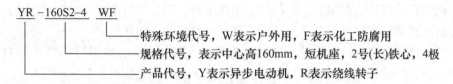

中心高越大，电动机容量越大，因此异步电动机按容量大小分类与中心高有关：中心高 63～355mm 为小型，355～630mm 为中型，630mm 以上为大型；在同样的中心高下，机座长即铁心长，则容量大。

2. 额定值

额定值规定了电动机正常运行状态和条件，它是选用、安装和维修电动机时的依据。异步电动机的铭牌上标注的主要额定值有：

（1）额定功率 P_N　指电动机在额定运行时，轴上输出的机械功率（kW）。

（2）额定电压 U_N　指额定运行时，加在定子绕组出线端的线电压（V）。

（3）额定电流 I_N　指电动机在额定电压额定频率下，轴上输出额定功率时，输入定子绕组的线电流（A）。

三相异步电动机的额定功率与其他额定数据之间有如下关系式：

$$P_N = \sqrt{3}\, U_N I_N \cos\varphi_N \eta_N \tag{4-3}$$

式中　$\cos\varphi_N$——额定功率因数；

　　　η_N——额定效率。

（4）额定频率 f_N　表示电动机所接的交流电源的频率，我国电力网的频率（即工频）规定为 50Hz。

（5）额定转速 n_N　指电动机在额定电压、额定频率下，轴上输出额定机械功率时的转子转速（r/min）。

此外，铭牌上还标明绕组的联结法、绝缘等级及工作制等。对于绕线转子异步电动机，还标明转子绕组的额定电压（指定子加额定频率的额定电压而转子绕组开路时集电环间的电压）和转子的额定电流，以作为配用起动变阻器等的依据。

例 4-3　一台 YE3-160M2-2 三相异步电动机的额定数据如下：$P_N = 15\text{kW}$，$U_N = 380\text{V}$，$\cos\varphi_N = 0.89$，$\eta_N = 91.9\%$，定子绕组△联结。试求：该机的额定电流和对应的相电流。

解　该机的额定电流为

$$I_N = \frac{P_N}{\sqrt{3}\, U_N \cos\varphi_N \eta_N} = \frac{15000}{\sqrt{3} \times 380 \times 0.89 \times 0.919}\text{A} = 27.86\text{A}$$

相电流为

$$I_{N\varphi} = \frac{I_N}{\sqrt{3}} = \frac{27.86}{\sqrt{3}}\text{A} \approx 16.08\text{A}$$

从此题看，在数值上有 I_N（A）$\approx 2P_N$（P_N 单位用 kW），这也是额定电压为 380V 的电动机的一般规律。今后在实际中，可以对额定电流进行粗略估算，即每千瓦按 2A 电流估算。

五、三相异步电动机主要系列的发展简介

前面已介绍了三相异步电动机型号中的各量含义。每一种型号代表一种系列产品，同一

系列的电机结构、形状基本相似，零部件通用性很高，而且随功率按一定的比例递增。由于电机产品的系列化，这样便于对产品进行管理、设计、制造和使用。

我国统一设计和生产的三相异步电动机系列中，产量最大、使用最广的是 Y 打头的系列中小型电动机，已经历了 Y、Y2、Y3、YE2、YE3 的不断更新的系列。

Y 系列电动机（B 级绝缘、IP23 或 IP44 防护等级）是 20 世纪 70 年代末设计、80 年代开始替代 J2、JO2 系列电动机（E 级绝缘）的更新换代产品。而 Y2 系列是在 Y 系列的基础上更新设计的一般用途的异步电动机，产品达到 20 世纪 90 年代的先进水平，Y2 电动机起动转矩大、提高了绝缘等级（F 级绝缘、B 级考核），降低了噪声，振动小，防护等级提高为 IP54。Y3 系列电动机的特点是首次全系列采用了冷轧硅钢片，且 Y3 电机用铜用铁量都略低于 Y2 系列，在机座外形方面做了改进，散热筋的数量加多、加高；Y3 电机的冷却风扇也不同（无论尺寸和形状类型均不同）；能效方面 Y3 系列电机的效率标准等同于欧盟 IEFF2 标准等级，可以达到出口欧盟等级；此外 Y3 电机噪声限值比 Y2 系列低，防护等级提高为 IP55。IP 是国际防护的英文缩写，指外壳结构防护形式，IP 后面的第一个数字代表防固体等级，第二个数字代表防水等级，数字越大，代表防护能力越强。Y、Y2、Y3 其性能指标、规格参数和安装尺寸等完全符合国际电工委员会（IEC）标准，便于进出口产品的配套。

随着国家大力提倡生产制造业节能减耗的要求，从节约能源、保护环境出发，需要制造效率更高的电动机。所以高效电动机 YE2（YX3）系列是在 Y3 的基础上，由于结构、材料的提升，使电动机的效率提高了，达到 GB 18613—2002、2006 中小型三相异步电动机能效限定值及能效等级，2 级能效指标（GB18613 中能效等级分为 1、2、3 级，类似于家电能效等级，数字越小，能效越高），也符合当时欧洲的 IEFF2 的指标。超高效率电动机 YE3 系列又是在 YE2 的基础上，设计优化，采用高导磁低损耗冷轧无取向硅钢片，降低电磁能、热能和机械能，达到 GB 18613—2012 中的 2 级能效指标，而 YE2 系列在 2012 的标准中是 3 级能效了。

国内目前（Y、Y2）、Y3、高效 YE2 系列电动机仍在使用（理论上国家标准 GB 18613—2012、2020 规定：达不到 3 级能效标准的 Y、Y2 应是禁止再生产的，但市场上用户还是非常多的，故本书仍然介绍一下）。超高效率 YE3 系列电动机是我国中小型三相异步电动机高效节能的主打产品，目前 YE4 系列超超高效率三相异步电动也有设计、生产了，达到 1 级能效指标。但因 YE4 系列耗材多，价格贵，普及还需时间。

Y、Y2、Y3、YE2、YE3 等系列异步电动机的产品代号、名称、使用特点和场合见表 4-2。

表 4-2　常用 Y、Y2、Y3、YE2、YE3 等系列三相异步电动机的产品代号、名称、使用特点和场合

产品代号	名称	使用特点和场合
（Y、Y2）、Y3	中小型三相异步电动机	为一般用途笼型三相异步电动机，是基本系列。可用于起动性能、调速性能及转差率无特殊要求的机械设备，如金属切削、机床、水泵、运输机械、农用机械
YE2、YE3	高效率、超高效率三相异步电动机	电动机效率指标较基本系列平均递增提高 2% ~3%，适用于运行时间较长、负载率较高的场合，可较大幅度地节约电能
YD	变极多速三相异步电动机	电动机的转速可逐级调节，有双速、三速和四速三种类型，调节方法比较简单，适用于不要求平滑调速的升降机、车床切削等
YH	高转差率三相异步电动机	较高的起动转矩，较小的起动电流，转差率高，机械特性软。适用于具有冲击性负载起动及逆转较频繁的机械设备，如剪床、冲床、锻冶机械等

（续）

产品代号	名称	使用特点和场合
YB	隔爆型三相异步电动机	电动机结构有隔爆措施，可用于燃性气体（如瓦斯和煤尘）或蒸气与空气形成的爆炸混合物的化工、煤矿等易燃易爆场所
YCT	电磁调速三相异步电动机	由普通笼型电动机、电磁转差离合器组成，用晶闸管可控直流进行无级调速，具有结构简单、控制功率小、调速范围较广等特点，转速变化率精度可达小于3%，适用于纺织、化工、造纸、水泥等恒转矩和通风机型负载
YR	绕线转子三相异步电动机	能在转子回路中串入电阻，减小起动电流，增大起动转矩；并能进行调速，适用于对起动转矩要求高及需要小范围调速的传动装置上
YZ YZR	起重冶金三相异步电动机	适用于冶金辅助设备及起动重机电力传动用的动力设备，电动机为断续工作制，基准工作制为 S3、40%。YZ、YZR 分别是笼型和绕线转子型

其他的派生和专用系列，可查阅电机手册。

小 结

三相异步电动机的工作原理有两点：第一是气隙中有旋转磁场存在，它的形成是由三相对称交流电流通入三相对称定子绕组而产生的，其转速称同步转速 n_1（$n_1 = 60f/p$），其转向由绕组的空间排列和电流的相序决定，即永远由电流超前相的相轴转向电流滞后相的相轴；第二是转子绕组中有感应电流存在，这首先转子导条与旋转磁场之间要有相对运动，才能在转子绕组中感应电动势，由于转子绕组是闭合回路，才能产生电流，进而产生电磁转矩。因此异步电动机的转速始终小于同步转速，其转差率为 $s = (n_1 - n)/n_1$，且电动状态 $0 < s < 1$。

三相异步电动机由定子和转子两大部分组成。其中，定、转子的铁心均由 0.5mm 的硅钢片叠压而成。三相定子绕组按一定规律对称放置在定子铁心槽内，再根据电动机的额定电压和电源的额定电压连接成Y或△。转子绕组有笼型和绕线转子两种，笼型转子铁心槽中的导条与槽外的端环自成闭合回路；绕线转子铁心中放置三相绕组，连接成Y后，可经集电环和电刷引至外电路的变阻器上，帮助起动和调速。

第二节 三相异步电动机的定子绕组和感应电动势

一、交流绕组的基本知识

从三相异步电动机的工作原理可知，定子三相绕组是建立旋转磁场，进行能量转换的核心部件。为了便于读者在实际中对三相异步电动机定子绕组进行嵌线，需掌握绕组的排列和连接规律，先介绍有关交流绕组的一些基本知识与术语。

1. 交流绕组的基本术语

（1）线圈 线圈是由单匝或多匝串联而成，是组成交流绕组的基本单元。每个线圈放在铁心槽内的直线部分称为有效边，槽外部分称为端部，如图 4-10 所示。

（2）极距τ 每个磁极沿定子铁心内圆所占的范围称为极距。极距τ可用磁极所占范围的长度或定子槽数z_1或电角度表示：

$$\tau = \frac{\pi D}{2p} \quad \text{或} \tau = \frac{z_1}{2p} \quad \text{或} \tau = \frac{p \times 360°}{2p} = 180°$$

式中 D——定子铁心内径；

z_1——定子铁心槽数。

（3）节距y 一个线圈的两个有效边所跨定子内圆上的距离称为节距。一般节距y用槽数表示。当$y = \tau = z_1/(2p)$时，称为整距绕组；当$y < \tau$时，称为短距绕组；当$y > \tau$时，称为长距绕组。长距绕组端部较长，费铜料，故较少采用。

（4）槽距角α 相邻两槽之间的电角度称为槽距角，槽距角α用下式表示：

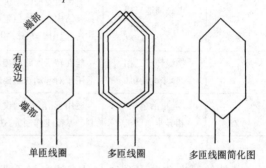

图 4-10 交流绕组的线圈示意图

$$\alpha = \frac{p \times 360°}{z_1}$$

槽距角α的大小即表示了两相邻槽的空间电角度，也反映了两相邻槽中导体感应电动势在时间上的相位移。

（5）每极每相槽数q 每一个极下每相所占有的槽数称为每极每相槽数，以q表示：

$$q = \frac{z_1}{2m_1 p}$$

式中 m_1——定子绕组的相数。

（6）相带 每个极距内属于同相的槽所占有的区域，称为相带。一个极距占有180°空间电角度，由于三相绕组均分，每等分为60°空间电角度，称为60°相带。可见$q\alpha = 60°$，按60°相带排列的三相对称绕组称为60°相带绕组，如图4-11所示。其中图 a 和图 b 分别对应两极和4极的60°相带。

2. 对交流绕组的基本要求

1）交流绕组通过电流之后，必须形成规定的磁场极对数。这由正确的线圈节距及线圈间的联线来确定。

2）三相绕组在空间布置上必须对称，以保证三相磁通势及电动势对称。

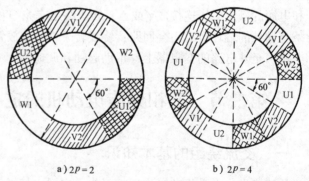

a）2p=2   b）2p=4

图 4-11 60°相带绕组

这不仅要求每相绕组的匝数、线径及在圆周上的分布情况相同，而且要求三相绕组的轴线空间互差120°电角度，因此 1 对磁极范围内 6 个相带的顺序为 U1、W2、V1、U2、W1、V2。

3）交流绕组通过电流所建立的磁场在空间的分布应尽量为正弦分布；且旋转磁场在交流绕组中的感应电动势必须随时间按正弦规律变化。为此，必须采用分布绕组，最好还采用短距绕组。

4）在一定的导体数之下，建立的磁场最强而且感应电动势最大。为此，线圈的节距 y 尽可能接近极距 τ。

5）用铜量少、嵌线方便、绝缘性能好、机械强度高、散热条件好。

二、三相单层绕组

单层绕组在每一个槽内只安放 1 个线圈边，所以三相绕组的总线圈数等于槽数的一半。若学生实训期间，要求对三相异步电动机的定子绕组进行嵌线，现以 $z_1 = 24$，要求绕成 $2p = 4$、$m_1 = 3$ 的单层绕组为例，说明三相单层绕组的排列和联结的规律，并选择最佳绕组形式。

1. 计算绕组数据

$$\tau = \frac{z_1}{2p} = \frac{24}{4} = 6$$

$$q = \frac{z_1}{2m_1 p} = \frac{24}{2 \times 3 \times 2} = 2$$

2. 划分相带

在图 4-11a 的平面上画 24 根垂直线表示定子 $z_1 = 24$ 个槽和槽中的线圈边，并且按 1、2、…顺序编号。

据 $q = 2$ 即相邻 2 个槽组成一个相带，二对极共有 12 个相带。每对极按 U1、W2、V1、U2、W1、V2 顺序给相带命名，如表 4-3 所示。由表可知，划分相带实际上是给定子上每个槽划分相属。如属于 U 相绕组的槽号有 1、2、7、8、13、14、19、20 这 8 个槽。

表 4-3　槽号与相带对照表

极对数	相带					
	U1	W2	V1	U2	W1	V2
	槽号					
第一对极	1、2	3、4	5、6	7、8	9、10	11、12
第二对极	13、14	15、16	17、18	19、20	21、22	23、24

3. 画绕组展开图

先画 U 相绕组。如图 4-12a 所示，从同属于 U 相槽的 1 号槽开始，根据 $y = \tau = 6$，把 1 号槽的线圈边和 7 号槽的线圈边组成一个线圈，2 号槽的线圈边和 8 号槽的线圈边组成一个线圈，把这同一极下相邻的 $q = 2$ 的两个线圈串联成一个 U 11-U 22线圈组（又称极相组）。同理，13、19 和 14、20 槽中的线圈边分别组成线圈后再串联也组成一个 U 13-U 24线圈组。

可见，此例的 U 相绕组有等于极对数的 2 个线圈组。由此推知，单层绕组每相共有 p 个线圈组。这 p 个线圈组所处的磁极位置完全相同，它们可以串联也可以并联。串并联的原则是：同一相的相邻极下的线圈边电流应反相，以形成规定的磁场极数。如图 4-12a 所示的是 $p = 2$ 个线圈组串联的情况，即并联支路数 $a = 1$；可见，单层绕组的每相最大并联支路数 $a_{\max} = p$。

4. 单层绕组的改进

图 4-12a 所示的绕组是一分布（$q > 1$）整距（$y = \tau$）的等元件绕组，称之为单层整距叠绕组。为了缩短端部连线，节省用铜或者便于嵌线、散热，在实际的应用中，单层绕组常采用以下几种改进的形式。

（1）链式绕组　以上例 U 相绕组为例。保持图 4-12a 中 U 相绕组的各线圈边槽号及其电流方向不变，仅将各线圈端部按照图 4-12b 所示的规律 $y = \tau - 1 = 5$ 连接起来。而各线圈之间的联线仍按同一相的相邻极的线圈边电流应反相的原则，联成一路串联（$a = 1$），其规律是线圈的"尾联尾，头联头"。我们视一相绕组之形状，称之为链式绕组。显然，由于 U 相所属的槽号未变，图 4-12b 所示的 U 相绕组所产生的磁场和感应电动势跟图 4-12a 相同。所以从电磁观点来看，图 4-12b 的链式绕组与图 4-12a 的单层整距叠绕组是等效的。链式绕组不仅仍为等元件，而且每个线圈跨距小、端部短，可以省铜，还有，$q = 2$ 的两个线圈各朝两边翻，散热好。可见，这是 $q = 2$ 绕组的最佳形式。

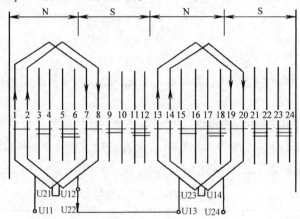

a）整距叠绕组

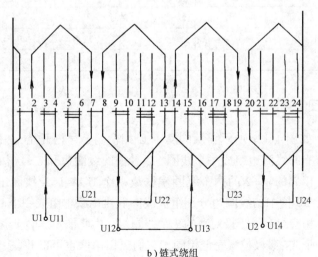

b）链式绕组

图 4-12　三相单层（$q = 2$）U 相绕组展开图

对于三相绕组，仿上可以画出分别与 U 相相差 120° 的 V 相（从 6 号槽开始）、相差 240° 的 W 相（从 10 号槽开始）的绕组展开图，从而得到三相对称绕组 U1U2、V1V2、W1W2，如图 4-13 所示。然后根据铭牌要求，将引线至接线盒上联结成Y或△。注意在实际嵌线中，三相绕组并不是一相相分开嵌线，而是三相连续的轮换嵌线而构成三相绕组。

（2）交叉式绕组 设 $q = 3$（如 $z_1 = 36$、$2p = 4$、$m_1 = 3$），我们同样可以从如图 4-14a 所示的单层整距叠绕组形式转化成如图 4-14b 所示的形式。其联结规律是把 $q = 3$ 的 3 个线圈分成 $y = \tau - 1$ 的两个大线圈和 $y = \tau - 2$ 的一个小线圈各朝两面翻，因此一相绕组就按"两大一小"顺序交错排列，故称之为交叉式绕组。同上分析，从电磁观点看，交叉式绕组与单层整距叠绕组是等效的，但前者比后者的端部联线要短，省铜线、散热好，因此，$p \geqslant 2$、$q = 3$ 的单层绕组常采用交叉式绕组。

（3）同心式绕组 设 $q = 4$（如 $z_1 = 24$、$2p = 2$、$m_1 = 3$），同样可以从图 4-15a 所示的单层整距叠绕组形式转化成如图 4-15b 所示的形式。图 4-15b 所示的线圈轴线重合，故称之为同心式绕组。在 $p = 1$ 时，同心式绕组嵌线较方便。因此，$p = 1$ 的单层绕组常采用同心式绕组。

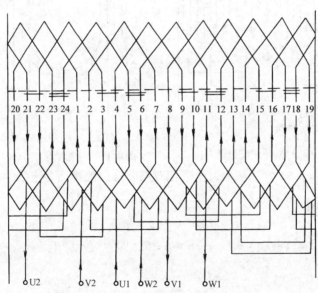

图 4-13 三相单层链式绕组展开图

单层绕组的优点是每槽只有一个线圈边，嵌线方便、槽利用率高，而且链式或交叉式绕组的线圈端部也较短，可以省铜。但是，它们都是从单层整距叠绕组演变而来的。所以从电磁观点来看，其等效节距仍然是整距的，不可能用绕组的短距来改善感应电动势及磁场的波形（后述）。因而其电磁性能较差，一般只能适用于中心高 160mm 以下的小型异步电动机。

三、三相双层绕组

双层绕组在每个槽内要安放两个不同线圈的线圈边。某线圈的一个有效边放在某槽的上层，其另一个有效边则放在相距 $y \approx \tau$ 的另一个槽的下层。所以三相绕组的总线圈数正好等于槽数。采用双层绕组的目的，就是为了选择合适的短距，从而改善电磁性能。现以 $z_1 =$

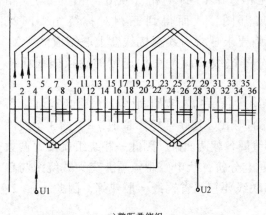

a）整距叠绕组

a）整距叠绕组

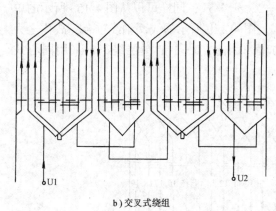

b）交叉式绕组

b）同心式绕组

图 4-14　三相单层（$q=3$）U 相绕组展开图　　　图 4-15　三相单层（$q=4$）U 相绕组展开图

24、$2p=4$、$m_1=3$、$y=5\tau/6$ 为例，讨论三相双层叠绕组的排列和连接的规律。

1. 计算绕组数据

$\tau=24/4=6$　　$q=24/(3\times4)=2$　　$y=5\tau/6=5$，即为短距绕组。

2. 划分相带

画 24 对虚实线代表 24 个槽中的 24 对有效边（实线代表上层边，虚线代表下层边），并按顺序编号；根据每个相带有 $q=2$ 个槽来划分，两对极共得到 12 个相带，同表 4-3 所列。

必须指出，对于双层绕组，每槽的上、下层线圈边，可能属于同一相的两个不同线圈，也可能属于不同相的。所以表 4-3 所给出的相带划分并非表示每个槽的相属，而是每个槽的上层边相属关系，即划分的相带是对上层边而言。例如，1、2 号槽是属于 U_1 相带的，仅表示 1、2 号槽的上层边属于 U 相绕组，而 1、2 号槽的下层边则不一定属于 U 相绕组，至于 1、2 号槽上层边对应的下层边放在哪一个槽的下层，则由节距 y 来决定，与表 4-3 的相带划分无关。由表 4-3 可知，属于 U 相绕组的上层边槽号是 1、2；7、8；13、14；19、20。

3. 画绕组展开图

先画 U 相绕组。如图 4-16 所示，从 1、2 号槽的上层边（用实线表示）开始，根据 $y = 5$ 槽，可知组成对应线圈的另一边分别在 6、7 号槽的下层（用虚线表示），将此属于同一个 U 相的相邻的 $q = 2$ 个线圈串联起来组成一个线圈组 U11U21；由图 4-16 可见，7、8 号槽的上层边与对应的 12、13 号槽的下层边也串联成属于 U 相的另一个线圈组为 U12U22；同理，由 13、14 槽的上层边与对应的 18、19 槽的下层边；19、20 槽的上层边与对应的 24、1 号槽的下层边可得 U 相的另两个线圈组为 U13U23 和 U14U24，此例两对极电机的每相共有 4 个线圈组。由此可知，双层叠绕组每相共有 $2p$ 个线圈组。

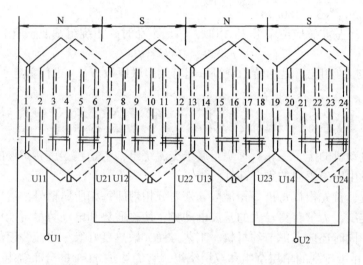

图 4-16　三相双层短距叠绕组 U 相绕组展开图

此例的四个线圈组完全对称，可并可串。串并联的原则仍然是：同一相的相邻极下的线圈边电流应反相，以形成规定的磁场极数。若全部串联起来，可得每相串联支路数 $a = 1$，如图 4-16 所示；若全部并联，可得每相最大并联支路数；$a_{max} = 2p = 4$；当然也可以两串后再两并而得每相有 $a = 2$ 条支路并联。

仿上可画出 V、W 相绕组展开图，然后再连接成丫或△而得到三相对称的双层叠绕组。

四、异步电动机的感应电动势

异步电动机气隙中的磁场旋转时，定子绕组相对切割该磁场，在定子绕组中将感应电动势。根据推导，定子绕组每相的基波感应电动势公式如下：

$$E_1 = 4.44 f N_1 k_{N1} \Phi_1 \tag{4-4}$$

式中　Φ_1——每极基波磁通（Wb）；

　　　f——电源频率（Hz）；

　　　N_1——定子绕组每相串联匝数；

　　　k_{N1}——基波绕组因数，它反映了绕组采用分布、短距后，基波电动势应打的折扣，一般此折扣为大于 0.9 而小于 1。

虽然异步电动机绕组采用分布、短距后，基波电动势有微小损失，但是可以证明，由于磁场非正弦引起的高次谐波电动势将大大削弱，使电动势波形接近于正弦波，这将有利于电动机正常运行。因为高次谐波电动势产生高次谐波电流，增加了附加损耗，对电动机的效率、温升以致起动性能都会产生不良影响；高次谐波还会增大电动机的电磁噪声和振动。

例4-4 一台三相4极异步电动机，$P_N = 7.5\text{kW}$，$U_N = 380\text{V}$，$f_N = 50\text{Hz}$，定子绕组采用双层短距分布绕组，每相串联匝数 $N_1 = 120$ 匝，丫联结，基波绕组因数 $k_{N1} = 0.933$，每极基波磁通量 $\Phi_1 = 0.0082\text{Wb}$，定子每相基波电动势是多少？

解 每相基波电动势
$$E_1 = 4.44 f_1 \Phi_1 k_{N1} N_1 = 4.44 \times 50 \times 0.008 \times 0.933 \times 116\text{V} = 192.21\text{V}$$
占额定电压的比例

$\because$ 丫接法 $\therefore$ $\dfrac{E_1}{U_N / \sqrt{3}} = \dfrac{192.21}{380 / \sqrt{3}} = 87.61\%$

与定子相绕组基波感应电动势 E_1 相似，转子不动时的相绕组基波感应电动势 E_2 为
$$E_2 = 4.44 f N_2 k_{N2} \Phi_1 \tag{4-5}$$
可见，E_2 与 E_1 相比，是用转子绕组每相有效串联匝数 $N_2 k_{N2}$ 去代替定子的 $N_1 k_{N1}$。

小 结

三相异步电动机的定子三相对称绕组属于交流绕组，它是建立旋转磁场的首要条件，同时也是电动机发生电磁感应的重要部件。

绕组的构成，首先根据每极每相槽数 q 来划分相带即每相所属槽号，然后根据绕组的形式和节距进行连线，力求获得较大的基波电动势，使磁通势和电动势尽可能接近正弦波，并保证三相对称，同时还应考虑节约材料、工艺方便、散热良好等。交流绕组的形式很多，最常见的是按 $60°$ 相带排列的单层绕组和双层绕组，它们均是 $q > 1$ 的分布绕组。

单层绕组是每槽放置一个线圈边，三相绕组的线圈总数为 $z_1/2$。实践中一般采用链式绕组（$q = 2$，$p \geq 2$）、交叉式绕组（$q = 3$，$p \geq 2$）和同心式绕组（$p = 1$）。它们嵌线方便，端部省铜，工艺简单，但在电磁本质上均等效为整距绕组，电磁性能较差，一般用于中心高 160mm 及以下的异步电动机中。

双层绕组是每槽放置不同线圈的两个线圈边，三相绕组的线圈总数为 z_1。通常采用双层短距叠绕组以更有效地削弱高次谐波电动势，改善电磁性能，但它嵌线工艺较复杂，一般用于中心高 160mm 以上的异步电动机中。

三相异步电动机的定子绕组每相的基波感应电动势公式：$E_1 = 4.44 f N_1 k_{N1} \Phi_1$ 与变压器的一次绕组感应电动势公式 $E_1 = 4.44 f N_1 \Phi_1$ 形式上相似，这说明尽管电动机是旋转磁场，变压器是脉振磁场，但本质都是交链绕组的磁链随时间作正弦变化而在绕组中感应电动势的。但是两公式是有所不同的，前者多了一个基波绕组因数 k_{N1}，说明变压器的绕组是集中整距的，故 $k_{N1} = 1$；异步电动机的绕组是分布短距的，其 $k_{N1} < 1$，它是以基波电动势略有减小为代价使高次谐波大为削弱，进而使气隙磁通势和感应电动势尽可能接近正弦波。

第三节　三相异步电动机的空载运行

本节起将对三相异步电动机运行进行电磁分析，分析的方法是与变压器相似的。这是因

为变压器的一、二次电路，异步电动机的定、转子电路都是通过磁耦合而联系的，它们的基本电磁关系是相似的。不过，异步电动机有它自己的特点。如异步电动机的主磁路有空气隙存在，磁场是旋转的；定子绕组为分布、短距绕组；异步电动机的转子是转动的，输出机械功率。所以异步电动机在沿用变压器的分析方法时，要注意与变压器的不同之处。今后定、转子各物理量的下标分别用"1"和"2"表示，如定子电流 I_1、转子电流 I_2；定子电动势、电流的频率 f_1（以前用 f 表示），转子电动势、电流的频率 f_2 等。并规定各物理量的正方向按变压器惯例，由于电动机正常运行时三相是对称的，各物理量的数值均指一相而言。

异步电动机在正常工作时总是要带机械负载运行的，但一些电磁关系在空载时就存在，对空载运行的分析将有助于理解负载时的电磁过程。

一、空载运行时的电磁关系

异步电动机的定子绕组接入三相电源，电动机轴上不带机械负载，即输出机械功率为零，这就是异步电动机的空载状态。此时，气隙中以 n_1 旋转的磁通势 F_0 由定子三相空载电流 I_0 产生，根据作用不同，可将由 F_0 产生的旋转磁场的磁通分成主磁通和漏磁通两部分，如图4-17所示。

图中大部分磁通经空气隙与定子绕组、转子绕组相链，是主磁通，用 Φ_1 表示，它在定、转子绕组中分别产生感应电动势 $\dot{E}_1$ 和 $\dot{E}_2$；另一小部分磁通仅与定子绕组相链，是定子绕组的漏磁通，用 $\Phi_{1\sigma}$ 表示，它只在定子绕组中引起漏抗电动势

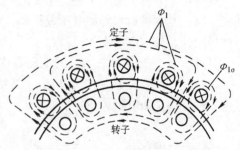

图4-17　电动机的主磁通与漏磁通示意图

$E_{1\sigma}$。另外还有电流流过定子绕组产生绕组压降 $I_0 r_1$。上述的电磁关系可归纳为如下：

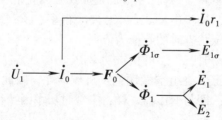

二、空载运行时的基本方程式

当三相异步电动机空载运行时，产生的电磁转矩仅需克服空载制动转矩 T_0。而 T_0 通常很小，这时转子转速 n 接近定子旋转磁场的转速 n_1，转差率 s 很小，即转子绕组和旋转磁场之间的相对运动很小，使转子电动势很小，转子电流 $I_2 \approx 0$，所以与变压器空载时的 $I_2 = 0$ 是十分相似的。

按本节开始的约定，把式（4-4）中的 f 加下标成 f_1，可得到定子绕组的电动势为：

$$\dot{E}_1 = -\mathrm{j}4.44 f_1 k_{N1} N_1 \dot{\Phi}_1 \tag{4-6}$$

同理：定子漏电动势为 $\dot{E}_{1\sigma} = -\mathrm{j}4.44 f_1 k_{N1} N_1 \dot{\Phi}_{1\sigma} = -\mathrm{j}\dot{I}_0 X_1$

式中　X_1——定子每相漏电抗，$X_1 = 2\pi f_1 L_1$。

仿照变压器空载时的分析，可得定子电动势平衡关系为：

$$\dot{U}_1 = -\dot{E}_1 + \dot{I}_0 r_1 + j\dot{I}_0 X_1 = -\dot{E}_1 + \dot{I}_0(r_1 + jX_1)$$
$$= -\dot{E}_1 + \dot{I}_0 Z_1 \tag{4-7}$$

式中　Z_1——定子绕组的每相漏阻抗，$Z_1 = r_1 + jX_1$。

由于异步电动机有空气隙存在，它的空载电流比变压器的空载电流大得多。在大、中容量的异步电动机中，I_0 占额定电流的 20% ~ 35%；在小容量的电动机中，则占 35% ~ 50%，甚至占 60%。因此在空载时，异步电动机的漏抗压降占额定电压的 2% ~ 5%，而变压器的漏抗压降不超过 0.5%。虽然如此，在异步电动机正常工作时，还是主磁通 Φ_1 和电动势 E_1 占主要成分。所以，仍可近似地认为

$$\dot{U}_1 \approx -\dot{E}_1 \quad 或 \quad U_1 \approx E_1 = 4.44 f_1 k_{N1} N_1 \Phi_1 \tag{4-8}$$

通过以上分析，说明了一个重要的概念，在电源频率不变的情况下，对已造好的异步电动机而言，其主磁通与外加电压成正比，即主磁通的大小基本上由外加电压的大小决定。所以频率不变，外加电压 U_1 一定时，主磁通基本上是常量，这一点与变压器一样。

另外，与变压器一样，$\dot{E}_1$ 的电磁表达式可引入励磁参数 Z_m 而转化为阻抗压降形式，即

$$\dot{E}_1 = -j4.44 f_1 k_{N1} N_1 \dot{\Phi}_1 = -\dot{I}_0(r_m + jX_m) = -\dot{I}_0 Z_m \tag{4-9}$$

式中　r_m——励磁电阻；
　　　X_m——励磁电抗；
　　　Z_m——励磁阻抗，$Z_m = r_m + jX_m$。

r_m 是表征异步电动机铁心损耗的等效电阻，而异步电动机的铁心损耗主要是由于正弦波旋转磁场对静止定子的相对运动，使定子铁心感应电动势而产生涡流损耗，同时定子铁心在旋转磁场中反复磁化而产生磁滞损耗；X_m 是表征铁心磁化能力的一个参数，因气隙的存在，与同容量的变压器相比，异步电动机的 X_m 要小得多；Z_m 不是一个常数，随铁心饱和程度增加而减小，一般取额定状态时的数值为依据。

由于异步电动机空载运动时，输出的机械功率 $P_2 = 0$，只需从电网吸取很少的有功功率来平衡电动机的铁心损耗、定子绕组空载铜耗及机械损耗，因此空载电流 I_0 主要成分是建立旋转磁场的感性无功电流，即与变压器一样，空载时功率因数很低，一般 $\cos\varphi_0 < 0.2$。

小　结

由于异步电动机的定子侧、变压器的一次侧接电源，从而交流励磁产生主磁通；而转子、二次侧的电动势和电流都是电磁感应产生的。当外加电压和频率一定时，异步电动机和变压器的主磁通都基本恒定不变，与负载大小无关，因此它们有相似的电磁关系。

异步电动机空载时，$I_2 \approx 0$，相似于变压器的空载运行。故电动势平衡方程式、等效电路（只含定子电路）和相量图都与变压器空载运行时的相似，定性分析及结论也都相似。

第四节　三相异步电动机的负载运行

本节将进一步分析三相异步电动机带上机械负载后的各种电磁物理现象。当异步电动机

从空载到负载瞬时，由于轴上机械负载转矩的突然增加，原空载时的电磁转矩无法平衡负载转矩，电动机开始降速，旋转磁场与转子之间的相对运动加大，转子感应电动势增加，转子电流和电磁转矩增加，当电磁转矩增加到与负载转矩和空载制动转矩相平衡时，电动机就以低于空载时的转速而稳定运行。

可见，当负载转矩改变时，转子转速 n 或转差率 s 随之变化，而 s 的变化引起了电动机内部许多物理量的变化。

一、转子各物理量与 s 的关系

1. 转子绕组感应电动势及电流的频率 f_2

当旋转磁场以相对转速 $(n_1 - n)$ 切割转子绕组时，绕组内感应电动势的频率为

$$f_2 = \frac{p(n_1 - n)}{60} = \frac{pn_1}{60} \frac{n_1 - n}{n_1} = f_1 s \tag{4-10}$$

上式表明：转子电动势的频率 f_2 与转差率 s 成正比。这是异步电动机运行时转子电路的一个重要特点。正因为如此，转子电路和变压器的二次绕组电路才有不同的规律。转差率 s 是异步电动机中的一个重要变化量。当转子不动时，$n = 0$，$s = 1$，$f_2 = f_1$，此时转子电动势的频率达到最大；当转速升高，s 减小，f_2 也随之减小；达到额定转速时，由于 $s_N = 0.015 \sim 0.05$。所以 $f_{2N} = (0.015 \sim 0.05) \times 50\text{Hz} \approx 1 \sim 3\text{Hz}$。由于转子电路的频率随 s 而变化，便引起转子电路中与 s 有关的各物理量都随之变化。

2. 转子旋转时转子绕组的电动势 E_{2s}

由于在转子绕组中产生的感应电动势的频率为 f_2，因此，转子转动时的电动势为

$$E_{2s} = 4.44 f_2 k_{N2} N_2 \Phi_1 = 4.44 s f_1 k_{N2} N_2 \Phi_1 = s E_2 \tag{4-11}$$

上式表明：转子电动势的大小与转差率成正比。当转子不动时，$s = 1$，$E_{2s} = E_2$，转子电动势达到最大，即转子静止时的电动势；当转子转动时，E_{2s} 随 s 的减小而减小。

3. 转子电抗 X_{2s}

转子电抗是由转子漏磁通所引起的，其作用和定子电抗一样，在转子绕组中产生漏抗压降。转子转动时有

$$X_{2s} = 2\pi f_2 L_2 = 2\pi f_1 s L_2 = s X_2 \tag{4-12}$$

式中　L_2——转子绕组的每相漏电感；

　　X_2——转子静止时的每相漏电抗，$X_2 = 2\pi f_1 L_2$。

上式表明：转子电抗的大小与转差率成正比。当转子不动时，$s = 1$，$X_{2s} = X_2$，转子电抗达到最大，即转子静止时的电抗 X_2；当转子转动时，X_{2s} 随 s 的减小而减小。

4. 转子电流 I_{2s}

由于转子电动势和转子漏抗都随 s 而变，并考虑转子绕组电阻 r_2，故转子电流 I_{2s} 也与 s

有关，即

$$I_{2s} = \frac{E_{2s}}{\sqrt{r_2^2 + X_{2s}^2}} = \frac{sE_2}{\sqrt{r_2^2 + (sX_2)^2}} \qquad (4\text{-}13)$$

上式说明了转子电流随 s 的增大而增大。当电动机起动瞬间，$s=1$ 为最大，转子电流也为最大；当转子旋转时，s 减小，转子电流也随之减小。

5. 转子的旋转磁通势 F_2

当转子绕组是绕线型时，它的相数、极数都与定子绕组相同，定子旋转磁场在绕线转子绕组中感应产生的电动势是互差 $120°$ 电角度的对称三相电动势，因而电流也是互差 $120°$ 电角度的对称三相电流，因此与定子电流一样要建立旋转磁通势，即建立一个相对转子本身是旋转的磁通势 F_2。由于转子电流的频率 $f_2 = sf_1$，故 F_2 相对于转子的转速为 $60f_2/p = 60sf_1/p = sn_1$。又因转子本身以转速 n 旋转，所以 F_2 的空间转速即相对定子的转速为

$$sn_1 + n = \frac{n_1 - n}{n_1}n_1 + n = n_1 \qquad (4\text{-}14)$$

可见，不论转子自身的转速如何变化，由转子电流所建立的旋转磁通势与定子电流所建立的旋转磁通势以同样大小的转速，向同一方向旋转，故转子磁通势与定子磁通势之间没有相对运动，它们在空间相对静止。此结论同样适用于笼型异步电动机。这是三相交流电动机能正常运行的必备条件之一。

注意： 转子转动时，在上面的分析中 f_2、E_{2s}、X_{2s}、I_{2s} 均是转差率 s 的函数，而转子绕组的磁通势 F_2 的转速 n_1 却是一个与 s 无关的量。

二、负载运行时的基本方程式

1. 磁通势平衡方程式

当异步电动机空载运行时，主磁通是由定子绕组的空载磁通势 F_0 单独产生的；异步电动机负载运行时，气隙中的合成旋转磁场的主磁通，是由定子绕组磁通势 F_1 和转子绕组磁通势 F_2 共同产生的，这一点和变压器相似。从前面的分析可知，当外加电压和频率不变时，主磁通近似为一常量。因此，空载时产生主磁通的磁通势 F_0 与负载时产生主磁通的磁通势 $F_1 + F_2$ 应相等。即

$$F_1 + F_2 = F_0$$

或 $$F_1 = F_0 + (-F_2) \qquad (4\text{-}15)$$

根据楞次定律，负载时主磁通感应产生的转子电流及建立的转子磁通势总是企图削弱主磁通的。因此定子电流从空载时的 I_0 增加到 I_1，建立的磁通势 F_1 有两个分量：一个是励磁分量 F_0 用来产生主磁通；另一个是负载分量（$-F_2$）用来抵消转子磁通势 F_2 的去磁作用，以保证主磁通基本不变。所以异步电动机就是通过磁通势平衡关系，使电路上无直接联系的定、转子电流有了关联，当负载转矩增加时，转速降低，转子电流增大，电磁转矩增大到与负载转矩平衡，同时定子电流增大，经过这一系列的自动调整后，进入新的平衡状态。

2. 电动势平衡方程式

异步电动机负载时的定、转子电路与变压器一、二次电路不同的是：转子电路的频率为 f_2，且转子电路自成闭路，对外输出电压为零，如图 4-18 所示。

由以上电路图可列出定子电路的电动势平衡方程式

$$\dot{U}_1 = -\dot{E}_1 + \dot{I}_1 r_1 + \mathrm{j}\dot{I}_1 X_1 = -\dot{E}_1 + \dot{I}_1(r_1 + \mathrm{j}X_1) = -\dot{E}_1 + \dot{I}_1 Z_1 \tag{4-16}$$

转子电路的电动势平衡方程式

$$\dot{E}_{2s} = \dot{I}_{2s}(r_2 + \mathrm{j}X_{2s}) = \dot{I}_{2s} Z_{2s} \tag{4-17}$$

式中　Z_{2s}——转子绕组在转差率为 s 时的漏阻抗，$Z_{2s} = r_2 + \mathrm{j}X_{2s}$。

我们现在已可用上述负载运行时的基本方程式来分析或计算异步电动机的运行问题，但是我们希望有一个更为方便的等效电路来进一步分析异步电动机的运行特性。

三、负载运行时的等效电路

图 4-18 所示的三相异步电动机电路固定、转子电路的频率不同，要推导像变压器那样的 T 形等效电路，则必须进行两次折算：频率折算、绕组折算。从磁通势平衡关系可知，转子对定子的影响是通过转子磁通势来实现的。所以这两种折算的原则和变压器一样，即折算前后 F_2 不变以保证磁通势平衡关系不变及各种功率不变。现分别讨论如下：

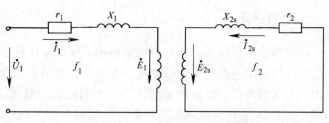

图 4-18　异步电动机的定、转子电路

1. 频率折算

将频率为 f_2 的旋转转子电路折算为与定子频率 f_1 相同的等效静止转子电路，称为频率折算；上节已讨论过，转子静止不动时，$s = 1$，$f_2 = f_1$。因此，只要将实际上转动的转子电路折算为静止不动的等效转子电路，便可达到频率折算的目的。为此，将下式实际运行的转子电流

$$\dot{I}_{2s} = \frac{\dot{E}_{2s}}{r_2 + \mathrm{j}X_{2s}} \tag{4-18}$$

分子和分母同除以转差率 s，则得

$$\dot{I}_2 = \frac{\dot{E}_2}{\dfrac{r_2}{s} + \mathrm{j}X_2} = \frac{\dot{E}_2}{\left(r_2 + \dfrac{1-s}{s}r_2\right) + \mathrm{j}X_2} \tag{4-19}$$

以上两式的电流的数值仍是相等的，但是两式的物理意义是不同的。式（4-18）中，实

际转子电流 $\dot{I}_{2s}$ 的频率为 f_2。式(4-19)中， $\dot{I}_2$ 为等效静止的转子所具有的电流，其频率为 f_1。前者为转子转动时的实际情况，后者为转子静止不动时的等效情况。由于频率折算前后，转子电流的数值未变，所以 F_2 的大小未变；同时 F_2 的转速是同步速，与转子转速无关。所以从式(4-18)至式(4-19)的频率折算的确保证了 F_2 的不变。

为了便于和变压器相对照，将等效转子电路中的等效电阻 r_2/s 分解为两项，即： r_2 和 $r_2(1-s)/s$。第一项的 r_2 为转子绕组的实际电阻，第二项的 $r_2(1-s)/s$ 称为模拟电阻，它与转差率 s 有关，故又称为等效负载电阻。图4-19为频率折算后的定、转子电路，其频率都为 f_1。图

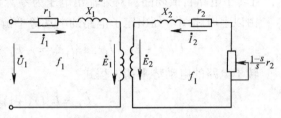

图4-19 频率折算后的异步电动机等效电路

中，等效负载电阻 $r_2(1-s)/s$ 上消耗的电功率为 $I_2^2 r_2(1-s)/s$，则整个转子绕组的 m_2 相等效负载电阻上的电功率，实际上就相当于电动机轴上产生的总机械功率 P_m，即

$$P_m = m_2 I_2^2 \frac{1-s}{s} r_2 \tag{4-20}$$

2. 绕组折算

进行频率折算以后，虽然已将旋转的异步电动机转子电路转化为等效的静止电路，但还不能直接将转子电路与定子电路连接起来，还要像变压器那样，进行绕组折算。异步电动机绕组比变压器复杂，特别是笼型转子绕组的相数、每相串联匝数和绕组因数都和定子绕组不同。所以异步电动机的绕组折算，就是用与定子绕组一样的 m_1、 N_1 和 K_{N1} 参数的等效转子绕组代替原来的 m_2、 N_2 及 K_{N2} 参数的转子绕组。为了区别起见，将折算过的各量均加一撇。

根据折算前后磁通势 F_2 不变和各种功率不变的原则，经折算（过程略）可得：

$$\begin{aligned}
I_2' &= \frac{1}{k_i} I_2 \\
E_2' &= k_e E_2 = E_1 \\
r_2' &= k_e k_i r_2 \\
X_2' &= k_e k_i X_2 \\
Z_2' &= k_e k_i Z_2
\end{aligned} \tag{4-21}$$

式中　k_i——电流比， $k_i = m_1 N_1 k_{N1}/(m_2 N_2 k_{N2})$；

　　　k_e——电动势比、电压比， $k_e = N_1 k_{N1}/(N_2 k_{N2})$。

由上可见，转子电路向定子电路进行绕组折算的规律是：单位为 A 的折算量等于折算前的量除以电流比 k_i；单位为 V 的折算量等于折算前的量乘以电压比 k_e；单位为 Ω 的折算量等于折算前的量乘以电压比 k_e 与电流比 k_i 之积。

3. T 形等效电路

经过对转子绕组的频率、绕组折算后，转子电路的频率和相数、每相串联匝数、绕

组因数都与定子电路相同，可仿照变压器的方法演变为如图 4-20 所示的 T 形等效电路。

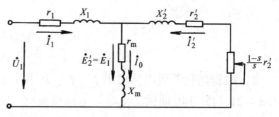

图 4-20　异步电动机 T 形等效电路

从 T 形等效电路中，可以得到异步电动机的电动势平衡方程式及电流形式的磁通势平衡方程式等基本方程式如下：

$$
\begin{cases}
\dot{U}_1 = -\dot{E}_1 + \dot{I}_1(r_1 + jX_1) = -\dot{E}_1 + \dot{I}_1 Z_1 \\[2ex]
\dot{E}_2' = \dot{I}_2'\left(\dfrac{r_2'}{s} + jX_2'\right) \\[2ex]
\dot{I}_1 + \dot{I}_2' = \dot{I}_0 \\[2ex]
\dot{E}_2' = \dot{E}_1 = -\dot{I}_0(r_m + jX_m)
\end{cases}
\tag{4-22}
$$

根据 T 形等效电路和对应的基本方程式，就可以用比较方便的电路形式分析异步电动机的运行问题。

4. 等效电路的简化

T 形等效电路是一个串并联电路，它准确地反映了异步电动机定、转子电路的内在联系。但应用它进行有关相量计算还是比较繁琐的。实际应用时可进行简化。不过因异步电动机的空载电流较大，它不能像变压器那样去掉励磁支路，只能把励磁支路移到输入端（为了减小误差，在前移时励磁支路还要串上定子漏阻抗，证明从略），使电路简化为单纯的并联电路，称为简化等效电路，如图 4-21 所示。

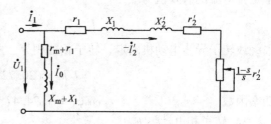

图 4-21　异步电动机的简化等效电路

这样计算可大为简便，如

$$
\dot{I}_2' = \frac{-\dot{U}_1}{Z_1 + Z_2'} = \frac{-\dot{U}_1}{\left(r_1 + \dfrac{r_2'}{s}\right) + j(X_1 + X_2')}
\tag{4-23}
$$

当然，这样做与实际情况有些差别，会引起一些误差，但在工程上是允许的。

例 4-5　有一台 $U_N = 380V$，$f_N = 50Hz$，$n_N = 1440r/min$，Y联结的三相绕线转子异步电动机，其参数为 $r_1 = r_2' = 0.4\Omega$，$X_1 = X_2' = 1\Omega$，$X_m = 40\Omega$，忽略 r_m。已知定转子有效匝比为4，试求额定负载时的：

1）额定转差率 s_N。

2）根据简化等效电路求出 I_1、I_2、I_0 和 $\cos\varphi_1$。

3）转子相电动势 E_{2s}。

4）转子电动势的频率 f_{2N}。

5）总机械功率 P_m。

解　1）转差率 s_N

$$s_N = \frac{n_1 - n}{n_1} = \frac{1500 - 1440}{1500} = 0.04$$

2）根据简化等效电路求出 I_2、I_0、I_1 和 $\cos\varphi_1$。
由图 4-21 的异步电动机简化等效电路可见

转子回路阻抗　$Z_2' = \dfrac{r_2'}{s_N} + jX_2' = \left(\dfrac{0.4}{0.04} + j1\right)\Omega = (10 + j1)\Omega = 10.05\angle 5.71° \ \Omega$

Z_2' 与 Z_1 串联阻抗　$Z_2' + Z_1 = (10 + j1 + 0.4 + j1)\Omega = 10.59\angle 10.89° \ \Omega$

设相电压为参考相量，则

转子电流　$-\dot{I}_2' = \dfrac{\dot{U}_1}{Z_2' + Z_1} = \dfrac{380/\sqrt{3}\angle 0°}{10.59\angle 10.89°}A = 20.72\angle -10.89° \ A$

空载电流　$\dot{I}_0 = \dfrac{\dot{U}_1}{Z_m + Z_1} = \dfrac{380/\sqrt{3}\angle 0°}{0.4 + j40 + j1}A \approx 5.35\angle -90° \ A$

定子电流　$\dot{I}_1 = -\dot{I}_2' + \dot{I}_0 = (20.72\angle -10.89° + 5.35\angle -90°)\ A = 22.35\angle -24.47° \ A$

于是各电流的有效值为

$$I_1 = 22.35\,\text{A} \qquad I_0 = 5.35\,\text{A}$$

因绕线转子异步电动机的定、转子相数相等，所以该电动机的 $k_e = k_i = 4$

$$I_2 = I_2' k_i = (20.72 \times 4)\,\text{A} = 82.88\,\text{A}$$

功率因数　　　　　$\cos\varphi_1 = \cos 24.47° = 0.91$（滞后）

3）转子相电动势 E_{2s}

转子电动势　$\dot{E}_2' = \dot{I}_2' Z_2' = -20.72\angle -10.89° \times 10.05\angle 5.71° \ V = -208.24\angle -5.18° \ V$

转子实际电动势　$E_{2s} = s_N E_2 = s_N \dfrac{E_2'}{k_e} = 0.04 \times \dfrac{208.24}{4}\text{V} = 2.08\,\text{V}$

4）转子电动势的频率 f_{2N}

$$f_{2N} = s_N f_N = 0.04 \times 50\,\text{Hz} = 2\,\text{Hz}$$

5）总机械功率 P_m

$$P_m = m_1 I_2'^2 \frac{1 - s_N}{s_N} r_2'$$

$$= \left(3 \times 20.72^2 \times \frac{1 - 0.04}{0.04} \times 0.4\right)\text{W} = 12364.37\,\text{W}$$

四、相量图

根据 T 形等效电路对应的式(4-22) 基本方程式，可以作出
异步电动机负载时的相量图，如图 4-22 所示。

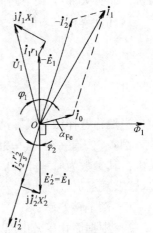

图 4-22　三相异步电
动机的相量图

从相量图中我们可以定性地得出下列结论：定子相电流 $\dot{I}_1$ 总是滞后于外加相电压 $\dot{U}_1$ 一个 φ_1 角，三相异步电动机对电网来说永远是一个感性负载。它所对应的功率中，其无功分量是异步电动机为建立旋转磁场，从电源吸收的感性无功功率，其有功分量主要是转子电路中模拟机械负载的 $r_2'(1-s)/s$ 上的有功分量。

小　结

异步电动机负载后，转速降低，转子电动势增大，转子电流增大，电磁转矩增大，以平衡负载转矩的增大；同时定子电流也增大，以抵消转子磁通势的去磁作用，维持主磁通基本不变。另外，定、转子磁通势空间相对静止是交流旋转电机能正常运行的重要条件之一。

定、转子电路合二为一的负载等效电路，是在保持磁通势平衡关系、功率及损耗不变的条件下先进行频率折算，即把实际旋转的转子变为等效静止的转子，使 $f_2=f_1$；进而再进行转子绕组折算（与变压器不同，绕组折算时的变比有电压比和电流比之分）而得到的。

利用等效电路，可得到折算后的基本方程式，对异步电动机的负载运行进行定性分析或定量计算；应用相量图可以直观地定性分析。

第五节　三相异步电动机的功率及转矩平衡方程式

本节根据等效电路，进一步推出三相异步电动机的功率、转矩平衡方程式，从而说明异步电动机的能量转换过程。

一、功率转换及功率平衡方程式

和直流电动机一样，异步电动机在运行中，不可避免地总会有功率损耗。因此异步电动机轴上输出的机械功率总是小于输入的电功率。图 4-23 为功率流程图。

图中电动机的输入功率为

$$P_1 = m_1 U_1 I_1 \cos\varphi_1 \tag{4-24}$$

式中　U_1、I_1、$\cos\varphi_1$——分别为定子的相电压、相电流和功率因数。

根据等效电路可知，在输入功率中有一小部分功率供给定子铜耗 $p_{Cu} = m_1 I_1^2 r_1$ 和铁心损耗 $p_{Fe} = m_1 I_0^2 r_m$，余下的大部分功率通过旋转磁场的电磁作用经过气隙传送到转子，这部分功率称电磁功率 P_{em}，即

$$P_{em} = P_1 - p_{Cu1} - p_{Fe} \tag{4-25}$$

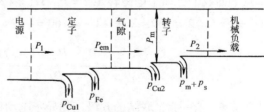

图 4-23　三相异步电动机功率流程图

由等效电路的转子侧可知，P_{em} 还可写成

$$P_{em} = m_1 E_2' I_2' \cos\varphi_2 = m_1 I_2'^2 \frac{r_2'}{s} \tag{4-26}$$

传送到转子的电磁功率有一小部分将消耗在转子电阻 r_2' 上，即有转子铜耗

$$p_{Cu2} = m_1 I_2'^2 r_2' = sP_{em} \tag{4-27}$$

因为转子频率在正常运行时仅为 $0.25 \sim 1Hz$，所以转子铁心损耗可略去不计。这样电磁功率扣除转子铜耗后的电功率是供给等效负载电阻的，这在实际中就是转子轴上的总机械功率 P_m，即

$$P_m = P_{em} - p_{Cu2} = (1-s) P_{em} = m_1 I'^2_2 \frac{1-s}{s} r_2'$$ (4-28)

总机械功率还不是输出的机械功率，因为异步电动机运行时还有轴承摩擦和风摩耗等机械损耗 p_m 及因高次谐波和转子铁心中的横向电流等引起的杂散损耗 p_s，故轴上的输出机械功率为

$$P_2 = P_m - p_m - p_s$$ (4-29)

综上可见，
$$P_2 = P_1 - p_{Cu1} - p_{Fe} - p_{Cu2} - p_m - p_s$$
$$= P_1 - (p_{Cu1} + p_{Fe} + p_{Cu2} + p_m + p_s) = P_1 - \sum p$$
$$\eta = P_2 / P_1$$

二、转矩平衡方程式

将式(4-29)的等号两边同除以机械角速度 Ω，便可得到异步电动机的转矩平衡方程式为

$$\frac{P_2}{\Omega} = \frac{P_m}{\Omega} - \frac{p_m + p_s}{\Omega} = \frac{P_m}{\Omega} - \frac{p_0}{\Omega}$$

即
$$T_2 = T - T_0$$
或
$$T = T_2 + T_0$$ (4-30)

式中　T——电动机的电磁转矩，$T = P_m / \Omega = 9.55 P_m / n$；

T_2——电动机的输出机械转矩，$T_2 = P_2 / \Omega = 9.55 P_2 / n$，也等于电动机的负载转矩 T_L；

T_0——电动机的空载转矩，$T_0 = p_0 / \Omega = (p_m + p_s) / \Omega = 9.55 (p_m + p_s) / n$。

T_L 和 T_0 均为制动转矩，它们与驱动性质的电磁转矩 T 方向相反。只有满足转矩平衡关系时，电动机才能以一定的转速稳定运转。

从上面我们已知了电磁转矩 $T = P_m / \Omega$，因 $P_m = (1-s) P_{em}$，机械角速度 Ω 与同步角速度 Ω_1 又有 $\Omega = 2\pi n / 60 = 2\pi n_1 (1-s) / 60 = (1-s) \Omega_1$ 的关系，则得

$$T = \frac{P_m}{\Omega} = \frac{P_m / (1-s)}{\Omega / (1-s)} = \frac{P_{em}}{\Omega_1} = 9.55 \frac{P_{em}}{n_1}$$ (4-31)

例4-6　有一台Y联结的6极三相异步电动机，$P_N = 145kW$，$U_N = 380V$，$f_N = 50Hz$。额定运行时 $p_{Cu2} = 3000W$，$p_m + p_s = 2000W$，$p_{Cu1} + p_{Fe} = 5000W$，$\cos\varphi_1 = 0.8$。试求：

1) 额定运行时的电磁功率 P_{em}、额定转差率 s_N、额定效率 η_N 和额定电流 I_N。

2) 额定运行时的电磁转矩 T、额定转矩 T_N 和空载制动转矩 T_0。

解　1) 求 P_{em}、s_N、η_N 和 I_N

$$P_{em} = P_N + p_m + p_s + p_{Cu2} = (145 + 2 + 3)kW = 150kW$$

由式(4-27)经推导可得

$$s_N = \frac{p_{Cu2}}{P_{em}} = \frac{3}{150} = 0.02$$

$$P_1 = P_{em} + p_{Cu1} + p_{Fe} = (150 + 5)\,kW = 155kW$$

$$\eta_N = \frac{P_N}{P_1} \times 100\% = \frac{145}{155} \times 100\% = 93.5\%$$

$$I_N = \frac{P_1}{\sqrt{3}\,U_N\cos\varphi_1} = \frac{155000}{\sqrt{3} \times 380 \times 0.8}\,A = 294.5A$$

2）求 T、T_N 和 T_0

由于是 6 极电动机，所以同步速 $n_1 = 1000r/min$。

$$n_N = n_1(1 - s) = 1000 \times (1 - 0.02)\,r/min = 980r/min$$

$$T = 9.55\frac{P_{em}}{n_1} = 9.55 \times \frac{150000}{1000}\,N \cdot m = 1432.5N \cdot m$$

$$T_N = 9.55\frac{P_N}{n_N} = 9.55 \times \frac{145000}{980}\,N \cdot m = 1413N \cdot m$$

$$T_0 = T - T_N = (1432.5 - 1413)\,N \cdot m = 19.5N \cdot m$$

小 结

三相异步电动机的功率平衡方程式可以从输入电功率开始，逐一扣除各种损耗至输出机械功率而得到；也可从输出机械功率开始，逐一加上各种损耗至输入电功率而得到。转矩平衡方程式中电磁转矩略大于负载转矩，计算各转矩值时用 9.55 乘以相应的功率并除以相应的转速较为方便。

第六节　三相异步电动机的参数测定与工作特性

我们要利用异步电动机的等效电路定量计算和分析时，必须知道等效电路中的参数。与变压器一样，可分别通过空载试验和短路（堵转）试验来测定。我们要了解异步电动机负载运行时，输出功率变化引起的电动机转速、定子电流、功率因数、电磁转矩和效率的变化情况，即异步电动机的运行性能，则通过工作特性来确定。

一、空载试验

空载试验的目的是通过测取异步电动机的空载电流 I_0 及空载损耗 p_0 分别与电动机端电压即空载电压 U_0 的关系曲线，来确定电动机的铁耗 p_{Fe} 及机械损耗 p_m、励磁参数 r_m 和 X_m。

试验接线图如图 4-24 所示。试验是在转子轴上不带任何负载、电源频率为额定值时进行。电动机起动后，先在额定电压下运转数分钟，然后用调压器将电动机的电源电压调到 $1.2U_N$ 时，开始记录数据。逐步降低试验电压，当电压降到使电动机空载电流 I_0 开始回升时，停止试验。此间共记录 $7 \sim 9$ 组以上数据，每次记录空载电压 U_0、空载电流 I_0 和空载功率 p_0。断电后尽快停转并测量定子绕组的相电阻 r_1。试验中**应注意**：记数开始后电压要单方向下调，并在额定点附近取点密一些，以保证试验的准确性。根据记录数据，画出异步电动机的空载特性曲线 $I_0 = f(U_0)$、$p_0 = f(U_0)$，如图 4-25 所示。

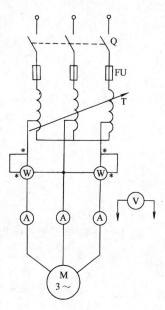

图 4-24 三相异步电动机
空载试验接线图

1. 铁耗和机械损耗的分离

当异步电动机空载时，转子电流 $I_2 \approx 0$，转子铜耗可以忽略不计，那么输入功率与定子空载铜耗、铁耗 p_{Fe} 和机械损耗 p_m 相平衡，即

$$p_0 \approx m_1 I_0^2 r_1 + p_{Fe} + p_m$$

与变压器空载时的空载损耗近似等于铁耗不同，异步电动机的空载电流较大，定子空载铜耗不能忽略，同时转子旋转有机械损耗，因此求励磁电阻 r_m 不像变压器那么简单，要先从空载损耗中分离出铁耗来。步骤如下：

从空载损耗中减去定子空载铜耗，就可得铁耗和机械损耗之和

$$p_0 - m_1 I_0^2 r_1 = p_{Fe} + p_m$$

由于铁耗与磁通的二次方成正比，即与电压的二次方成正比；而机械损耗的大小仅与转速有关，与端电压高低无关。因此，把不同电压下的机械损耗和铁耗二项之和与端电压的二次方值画成曲线 $p_{Fe} + p_m = f(U_0^2)$，并把这一曲线延长到纵轴 $U_0 = 0$ 处，得交点 a，过 a 点作与横轴平行的虚线，虚线以下部分就是表示与电源电压高低无关的机械损耗，虚线以上部分就是与电压二次方成正比的铁心损耗，如图 4-26 所示。

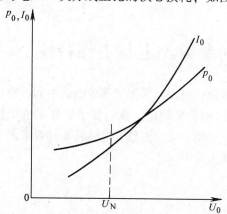

图 4-25 三相异步电动机的空载特性曲线

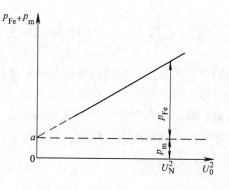

图 4-26 铁耗和机械损耗的分离

2. 励磁参数的确定

空载时，$I_2 \approx 0$，因此空载时的等效电路如图 4-27 所示。根据这个等效电路，并由空载

特性曲线上查得空载电压为额定电压（$U_0 = U_N$）时的空载电流 I_0 和空载损耗 p_0 以及从铁耗和机械损耗的分离曲线上查得额定电压二次方时的铁耗 p_{FeN}，即可计算励磁参数。

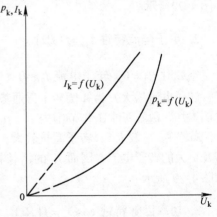

图 4-27　三相异步电动机的空载等效电路

空载阻抗

$$Z_0 = \frac{U_{N\phi}}{I_0}$$

空载电阻

$$r_0 = \frac{p_0}{m_1 I_0^2}$$

空载电抗

$$X_0 = \sqrt{Z_0^2 - r_0^2}$$

励磁电抗

$$X_m = X_0 - X_1$$

式中　X_1——定子绕组的漏电抗，由短路试验求得。

励磁电阻

$$r_m = \frac{p_{\text{FeN}}}{m_1 I_0^2}$$

注意：上述式中的电压、电流均为一相的值。

二、短路（堵转）试验

短路（堵转）试验的目的是确定三相异步电动机的短路参数。试验的接线图和空载时相同，但要注意更换仪表量程。短路试验是在转子堵转，即 $s = 1$ 及等效负载电阻 $r_2'(1 - s)/s = 0$ 的情况下进行的。

为了使试验时的短路电流不致过大，调节调压器使短路电压 U_k 从零开始增大，当短路电流 I_k 达到 $1.2 I_N$ 时，开始记录数据。逐步降低短路电压，短路电流 I_k 也随之下降，至 $I_k = 0.3 I_N$，测量 5～7 点，每次记录 U_k、I_k 和短路损耗 p_k。由这些数据画出短路特性曲线 $I_k = f(U_k)$、$p_k = f(U_k)$，如图 4-28 所示。

因短路试验时，电压较低，磁通较低，产生它的励磁电流 I_0 很小，可以认为励磁支路开路，$I_2' \approx I_1 = I_k$。由短路特性查出 $I_k = I_N$ 时的短路电压 U_k 和短路损耗 p_k，即可计算参数

图 4-28　三相异步电动机的短路特性曲线

短路阻抗

$$Z_k = \frac{U_k}{I_k}$$

短路电阻

$$r_k = \frac{p_k}{m_1 I_k^2}$$

$$r_2' = r_k - r_1$$

短路电抗

$$X_k = \sqrt{Z_k^2 - r_k^2}$$

一般假设

$$X_1 \approx X_2' \approx X_k/2$$

注意上述式中的电压、电流均为一相的值。

三、工作特性

三相异步电动机的工作特性是指 $U_1 = U_N$ 和 $f_1 = f_N$ 及定、转子绕组不串任何阻抗的条件下，电动机的转速 n、定子电流 I_1、电磁转矩 T、功率因数 $\cos\varphi_1$、效率 η 与输出功率 P_2 的关系曲线。上述关系曲线可以通过直接给异步电动机带负载测得，也可以利用等效电路经计算得出。异步电动机的工作特性曲线如图 4-29 所示。下面从物理概念上分别说明它们的形状。

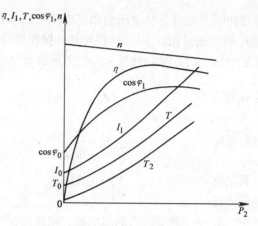

图 4-29　异步电动机的工作特性曲线

1. 转速特性 $n = f(P_2)$

三相异步电动机空载时 $P_2 = 0$，转子的转速 n 接近于同步转速 n_1，随着负载的增大，即输出功率增大时，转速要略为降低。因为只有转速降低，才能使转子电动势 E_{2s} 增大，从而使转子电流也增大，以产生更大一点的电磁转矩与负载转矩平衡。所以三相异步电动机的转速特性是一条稍向下倾斜的曲线，即与并励直流电动机的转速特性相似，具有较硬的特性。如图 4-29 所示。

2. 定子电流特性 $I_1 = f(P_2)$

空载时 $P_2 = 0$，转子电流 $I_2 \approx 0$（$T = T_0$），定子电流 $I_1 = I_0$，随着负载的增大，转速下降，转子电流增大，为补偿转子磁通势的增大，定子电流和磁通势将几乎随 P_2 的增大按正比例增加，故在正常工作范围内 $I_1 = f(P_2)$ 近似为一直线。当 P_2 增大到一定数值时，由于 n 下降较多（s 较大），转子漏抗较大，转子功率因数 $\cos\varphi_2$ 较低，这时平衡较大的负载转矩需要更大的转子电流，因而 I_1 的增长将比原先更快些。所以 $I_1 = f(P_2)$ 曲线将向上弯曲，如图 4-29 所示。

3. 功率因数特性 $\cos\varphi_1 = f(P_2)$

空载时 $P_2 = 0$，定子电流 I_1 就是空载电流 I_0，主要用于建立旋转磁场，因此主要是感性无功分量，功率因数很低，$\cos\varphi_1 = \cos\varphi_0 < 0.2$。当负载增加时，转子电流的有功分量增加，相对应的定子电流的有功分量也增加，使功率因数提高。接近额定负载时，功率因数最高。超过额定负载时，由于转速降低较多（s 增大），转子电流与电动势之间的相位角 $\varphi_2 = \arctan(sX_2/r_2)$ 增大，转子功率因数 $\cos\varphi_2$ 下降较多，转子电流的无功分量增大，引起定子电流中的无功分量也增大，因而电动机的功率因数 $\cos\varphi_1$ 趋于下降，如图 4-29 所示。

4. 转矩特性 $T = f(P_2)$

空载时 $P_2 = 0$，电磁转矩 T 等于空载制动转矩 T_0；随着 P_2 的增加，已知 $T_2 = 9.55P_2/n$，

如 n 不变，则 T_2 为过原点的直线。考虑到 P_2 增加时，n 稍有降低，故 $T_2 = f(P_2)$ 随着 P_2 增加略向上偏离直线。在 $T = T_0 + T_2$ 式中，T_0 之值很小，而且认为它是与 P_2 无关的常数。所以 $T = f(P_2)$ 将比 $T_2 = f(P_2)$ 平行上移 T_0 数值，如图 4-29 所示。

5. 效率特性 $\eta = f(P_2)$

三相异步电动机的效率特性形状和直流电动机的相似。由

$$\eta = \frac{P_2}{P_1} \times 100\% = \frac{P_2}{P_2 + \sum p} \times 100\% = \frac{P_2}{P_2 + p_{Cu1} + p_{Fe} + p_{Cu2} + p_m + p_s} \times 100\%$$

空载时 $P_2 = 0$，$\eta = 0$；当负载增加但数值较小时，可变损耗（$p_{Cu1} + p_{Cu2} + p_s$）很小，效率将随负载的增加而迅速上升；当负载继续增大时，可变损耗随之增大，直至可变损耗等于不变损耗（$p_{Fe} + p_m$）时，效率达到最高（一般异步电动机约在 $0.7P_N \sim P_N$ 处效率最高）；再继续增加负载时，由于可变损耗增加得较快，效率开始下降，如图 4-29 所示。

由此可见，效率曲线和功率因数曲线都是在额定负载附近达到最高，因此选用电动机容量时，应注意使其与负载相匹配。如果选得过小，电动机长期过载运行影响寿命；如果选得过大，则功率因数和效率都很低，浪费能源。

小 结

三相异步电动机的参数测定与变压器的参数测定相似，但励磁参数计算要复杂些，短路试验实质是堵转试验。三相异步空载损耗中不仅空载铜耗不能省略，还存在机械损耗，所以要进行铁耗与机械损耗的分离等。三相异步电动机的工作特性与直流电动机的工作特性相比多了定子电流特性和功率因数特性。

* 第七节　三相异步电动机的运行维护和故障分析

因三相异步电动机在工农业拖动电动机中占了绝对优势，所以应对三相异步电动机的运行维护与故障分析有所了解。对三相异步电动机进行监视和维护，是保证电动机稳定、可靠、经济地运行的重要措施。这不仅可以减少故障的发生，还能有效地延长电动机的使用寿命、提高效益。同时，对电动机运行中出现的故障准确、迅速地找出原因和故障点并排除故障，更为重要。

一、三相异步电动机起动前的准备工作

对新安装或停用 3 个月以上的电动机，在通电使用之前必须做以下检查，检查合格后方能通电运行。

1. 安装检查

检查电动机端盖螺钉、地脚螺钉、与联轴器连接的螺钉是否坚固；联轴器中心有无偏移；电动机转动是否灵活，有无非正常摩擦、窜动或异常声响等。检查电动机外壳是否良好

接地。

2. 绝缘电阻检查

对于额定电压为380V及以下的电动机，用500V的绝缘电阻表检查电动机的绝缘电阻，包括各相之间的绝缘电阻和各相绕组对地的绝缘电阻，其电阻值不应小于5MΩ。

3. 电源电压、绕组接法检查

检查绕组的接法、电源电压与铭牌数据是否相符；检查供电电源的电压是否稳定，一般电压波动不超过额定电压的±5%。

4. 起动设备、保护设备检查

检查起动设备、保护设备规格是否与电动机配套；接线是否正确；设备外壳是否良好接地。

二、起动过程中的注意事项

1）合上电源起动后，应密切注意电动机的状态。若电动机不转或转速很低，则必须迅速切断电源，以免烧毁电动机。断电后，查明电动机不能起动的原因，排除故障后再重新起动。

2）电动机起动后，观察电动机、传动机构、生产设备的状态是否正常，电流表、电压表是否正常。如有异常，应立即断电停机，检查后排除故障再重新起动。

3）注意限制电动机的起动次数，不宜过于频繁。因起动电流很大，若连续起动次数太多，则可能损坏绕组。三相绕线转子异步电动机起动时注意观察是否串入起动电阻，起动结束后是否切除。

4）同一变压器供电的几台电动机应避免同时起动。最好按容量从大到小逐一起动，否则同时起动的大电流使电网电压严重下跌，不但不利于电动机起动，还会影响电网对其他电气设备的正常供电。

三、三相异步电动机运行中的监视

通过耳、眼、鼻、手感觉器官和安装相应的监视仪表对电动机运行时的电流、电压、温度、振动和噪声情况进行监视，并判断电动机运行是否正常。如果出现不正常现象应立即停机，检查和排除故障。电动机正常运行中监视内容包括：

1）监视电动机各部位的温升，不应超过允许限值。

2）监视电流，不应超过额定值。

3）监视电源电压，不应超过规定范围。

4）注意电动机的气味、振动和噪声。

5）经常检查轴承发热、漏油情况，及时定期更换润滑油（脂）。

6）保持电动机清洁，防止异物进入电动机内部。

出现以下严重故障情况时，应立即停机处理：

1）人身触电事故。

2）电动机冒烟。

3）电动机剧烈振动。

4）电动机轴承快速升温。

5）电动机转速迅速下降，温度迅速上升。

四、三相异步电动机的定期维护

异步电动机定期维修是消除故障隐患、防止故障发生的重要措施。电动机的维修分为月维修和年维修，俗称小修和大修。

1. 定期小修内容（不拆开电动机）

1）清擦电动机机壳外部尘垢。

2）测量绝缘电阻；清擦电动机接线端子，拧紧接线螺钉。

3）检查电动机端盖、轴承盖螺钉和接地螺栓是否紧固。

4）检查轴承油脂是否变脏、干涸，缺少时须适量补充；检查轴承是否有杂音。

5）检查传送带或联轴器有无破裂损坏，安装是否牢固。

6）检查绕线转子异步电动机的集电环表面是否有异常磨损、圆度情况，有无局部变色以及火花痕迹程度。

7）检查起动设备和保护设备是否良好，并清擦外部尘垢。

2. 定期大修内容（将电动机全部拆开）

1）检查电动机外部有无损坏，零部件是否齐全；彻底清擦，去掉尘垢，补修损坏部分。

2）检查电动机内部，清除定子上的灰尘、擦去污垢，仔细检查绕组绝缘是否出现深棕色的老化痕迹，或绝缘有无局部脱落，若有，应补修，刷漆；检查转子绕组污损污染和损伤情况，转子端环是否断裂；用目测或锤子敲击检查绕组端部绑扎线和铁心是否松动；检查定、转子铁心有无磨损变形。如有变形，则应予以修整。

3）检查定子绕组和绕线转子绕组是否有相间短路、匝间短路、断路、错接等现象；检查笼型转子是否有断条，针对出现的问题予以修理；用绝缘电阻表测量所有带电部位的绝缘电阻。

4）用柴油或汽油清洗轴承，清洗后的轴承应转动灵活；检查轴承磨损情况，若轴承表面粗糙，则说明润滑油（脂）不合格；若滚珠或轴圈等处出现蓝紫色时，则说明轴承已受热退火，严重者应更换轴承；重新装入润滑油（脂）。

5）以上工作进行完后，对电动机进行装配、安装，并进行修理后的检查，电动机空载运转 0.5h，然后带负载运转。

五、三相异步电动机常见故障分析

电动机经过长期运行，难免出现故障。应根据故障现象，分析其产生原因，并采用恰当的方法排除故障，以保证电气设备的正常运行。

1. 三相异步电动机常见故障

（1）三相异步电动机单相运行　当电源线因故障一相断线，如开关或接触器触头一相接触不良、熔断器一相熔丝熔断等，如图 4-30a 所示；或者Y联结的定子绕组一相绕组断线，如图 4-30b 所示，三相异步电动机会出现单相运行故障。断相时，若电动机仍拖动较大的负载，电动机转速会明显下降，定子电流大大超过额定电流，若装有过电流保护器，保护器会切断电源，否则电动机将因过热而烧毁。

若停车后再重新起动，电动机将不能起动，并伴有明显的电磁"嗡嗡"声，此时应立即切断电源。

（2）三相异步电动机的 V 形运行　△联结的定子绕组当一相绕组断线后，其余两相绕组成为 V 形联结，如图 4-31 所示。V 形运行的三相异步电动机仅有两相绕组在工作，其功率下降。若电动机仍拖动较大的负载，电动机转速会明显下降，且定子电流超过额定电流，电动机温升明显增高，还伴有振动，运行时间一长，热保护器会切断电源，否则电动机会因过热而烧毁。

V 形运行的电动机可以起动，但起动转矩减小，起动慢。当重载起动时，可能因起动转矩小于负载转矩而无法起动。

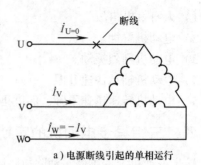

a）电源断线引起的单相运行

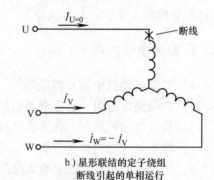

b）星形联结的定子绕组
断线引起的单相运行

图 4-30　三相异步电动机的单相运行

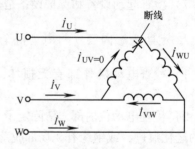

图 4-31　三相异步电动机的 V 形运行

（3）定子绕组接地故障　定子绕组接地故障是指绕组与铁心、绕组或引出线与机壳之间的绝缘破坏而引起的接地现象。绕组接地后，会使机壳带电，造成接地短路。同时该相绕组的部分匝数被短接，其有效匝数减少，电流增大，引起绕组发热，甚至烧毁绕组。

（4）定子绕组短路故障　三相异步电动机定子绕组短路故障分为两种：一是匝间短路，即同一只线圈里导线之间短路；二是相间短路，即两相绕组之间短路。发生匝间短路后，由于线圈匝数减少，会形成较大的电流，使短路相的温度迅速上升，甚至烧毁冒烟。短路掉的线圈匝数越多，情况就越严重。发生匝间短路故障时，电动机一般仍能继续工作，但会发出异常的电磁噪声，且该相电流增大，电动机过热。如果两相绕组的相邻线圈发生短路，轻则三相电流不平衡、短路的两相电流增大；若被短接的线圈匝数较多，故障现象严重，电动机可能过热冒烟烧毁。

（5）笼型转子断笼条　铸铝转子常见的故障是断笼，断笼分为断条与断环两种。断条是指笼条中一根或数根导体断裂（或有严重气泡），断环是指端环中一处或几处裂开。

转子断笼后有下列异常现象：负载运行时，转速比正常时低，机身振动且伴有噪声，随着负载的增大，情况更加严重，同时起动转矩和额定转矩降低。用三相电流表检测定子电流时，表针有周期性摆动；若使转子慢慢转动，则三相电流交替变化，变化的最大值和最小值三相基本相同。上述现象随着转子断路的增多而加剧，重新起动时更加困难。

（6）扫膛　电动机转动时转子与定子内腔相碰擦，称为扫膛。扫膛引起定子、转子摩擦发热，增加电动机的温升。严重扫膛产生的高温使槽的绝缘材料老化，引起电磁故障，机身产生振动和噪声。特别严重的扫膛使转子无法转动。

2. 三相异步电动机常见故障分析

（1）电动机不能起动或带负载运行时转速低于额定值

1）电源未接通，开关有一相或两相处于断开状态；熔体熔断。

2）电源电压太低；控制设备接线错误，或将三角形（△）联结接成了星形（Y）联结，电动机能空载起动，但不能满载起动。

3）机械负载过大或传动机构被卡住；过载保护设备动作。

4）定子绕组中或外部电路有一相断线；定子或转子绕组短路；笼型电动机转子断条或脱焊，电动机能空载起动，但不能加负载起动运转。

（2）电动机温升过高或冒烟

1）电动机过载。

2）电源电压过高或过低。

3）电动机的通风不畅或积尘太多。

4）环境温度过高。

5）定子绕组有短路或接地故障。

6）缺相运转。

7）运转时转子与定子铁心相摩擦，致使定子局部过热。

8）电动机受潮或浸漆后未烘干。

9）电动机起动频繁。

（3）电动机三相电流不平衡

1）三相电源电压不平衡。

2）定子绕组中有部分线圈匝间短路。

3）重绕定子绕组后，部分线圈匝数有错误或部分线圈之间接线有错误。

思考题与习题

4-1　三相异步电动机的旋转磁场是怎样产生的？

4-2　三相异步电动机旋转磁场的转速由什么决定？试问工频（50Hz）下2、4、6、8、10 极的异步电动机的同步转速各为多少？频率为 60Hz 时的又是多少？

4-3　旋转磁场的转向由什么决定？

4-4 试述三相异步电动机的转动原理，并解释"异步"的意义。

4-5 若三相异步电动机的转子绕组开路，定子绕组接通三相电源后，能产生旋转磁场吗？电动机会转动吗？为什么？

4-6 何谓异步电动机的转差率？异步电动机的额定转差率一般是多少？起动瞬时的转差率是多少？转差率等于零对应什么情况，这在实际中存在吗？

4-7 一台三相异步电动机的 $f_N = 50Hz$、$n_N = 960r/min$，该电动机的极对数和额定转差率是多少？另有一台4极三相异步电动机，其 $s_N = 0.03$，那么它的额定转速是多少？

4-8 简述三相异步电动机的结构，它的主磁路包括哪几部分？和哪些电路耦合？

4-9 为什么异步电动机的定、转子铁心要用导磁性能良好的硅钢片制成？而且定、转子间的空气隙必须很小？

4-10 一台 △ 联结的 YE3 - 132M - 4 异步电动机，其 $P_N = 7.5kW$、$U_N = 380V$、$n_N = 1440r/min$、$\eta_N = 90.4\%$、$\cos\varphi_N = 0.84$，求其额定电流和对应的相电流。

4-11 何为60°相带绕组？对三相交流绕组有何基本要求？

4-12 单层绕组有几种？它们的主要区别是什么？

4-13 双层绕组与单层绕组的主要区别是什么？

4-14 双层绕组在相带划分时要注意什么问题？

4-15 有一三相单层绕组，$2p = 6$、$z_1 = 36$、$a = 1$，试选择实际中最合适的绕组型式，划分相带，画出 U 相绕组的展开图。

4-16 有一台三相4极异步电动机，$z_1 = 36$、$a = 2$、$y = 7\tau/9$，划分相带并画出 U 相绕组的叠绕展开图。

4-17 某三相6极异步电动机，$U_N = 380V$、$f_N = 50Hz$、$z_1 = 36$ 槽，定子采用双层短距分布绕组，每相串联匝数 $N_1 = 48$ 匝，Y联结。已知定子额定基波电动势为额定电压的85%，基波绕组因数 $k_{N1} = 0.933$。求每极基波磁通量 Φ_1 为多少？

4-18 三相异步电动机与变压器有何异同点？同容量的两者，空载电流有何差异？两者的基波感应电动势公式有何差别？

4-19 异步电动机主磁通的大小是由外施电压高低决定的还是由空载电流大小决定的？

4-20 一台三相异步电动机，如果把转子抽掉，而在定子三相绕组施加三相对称额定电压，会产生什么后果？

4-21 拆修异步电动机时重新绕制定子绕组，若把每相的匝数减少5%，而额定电压、额定频率不变，则对电动机的性能有何影响？

4-22 三相异步电动机转子电路的中的电动势、电流、频率、感抗和功率因数与转差率有何关系？试说出 $s = 1$ 和 $s = s_N$ 两种情况下，以上各量的对应大小。

4-23 异步电动机的转速变化时，转子电流产生的磁通势相对空间的转速是否变化？为什么？

4-24 在推导三相异步电动机的 T 形等效电路时，转子边要进行哪些折算？为什么要进行这些折算？折算的原则是什么？

4-25 异步电动机的 T 形等效电路和变压器的 T 形等效电路有无差别？异步电动机等效电路中的 $r_2'(1-s)/s$ 代表什么？能不能不用电阻而用等值的感抗和容抗代替？为什么？

4-26 当异步电动机的机械负载增加时，为什么定子电流会随转子电流的增加而增加？

4-27 三相异步电动机在空载时功率因数约为多少？为什么会这样低？当在额定负载下运行时，功率因数为何会提高？

4-28 为什么异步电动机的功率因数总是滞后的？

4-29 一台三相异步电动机，$s_N = 0.02$，问此时通过气隙传递的电磁功率有百分之几转化为转子铜耗？有百分之几转化为机械功率？

4-30 一台三相异步电动机输入功率为 8.6kW、$s = 0.034$、定子铜耗为 425W、铁耗为 210W。试计算电动机的电磁功率 P_{em}、转差功率 p_{Cu2} 和总机械功率 P_m。

4-31 有一台 Y 联结的 4 极绕线转子异步电动机，$P_N = 150kW$、$U_N = 380V$、额定负载时的转子铜耗 $p_{Cu2} = 2210W$、机械损耗 $p_m = 2640W$、杂散损耗 $p_s = 1000W$。试求额定负载时：

1) 电磁功率 P_{em}、转差率 s、转速 n 各为多少？

2) 电磁转矩 T、负载转矩 T_N、空载转矩 T_0 各为多少？

4-32 三相异步电动机与变压器一样：空载损耗近似于铁耗，短路损耗近似于铜耗吗？如何分离铁耗和机耗？

4-33 三相异步电动机的工作特性曲线与直流电动机的有何异同点？

第五章

三相异步电动机的电力拖动

在第四章中，对三相异步电动机进行了详细的分析和讨论，掌握了它的工作原理和主要结构、绕组的构成规律、运行时的电磁物理过程以及运行时的特性。这一章将分析由异步电动机和生产机械组成的电力拖动系统的运行性能，即异步电动机拖动生产机械做起动、制动和调速等各种状态运转时的性能。

分析异步电动机的基本电磁关系，是与电磁关系相似的变压器对比，运用基本方程式、等效电路和相量图的三大分析方法；而在分析异步电动机的电力拖动时，是与直流电动机对比，运用机械特性和基本方程对起动、制动和调速分析其原理和进行相关计算，得出各种运行状态时的不同的性能特点。

和直流电力拖动系统一样，异步电动机的机械特性是描述电力拖动系统各种运行状态的有效工具。而异步电动机的机械特性是由电磁转矩和转差率的关系特性演化而来的。因此首先研究与之相关的异步电动机的各种电磁转矩表达式。

第一节　三相异步电动机的电磁转矩表达式

在第四章中，$T = P_{em}/\Omega_1$ 是三相异步电动机电磁转矩的基本公式，除此之外，驱动转子运转的电磁转矩还与哪些因数有关呢？下面将做进一步的分析。

一、电磁转矩的物理表达式

我们把 $T = P_{em}/\Omega_1$ 的分子、分母用已学过的公式展开，整理后可得电磁转矩的物理表达式

$$T = C_T \Phi_1 I_2' \cos\varphi_2 \tag{5-1}$$

式中　C_T——转矩常数。

上式表明异步电动机的电磁转矩与主磁通成正比，与转子电流的有功分量成正比，物理意义非常明确，所以称为电磁转矩的物理表达式。它常用来定性分析三相异步电动机的运行问题。

例5-1　为何在农村的用电高峰期间，作为动力设备的三相异步电动机易烧毁？

解　电动机的烧毁是指绕组过电流严重，绕组的绝缘因过热损坏，造成绕组短路等故障。由于用电高峰期间，水泵、打稻机等农用机械用量大，用电量增加很多，电网电流增大，线路压降增大，使电源电压下降较多，这样影响到农用电动机，使其主磁通大为下降，在同样的负载转矩下，由式(5-1)可知转子电流大为增加，尽管主磁通下降，空载电流会下降，但它下降的程度远比转子电流增加的程度小，根据电流形式的磁通势平衡方程式，定子电流也将大为增加，长期超过额定值就会发生"烧机"现象。

二、电磁转矩的参数表达式

由于电磁转矩的物理表达式不能直接反映转矩与转速的关系，而电力拖动系统则常常需

120

要用转速或转差率与转矩的关系式进行运行分析，故推导如下：

根据三相异步电动机的简化等效电路：$I_2' = U_1 / \sqrt{(r_1 + r_2'/s)^2 + (X_1 + X_2')^2}$，则

$$T = \frac{P_{em}}{\Omega_1} = \frac{m_1 I_2'^2 \dfrac{r_2'}{s}}{\dfrac{2\pi f_1}{p}} = \frac{m_1 p U_1^2 \dfrac{r_2'}{s}}{2\pi f_1 \left[\left(r_1 + \dfrac{r_2'}{s} \right)^2 + (X_1 + X_2')^2 \right]} \tag{5-2}$$

式(5-2)反映了三相异步电动机的电磁转矩 T 与电源相电压 U_1、频率 f_1、电动机的参数（r_1、r_2'、X_1、X_2'、p 及 m_1）以及转差率 s 之间的关系，称为参数表达式。显然，当 U_1、f_1 及电动机的参数不变时，电磁转矩仅与转差率 s 有关，对应于不同 s 的值，有不同的 T 值，将这些数据绘成曲线，就是 $T = f(s)$ 曲线，也称 T-s 曲线，如图5-1所示。下面定性解释该曲线的形状。

（1）电动状态（$0 < s < 1$）　我们分析几个特殊的点或区域：当 $s = 0$ 时，$T = 0$；当 s 上升，但在 s 很小值区间时，因 $r_2'/s \gg r_1$ 及 $(X_1 + X_2')$，所以 r_1 和 $(X_1 + X_2')$ 可忽略不计，得到电磁转矩正比于转差率，即 $T \propto s$；当 s 继续上升至 s 较大值区间，$r_2'/s \approx r_2'$，此时漏抗 $X_1 + X_2'$ 比绕组电阻 $r_1 + r_2'$ 大，所以忽略参数表达式分母中的 $r_1 + r_2'/s$ 项，得到电磁转矩反比于转差率，即 $T \propto 1/s$。根据数学知识，电

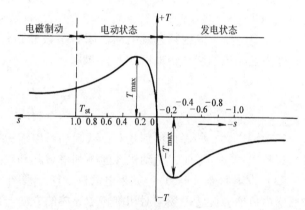

图5-1　三相异步电动机的 T-s 曲线

磁转矩 T 从正比于 s 到反比于 s，中间必有一最大转矩 T_{max}。T_{max} 可以用高等数学中求最大值的方法求得。令导数 $dT/ds = 0$，求得产生 T_{max} 时的临界转差率 s_m 为

$$s_m = \frac{r_2'}{\sqrt{r_1^2 + (X_1 + X_2')^2}} \approx \frac{r_2'}{X_1 + X_2'} \tag{5-3}$$

把上式代入式(5-2)，得最大转矩 T_{max} 为

$$T_{max} = \frac{m_1 p U_1^2}{4\pi f_1 \left[r_1 + \sqrt{r_1^2 + (X_1 + X_2')^2} \right]} \approx \frac{m_1 p U_1^2}{4\pi f_1 (X_1 + X_2')} \tag{5-4}$$

上两式中，因定子绕组 $r_1 \ll (X_1 + X_2')$，忽略 r_1 得近似表达式。在正常情况下，工程中常采用近似式，以简化计算。T_{max} 是异步电动机能够产生的最大转矩，为使电动机在运行过程中不会因可能出现的短时过载而停机，要求其额定运行时的转矩 T_N 小于 T_{max}，因而具有一定的过载能力。我们称最大转矩 T_{max} 与额定转矩 T_N 之比为最大转矩倍数，或过载能力，用 λ_m 表示。即

$$\lambda_m = \frac{T_{max}}{T_N}$$

λ_m 是异步电动机的一个重要性能指标，它表明了电动机短时过载的极限。一般 $\lambda_m \approx 2.0 \sim 2.2$。

由式(5-4) 可知，最大转矩的数值与定子相电压的二次方成正比；与转子电阻的大小无关；与定、转子漏抗之和成反比；与频率的二次方成反比。

除了最大转矩 T_{max} 之外，异步电动机的起动转矩 T_{st} 也是重要的性能指标，将 $s = 1$ 代入式(5-2) 即得三相异步电动机的起动转矩的参数表达式为

$$T_{st} = \frac{m_1 p U_1^2 r_2'}{2\pi f_1 [(r_1 + r_2')^2 + (X_1 + X_2')^2]} \tag{5-5}$$

由式(5-5) 可知，起动转矩也与电源电压及电动机的参数有关。如：起动转矩与定子相电压的二次方成正比；总漏抗 $(X_1 + X_2')$ 增大时，T_{st} 减小；转子回路电阻适当增大，T_{st} 也增大。利用此特点，可在绕线转子异步电动机的转子回路中外串电阻来增加起动转矩 T_{st}。如要求起动时转子串电阻 R_{st} 而使起动转矩 T_{st} 增大到等于最大转矩 T_{max}，这时临界转差率 s_m 应为 1，即 $s_m = (r_2' + R_{st}')/(X_1 + X_2') = 1$，则 $R_{st} = X_1 + X_2' - r_2'$。

在额定电压、额定频率及电动机固有参数的条件下的起动转矩 T_{st} 与额定转矩 T_N 的比值，称为电动机的起动转矩倍数 K_M，即

$$K_M = \frac{T_{st}}{T_N}$$

起动转矩大一些好，特别是对重载起动可以缩短起动时间，减少损耗，提高生产率。显然，只有 T_{st} 大于 T_N 时，电动机才能顺利重载起动。一般 $K_M = 1.8 \sim 2.0$。

(2) 发电状态 ($s < 0$) 如果电动机的转子受外力拖动，使转速加速到 $n > n_1$，这时转差率变为负值，旋转磁场相对切割转子导体的方向与电动状态时相反，转子导体感应电动势和电流方向均改变，它受到的电磁力和电磁转矩方向也改变，即 $T < 0$，是制动性质的；又因为电磁功率 $P_{em} = m_1 I_2'^2 r_2'/s$ 也变为负值，说明电动机向电网输入电功率，故电动机处于发电状态。忽略 r_1，由式(5-2) 可见，$s < 0$ 时的 T-s 曲线与电动状态时的曲线是关于原点对称的，如图 5-1 所示。

(3) 制动状态 ($s > 1$) 当旋转磁场转向与电动机转向相反时，转差率 $s > 1$，这有两种情况，即

磁场反向
$$s = \frac{-n_1 - n}{-n_1} > 1$$

转子反向
$$s = \frac{n_1 - (-n)}{n_1} > 1$$

这时转子导条的感应电动势与电流方向和电动状态时相反，产生的电磁转矩与电动机转向相反，起制动作用，此时电机处于制动状态。在 $s > 1$ 时，转子电流的频率较大，漏抗较大，由式(5-2) 可见，电磁转矩 T 随转差率 s 的增大而减小，所以制动状态的 T-s 曲线是电动状态 T-s 曲线的延伸，如图 5-1 所示。

例 5-2 一台三相Ｙ联结的绕线转子异步电动机，其 $U_N = 380V$，$f_N = 50Hz$，$n_N = 950r/min$，参数 $r_1 = r_2' = 1.4\Omega$，$X_1 = 3.12\Omega$，$X_2' = 4.25\Omega$，不计 T_0。试求：

1）额定转矩。

2）临界转差率、最大转矩及过载能力。

3）欲使起动时产生最大转矩，在转子回路所串电阻值（折算到定子侧）。

解　由 $n_N = 950 r/min$，最接近其的同步速是 $n_1 = 1000 r/min$

$$s_N = \frac{n_1 - n}{n_1} = \frac{1000 - 950}{1000} = 0.05$$

1）额定转矩

忽略 T_0，以 $s_N = 0.05$ 代入参数表达式，得额定负载时的电磁转矩 $T = T_N$ 为

$$T_N = \frac{m_1 p U_1^2 \dfrac{r_2'}{s}}{2\pi f \left[\left(r_1 + \dfrac{r_2'}{s} \right)^2 + (X_1 + X_2')^2 \right]}$$

$$= \frac{3 \times 3 \times (380/\sqrt{3})^2 \times \dfrac{1.4}{0.05}}{2 \times 50 \times 3.14 \times \left[\left(1.4 + \dfrac{1.4}{0.05} \right)^2 + (3.12 + 4.25)^2 \right]} N \cdot m = 42 N \cdot m$$

2）临界转差率、最大转矩及过载能力

临界转差率　　　　$s_m \approx \dfrac{r_2'}{X_1 + X_2} = \dfrac{1.4}{3.12 + 4.25} = 0.19$

最大转矩　$T_{max} \approx \dfrac{m_1 p U_1^2}{4\pi f_1 (X_1 + X_2)} = \dfrac{3 \times 3 \times (380/\sqrt{3})^2}{4 \times 3.14 \times 50 \times (3.12 + 4.25)} N \cdot m = 93.6 N \cdot m$

过载能力　　　　$\lambda_m = \dfrac{T_{max}}{T_N} = \dfrac{93.6}{42} = 2.23$

3）欲使起动时产生最大转矩，在转子回路所串电阻值（折算到定子侧）

$$R_{st}' = X_1 + X_2' - r_2' = (3.12 + 4.25 - 1.4)\Omega = 5.97\Omega$$

三、电磁转矩的实用表达式

在实际中，用式（5-2）来进行计算比较麻烦，而且在电机手册和产品目录中往往只给出额定功率、额定转速、过载能力等，而不给出电动机的内部参数。因此需要将式（5-2）进行简化（推导从略），得出电磁转矩的实用表达式为

$$T = \frac{2T_{max}}{\dfrac{s_m}{s} + \dfrac{s}{s_m}} \tag{5-6}$$

上式中 T_{max} 及 s_m 可用下述方法求出：

$$T_N = 9.55 P_N / n_N$$

$$T_{max} = \lambda_m T_N = 9.55\lambda_m P_N / n_N \qquad (5\text{-}7)$$

忽略 T_0，将 $T \approx T_N$，$s = s_N$ 代入式(5-6) 可得

$$s_m = s_N \left(\lambda_m + \sqrt{\lambda_m^2 - 1} \right) \qquad (5\text{-}8)$$

式中　s_N——额定转差率，$s_N = (n_1 - n_N)/n_1$。

　　实际中使用实用表达式时，先根据已知数据计算出 T_{max} 和 s_m，再把它们代入式(5-6)，取不同的 s 值即可得到不同的 T 值了。

　　以上三种异步电动机的电磁转矩表达式，应用场合有所不相同。一般物理表达式适用于定性分析 T 与 Φ_1 及 $I_2' \cos\varphi_2$ 间的关系；参数表达式可分析参数的变化对电动机运行性能的影响；实用表达式适用于工程计算。

小　　结

　　三相异步电动机的电磁转矩有三种表达式：

1）物理表达式　　　　　　　$T = C_T \Phi_1 I_2' \cos\varphi_2$

2）参数表达式　　　$T = \dfrac{m_1 p U_1^2 r_2' / s}{2\pi f_1 \left[(r_1 + r_2'/s)^2 + (X_1 + X_2')^2 \right]}$

3）实用表达式　　　　　　　$T = \dfrac{2T_{max}}{\dfrac{s_m}{s} + \dfrac{s}{s_m}}$

　　三种形式虽不相同，但它们所描述的物理本质却是相同的，都能表征电动机的运行性能。物理表达式适用于对电动机的运行状态作定性分析；参数表达式可以精确计算和考查电动机参数对运行性能的影响；实用表达式在工程计算中应用最为广泛。

　　异步电动机的同步转速 n_1、临界转差率 s_m、最大电磁转矩 T_{max}、起动转矩 T_{st} 这几个物理量，都是表征电动机运行性能的重要物理量，也是 $T\text{-}s$ 曲线的关键量。必须深刻理解和掌握它们与电动机参数之间的关系，理解 $T\text{-}s$ 曲线的形状成因。

第二节　三相异步电动机的机械特性

　　上节我们分析了 $T\text{-}s$ 曲线，但在拖动系统中常用机械特性 $n\text{-}T$，即 $n = f(T)$ 曲线来分析电动机的电力拖动问题，它与 $T\text{-}s$ 曲线的变换关系如图 5-2 所示。

一、固有机械特性

　　固有机械特性是指三相异步电动机工作在额定电压和额定频率下，由电动机本身固有的参数所决定的机械特性。在正常工作情况下，异步电动机的固有机械特性是硬特性，即异步电动机的转矩增大，转速略为减小。

　　定性绘制固有机械特性的步骤是：先从电动机的铭牌和产品目录中查取该机的 P_N、n_N

和 λ_m 等，利用式 (5-7) 和式 (5-8) 算出 T_{max} 和 s_m 并将之代入式 (5-6)，即得固有电磁转矩实用表达式；然后以 $s=1$ 代入实用式，算出对应的 T_{st} 值，这样有了同步点、额定点、最大转矩点、起动点等几个特殊运行点，就可画出 $n=f(T)$ 曲线，即为异步电动机的固有机械特性。

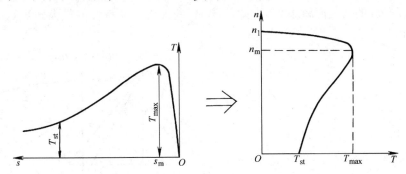

图 5-2　由 T-s 曲线变换为 n-T 曲线

二、人为机械特性

在分析电动机拖动系统的运行时，常利用人为机械特性来进行阐述。由机械特性的参数表达式可知，人为地改变异步电动机的任何一个或多个参数（U_1、f_1、p、定子回路电阻或电抗、转子回路电阻或电抗等），都可以得到各不相同的机械特性。这些机械特性统称为人为机械特性。

下面分别定性讨论几种人为机械特性的特点。

注意：*定性画人为机械特性时，只要先定性画出固有机械特性，然后抓住人为机械特性的同步点、最大转矩点、起动点与固有机械特性比较有何变化，最终通过这三个特殊点，定性画出人为机械特性。*

1. 降低定子端电压的人为机械特性

如果异步电动机的其他条件都与固有特性时一样，仅降低定子相电压所得到的人为机械特性，称为降压人为机械特性，其特点如下：

1）降压后同步转速 n_1 不变，即不同 U_1 的人为机械特性都通过固有机械特性的同步点。

2）降压后，最大转矩 T_{max} 随 U_1^2 成比例下降，但 s_m 或 $n_m=n_1(1-s_m)$ 跟固有特性时一样，为此不同 U_1 的人为机械特性的最大转矩点的变化规律如图 5-3 所示。

3）降压后的起动转矩 T_{st} 也随 U_1^2 成比例下降。

由图 5-3 可知，端电压 U_1 下降后，电动机的 T_{st} 和过载能力（$\lambda_m' = T_{max}'/T_N$）都显著地下降了，这在实际应用中必须注意。例如，设原来运行于 a 点，端电压下降为 U_1' 后，工作点变为 b 点，显然这时转速降低了，起动转矩和最大转矩都变小了。从图中可以看到：如果电压下降太多，使 T_{max}'' 小于负载转矩，电动机将停转。

2. 转子回路串对称三相电阻的人为机械特性

对于绕线转子三相异步电动机，如果其他条件都与固有特性时一样，仅在转子回路串入

对称三相电阻 R_p，所得的人为特性简称为转子串电阻人为机械特性，其特点如下：

1）同步转速不变，即不同 R_p 的人为机械特性都通过固有机械特性的理想空载点。

2）转子串电阻后的最大转矩 T_{max} 的大小不变，但临界转差率 $s_m' > s_m$，且随 R_p 的增大而增大（或 n_m' 随 R_p 的增大而减小），为此不同 R_p 的人为机械特性的最大转矩点的变化规律如图5-4所示。

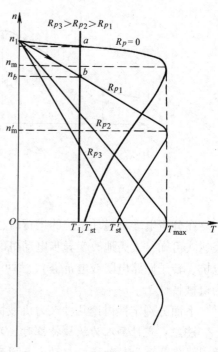

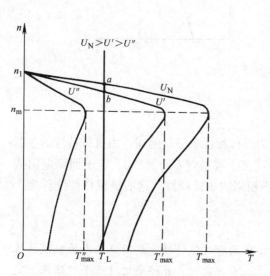

图5-3　降压人为机械特性

图5-4　转子回路串电阻人为机械特性

3）当 s_m' 增大，而 $s_m' < 1$ 时，T_{st} 随 R_p 的增大而增大；但当 $s_m' > 1$ 后，T_{st} 随 R_p 的增大而减小。

由图5-4可知，绕线转子异步电动机转子回路串合适电阻，可以改变转速而用于调速，也可以改变起动转矩，从而改善异步电动机的起动性能。

三、三相异步电动机的稳定运行区域

临界转差率 s_m 或临界转速 n_m 是三相异步电动机机械特性的"稳定"区域和"不稳定"区域的分界点。如图5-5所示，从理想空载点即同步点到最大转矩点，$n = f(T)$ 曲线是下斜特性。由第二章第三节已叙述过的电力拖动系统稳定运行的必要和充分条件，不难判断对常遇到的恒转矩、恒功率、通风机型负载，都可稳定运行。这是因为在电动机的下斜的机械特性部分和这三种不同负载的转矩特性的交点处，均满足 $(dT/dn) < (dT_L/dn)$。从最大转矩点到起动点，$n = f(T)$ 曲线是上斜的曲线，对恒转矩负载和恒功率负载均因与电动机机械特性的交点处 $(dT/dn) > (dT_L/dn)$，而不能稳定运行，只是对通风机型负载

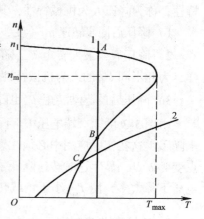

图5-5　三相异步电动机的稳定运行区域

可以稳定运行。例如图5-5中的恒转矩负载特性曲线1与三相异步电动机的机械特性有两个交点，在 A 点可以稳定运行，而在 B 点则不能稳定运行。通风机型负载特性曲线2与电动机的机械特性交点 C 虽然可以稳定运行，但转速太低，损耗大，效率低，对通风机工作并不理想。

对恒定的负载来说，额定运行的转差率 s_N 和临界转差率 s_m 的数值最好小一些，这样机械特性可以硬些。对于有冲击性负载的拖动，相反地要求 s_N 和 s_m 要大些，使特性软一些。这样，当冲击性负载到来时，电动机的转速降低较多，拖动系统（特别是带有飞轮装置的）可以放出更多的动能来帮助电动机共同克服冲击性负载。

小　结

T-s 曲线与机械特性曲线（n-T）的物理本质是一样的，两者可以互相转换。工程上分析常采用机械特性曲线。

人为地改变异步电动机的参数而得到的机械特性，就是人为机械特性。有了人为机械特性，人们才能用以满足生产机械不同运转状态的要求。定性画人为机械特性时，要与固有机械特性比较，用同步速公式分析同步点有无变化；用电磁转矩的参数表达式分析最大转矩点和起动转矩有无变化。

异步电动机在电动运行时，当负载发生变化或受外界干扰时，仍能稳定运行的区域为 $0 < s < s_m$。

第三节　三相异步电动机的起动

一、概述

在电动机带动生产机械的起动过程中，不同的生产机械有不同的起动情况。有些机械在起动时负载转矩很小，负载转矩随着转速增加而与转速平方近似成正比增加。例如鼓风机负载，起动时只需克服很小的静摩擦转矩，当转速升高时，风量很快增大，负载转矩很快增大；有些机械在起动时的负载转矩与正常运行时一样大；例如电梯、起重机和皮带运输机等；有些机械在起动过程中接近空载，待速度上升至接近稳定时，再加负载，例如机床、破碎机等；此外，还有频繁起动的机械设备等。以上这些因素都将对电动机的起动性能之一的起动转矩提出不同的要求。

与直流电动机一样，衡量三相异步电动机起动性能好坏的最主要的是起动电流和起动转矩，我们总是希望在起动电流较小的情况下能获得较大的起动转矩。但是一台普通的三相异步电动机不采取措施而直接投入电网起动，即全压起动时，其起动电流很大，而起动转矩却不很大，这对电网或电动机自身均是不利的。

起动电流大的原因是，当电动机接入电网的起动瞬时由于 $n = 0$，转子处于静止状态，则旋转磁场以 n_1 切割转子导体，故转子电动势和转子电流达到最大值，因而定子电流即起动电流也达到最大值。由图 4-21 可知，此瞬时 $s = 1$，等效负载电阻 $(1-s)r_2'/s = 0$，等效电路的阻抗仅为短路阻抗 Z_k，忽略起动时的励磁支路电流，则定子从电网吸收的起动电流的近似值为

$$I_{st} = \frac{U_{N\phi}}{\sqrt{(r_1 + r_2')^2 + (X_1 + X_2')^2}} = \frac{U_{N\phi}}{Z_k} = (5 \sim 7) I_{1N} \qquad (5\text{-}9)$$

式中 $U_{N\phi}$——电动机的额定相电压。

可见三相异步电动机的起动电流就是额定电压下的堵转（短路）电流，为额定电流的 $5 \sim 7$ 倍。这样大的起动电流会使电源和供电线路上的压降增大，引起电网电压波动，影响并联在同一电网上的其他负载正常工作。例如，正在工作的电动机速度下降，甚至拖不动负载而停车等；特别对较小容量的供电变压器或电网系统影响更甚。对电动机本身来说，虽然起动电流大，但持续的时间不长，损耗引起的电动机的温度增加来不及升到过热程度，因而不致起破坏作用（起动频繁和惯性较大、起动时间较长的电动机除外）。不过，过大的电磁力对电动机的影响，也不能低估。

起动转矩不大的原因是：第一，由于起动电流很大，定子绕组中的阻抗压降增大，而电源电压不变，根据定子电路的电动势平衡方程式，感应电动势将减小，则主磁通 Φ_1 将与感应电动势成比例地减小；第二，起动时 $s = 1$，转子漏抗比转子电阻大得多，转子功率因数很低，虽然起动电流大，但转子电流的有功分量并不大。由转矩公式 $T = C_T \Phi_1 I_2' \cos\varphi_2$ 可知，起动转矩并不大。一般 $T_{st} = (1.8 \sim 2) T_N$。

根据以上分析可知三相异步电动机起动时的起动电流大主要是对电网不利；起动转矩并不很大主要是对负载不利，这是因为若电源电压因种种原因下降较多，则起动转矩按电压平方下降，可能会使电动机带不动负载起动。不同类型的机械负载，不同容量的电网，对电动机起动性能的要求是不同的。有时要求有较大的起动转矩，有时要求限制起动电流，但更多的情况两个要求须同时满足。总之，一般情况下起动要求是尽可能限制起动电流，有足够大的起动转矩，同时起动设备尽可能简单经济、操作方便，且起动时间要短。

二、三相笼型异步电动机的起动

1. 全压起动

全压起动就是用刀开关或接触器将电动机定子绕组直接接到额定电压的电网上。虽然前面已分析了全压起动存在起动电流大、起动转矩并不大的缺点，但是这种起动方法最简单，操作很方便。所以，对于一般小容量的三相笼型异步电动机，如果电网容量足够大，应尽量用此方法。可参考下例经验公式来确定电动机能否全压起动，即

$$\frac{3}{4} + \frac{电源总容量}{4 \times 电动机容量} \geq \frac{I_{st}}{I_N} \qquad (5\text{-}10)$$

此式的左边为电源允许的起动电流倍数，右边为电动机的起动电流倍数，所以只有电源允许的起动电流倍数大于电动机的起动电流倍数时才能全压起动。

例 5-3 一台 20kW 电动机，起动电流与额定电流之比 $I_{st}/I_N = 6.5$，其电源变压器容量为 $560kV \cdot A$，能否全压起动？另有一台 75kW 电动机，其 $I_{st}/I_N = 7$，能否全压起动？

解 对 20kW 的电动机

根据经验公式 $\dfrac{3}{4} + \dfrac{电源总容量}{4 \times 电动机容量} = \dfrac{3}{4} + \dfrac{560 \times 10^3}{4 \times 20 \times 10^3} = 7.75 > 6.5$

该机的全压起动电流倍数小于电网允许的起动电流倍数，所以允许全压起动。

对 75kW 的电动机

根据经验公式 $\dfrac{3}{4} + \dfrac{电源总容量}{4 \times 电动机容量} = \dfrac{3}{4} + \dfrac{560 \times 10^3}{4 \times 75 \times 10^3} = 2.26 < 7$

该机的全压起动电流倍数大于电网允许的起动电流倍数，所以不允许全压起动。经核算电源容量不允许全压起动的笼型电动机，一般采用减压起动。

2. 减压起动

减压起动时并不能降低电源电压，只是采用某种方法使加在电动机定子绕组上的电压降低。减压起动的目的是减小起动电流，但同时也减小电动机起动转矩（$T \propto U_1^2$）。所以这种起动方法是对电网有利的，对负载不利。对于某些机械负载在起动时要求带满负载起动，就不能用这种方法起动，但对于起动转矩要求不高的设备，这种方法是适用的。

减压起动常有以下几种方法：

（1）定子串电阻或电抗减压起动 电动机起动时，在定子电路中串入电阻（见图 5-6a）或电抗，待起动后再将它切除。显然，串入的电阻或电抗起分压作用，使加在电动机定子绕组上的相电压 $U'_{1\phi}$ 低于电源相电压 $U_{N\phi}$（即全压起动时的定子端电压），使起动电流 I'_{st} 小于全压起动时的 I_{st}，定子串电阻起动的等效电路如图 5-6b 所示。可见，调节所串电阻或电抗的大小，可以得到电网所允许通过的起动电流。

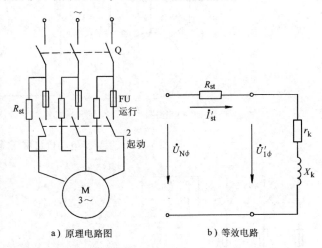

a）原理电路图　　　　b）等效电路

图 5-6　笼型异步电动机定子串电阻减压起动

这种起动方法的优点是起动较平稳，运行可靠，设备简单。缺点是起动转矩随电压的二次方降低，只适合轻载起动，同时起动时电能损耗较大。

（2）自耦变压器减压起动 自耦变压器用作电动机减压起动，称为起动补偿器，它的接线图如图 5-7a 所示。起动时，自耦变压器的高压侧接至电网，低压侧（有抽头，按需要选择）接电动机定子绕组。起动完毕，切除自耦变压器，电动机直接接至额定电压的电网运行。

用自耦变压器减压起动的原理如图 5-7b 所示，由于加在电动机定子绕组上的相电压 $U'_{1\phi} = U_{N\phi}/k$（$k > 1$），则电动机的起动电流 $I_{st2} = I_{st}/k$（即自耦变压器的二次电流）下降。由于电动机接在自耦变压器的二次侧，而自耦变压器的一次侧接电网，故电网供给电动机的起动电流，也就是自耦变压器的一次电流 $I'_{st} = I_{st2}/k = I_{st}/k^2$（$k = U_{N\phi}/U'_{1\phi}$）将大大小于全压起动电流。

自耦变压器减压起动的优点是：电网限制的起动电流相同时，用自耦变压器减压起动将比其他减压起动方法获得较大的起动转矩；起动用自耦变压器的二次绕组一般有 3 个抽头，用户可根据电网允许的起动电流和机械负载所需的起动转矩进行选配。

采用自耦变压器减压起动时的电路较复杂，设备价格较高，不允许频繁起动。

（3）丫/△减压起动　这种方法只适用于定子绕组在正常工作时是△联结的三相异步电动机。电动机定子绕组的6个端头都引出来接到换接开关上，如图5-8所示。在起动时，定子绕组先是丫联结，这时电动机在相电压 $U'_{1\phi} = U_N/\sqrt{3}$ 的低压下起动，待电动机转速升高以后，再改成△联结，使电动机在额定电压下正常运行。

由图5-9可以推算出起动电流下降到全压起动时的1/3，限流效果好；但起动转矩也跌得厉害，为原来的1/3。因此只适于空载和轻载起动。

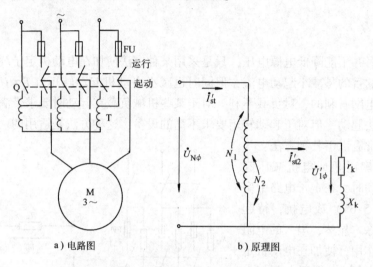

a）电路图　　　　　　　　　b）原理图

图5-7　笼型异步电动机自耦变压器减压起动

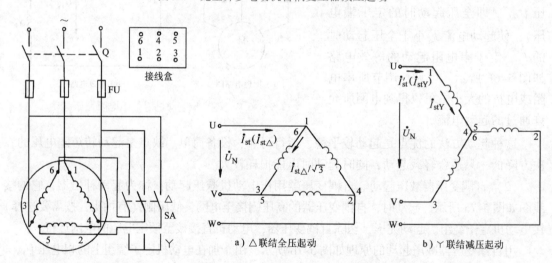

a）△联结全压起动　　　　　　b）丫联结减压起动

图5-8　笼型异步电动机
　　　丫/△起动电路图

图5-9　笼型异步电动机丫/△起动原理图

这种起动方法的优点是设备比较简单、成本低、运行比较可靠，所以 Y 系列容量等级在 4kW 及以上的小型三相笼型异步电动机都是△联结，以便采用丫/△起动。其缺点是只适用于正常运行时定子绕组是△联结的电动机，并只有一种固定的降压比。

从以上分析可知，不论采用哪一种减压起动方法使起动电流减小至电网的允许范围内，都将使电动机的起动转矩受损失，即起动转矩与定子绕组相电压的二次方成比例减小。但不同的减压起动方法有各自的特点，表 5-1 列出它们与全压起动比较的特征。

表 5-1　各种减压起动方法的特征

起动方法	电阻或电抗减压起动	自耦变压器减压起动	Y/△减压起动
起动电压	$\dfrac{1}{k}U_{N\phi}$	$\dfrac{1}{k}U_{N\phi}$（可调）	$\dfrac{1}{\sqrt{3}}U_N$
起动电流	$\dfrac{1}{k}I_{st}$	$\dfrac{1}{k^2}I_{st}$	$\dfrac{1}{3}I_{st}$
起动转矩	$\dfrac{1}{k^2}T_{st}$	$\dfrac{1}{k^2}T_{st}$	$\dfrac{1}{3}T_{st}$
起动方法的特点	起动时定子绕组经电阻或电抗器减压,起动后将电阻或电抗器切除	起动时定子绕组经自耦变压器减压,起动后将自耦变压器切除	起动时将定子绕组接成星形,起动后换接成三角形
起动方法的优缺点	起动电流较小;起动转矩较小;串接电阻时损耗大,电阻容量限制不能频繁起动	起动电流较小;可灵活选择电压抽头得到合适的起动电流和起动转矩;起动转矩较其他方法要大,故使用较多;设备费用较多,不能频繁起动	起动电流较小、起动设备简单、费用低廉、可频繁起动、起动转矩较其他方法低,一般用在较小容量电动机的空载或轻载起动,只用于正常运行为△联结的电动机

例 5-4　某厂的电源容量为 560kV·A，一传送带运输机采用三相笼型异步电动机拖动，其技术数据为，$P_N = 40kW$，△联结，全压起动电流为额定电流的 7 倍，起动转矩为额定转矩的 1.8 倍，要求带 $0.8T_N$ 的负载起动，试问应采用什么方法起动？

解　由题意，$I_{st}/I_N = 7$，$T_{st}/T_N = 1.8$

① 试用全压起动

由经验公式　$\dfrac{3}{4} + \dfrac{电源总容量}{4 \times 电动机容量} = \dfrac{3}{4} + \dfrac{560 \times 10^3}{4 \times 40 \times 10^3} = 4.25 < 7$

可见电网允许的起动电流倍数为 4.25，小于全压起动电流倍数 7，故不能全压起动。

② 试用电抗器减压起动

因为串电抗器后，希望流过电网的电流 $I'_{st} \leqslant 4.25I_N$

所以起动电流需降低的倍数　$k = \dfrac{I_{st}}{I'_{st}} = \dfrac{7I_N}{4.25I_N} = 1.647$

则串电抗器后的起动转矩　$T'_{st} = \dfrac{T_{st}}{k^2} = \dfrac{1.8T_N}{1.647^2} = 0.66T_N < 0.8T_N$

可见起动转矩无法满足要求，故不能采用串电抗器起动。

③ 试用Y/△减压起动

因电动机正常运行时是△联结，可以讨论此问题。

$$I'_{st} = \dfrac{I_{st}}{3} = \dfrac{7I_N}{3} = 2.33I_N < 4.25I_N$$

$$T'_{st} = \dfrac{T_{st}}{3} = \dfrac{1.8T_N}{3} = 0.6T_N < 0.8T_N$$

可见虽然起动电流小于电网允许值，但起动转矩不符合要求，故不能采用。

④ 试用自耦变压器减压起动

因为用自耦变压器起动，希望流过电网的电流　$I'_{st} \leqslant 4.25 I_N$

自耦变压器的变比的二次方应满足　$k^2 \geqslant \dfrac{I_{st}}{I'_{st}} = \dfrac{7 I_N}{4.25 I_N} = 1.647$

则抽头电压比　$\dfrac{1}{k} \leqslant \dfrac{1}{\sqrt{1.647}} = 0.77$　　取标准抽头 0.73 即 $\dfrac{1}{k} = 0.73$

校验起动电流　$I'_{st} = \dfrac{T_{st}}{k^2} = 7 I_N \times 0.73^2 = 3.73 I_N < 4.25 I_N$

校验起动转矩　$T'_{st} = \dfrac{T_{st}}{k^2} = 1.8 T_N \times 0.73^2 = 0.96 T_N > 0.8 T_N$

可见用抽头为 0.73 的自耦变压器减压起动，起动电流和起动转矩均符合电网和负载的要求。另外，从上面的解题步骤可推出更简便的方法求解，即

$$\sqrt{\dfrac{1.8}{0.8}} \geqslant k \geqslant \sqrt{\dfrac{7}{4.25}} \qquad 即 \quad 1.5 \geqslant k \geqslant 1.283$$

$$0.67 \leqslant \dfrac{1}{k} \leqslant 0.77 \qquad 取标准抽头：0.73$$

从此例我们用具体的数据证实了在减压起动的相同限流条件下，采用自耦变压器减压起动的起动转矩较大。

3. 软起动

笼型异步电动机的软起动是区别于传统减压起动方式(定子串电抗或电阻起动、自耦变压器起动、丫/△起动) 的一种新型的起动方式，它使电动机的输入电压从 0V 或低电压开始，按预先设置的方式逐步上升，直到全电压结束。控制软起动器内部晶闸管的导通角，从而控制其输出电压或电流，达到有效地控制电动机的起动。

软起动依赖于串接在电源和电动机之间的软起动器，如图 5-10 所示。通常在软起动器输入和输出两端，并联接触器 KM_1 触点，在软起动器输入端串联接触器 KM_0 触点，如图 5-10 所示。当软起动完成后，KM_1 触点闭合，KM_0 触点断开。工作电流通过 KM_1 送至电动机；该方法大大提高了软起动器的使用寿命，同时避免了电动机运行时软起动器产生的高次谐波，因为接触器通断时，触点两端电压基本为零，也提高了接触器的使用寿命。

软起动与传统减压起动方式的不同之处是：

1）无冲击电流。软起动器在起动电动机时，通过逐渐增大晶闸管导通角，电压无级上升，使电动机起动电流从零开始线性上升到设定值，使电动机平滑地

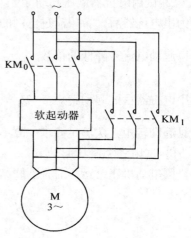

图 5-10　软起动接线示意图

加速，通过减小转矩波动来减轻对齿轮、联轴器及带的损害。

2）恒流起动。软起动器可以引入电流闭环控制，使电动机在起动过程中保持恒流，确保电动机平稳起动。

3）根据负载情况及电网继电保护特性选择，可自由地无级调整至最佳的起动电流。

软起动器还能实现在轻载时，通过降低电动机端电压，提高功率因素，减少电动机的铜耗、铁耗，达到轻载节能的目的；在重载时，则提高电动机端电压，确保电动机正常运行。

若用可编程序控制器（PLC）控制，可撤去停止、起动按钮。起动、停止的控制过程可用 PLC 的顺序控制完成，并能实现用一台软起动器起动多台电动机。

原则上，笼型异步电动机在不需要调速的各种应用场合都可适用软起动。软起动器特别适用各种泵类或风机负载需要软起动的场合。

同样，软起动器可用于笼型异步电动机的软停止，以减轻停机过程中的振动，如减轻负载的移位和液体溢出等。

三、三相绕线转子异步电动机的起动

对于需要大、中容量电动机带动重载起动的生产机械或者需要频繁起动的电力拖动系统，不仅要限制起动电流而且还要足够大的起动转矩。这就需要用三相绕线转子异步电动机转子串电阻或串频敏变阻器来改善起动性能。

1. 转子串电阻起动

转子串电阻起动的原理和分级起动特性分析：当绕线转子异步电动机每相转子回路串入起动电阻 R_{st} 时，其起动相电流为

$$I'_{st} = \frac{U_{N\phi}}{\sqrt{(r_1 + r'_2 + R'_{st})^2 + (X_1 + X'_2)^2}}$$

$$= \frac{U_{N\phi}}{\sqrt{(r_k + R'_{st})^2 + X_k^2}} \qquad (5-11)$$

可见，只要 R_{st} 足够大，就可以使起动电流 I'_{st} 限制在规定的范围内。由图 5-4 可知，转子回路串电阻 $R_p = R_{st}$ 后，其起动转矩 T'_{st} 可随 R_{st} 的大小自由调节：在一定范围内，T'_{st} 随 R_{st} 的增加而增加，以适应重载起动的要求；也可以让 R_{st} 足够大，使 $s'_m > 1$，$T'_{st} < T_{max}$，然后再逐渐减小 R_{st} 使 T'_{st} 增大，这样可以减小起动时的机械冲击。因此，绕线转子电动机转子串电阻，可以得到比普通笼型电动机优越得多的起动性能。

但是在实际应用中，起动电阻 R_{st} 在起动过程中是通过开关逐级切除（短接）的。如图 5-11 所示的是三级起动（即分三次切除）的原理接线图。其分级起动的过程分析如下：刚起动时，全部起动电阻都接入，这时转子回路每相电阻为 $R_3 = R_{st3} + R_{st2} + R_{st1} + r_2$，对应的人为机械特性如图 5-12 的 $\overline{Aa}$ 所示，其 $s_{m3} > 1$；且对应的最大起动转矩 $T_{st1} = 0.85T_{max}$。

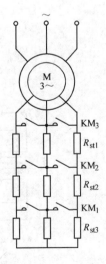

图 5-11 绕线转子异步电动机转子串电阻三级起动图

当转速沿$\overline{Aa}$加速到 b 点，电磁转矩降为切换转矩 $T_{st2} \geqslant (1.1 \sim 1.2) T_L$ 时，为提高整个起动过程的平均起动转矩，使电动机有较大的加速度，缩短起动时间，则切除（短接）R_{st3} 使电动机从 b 点跳至 $R_2 = R_{st2} + R_{st1} + r_2$ 所对应的人为机械特性 $\overline{Ac}$ 上的 c 点，且该点的转矩正好等于最大起动转矩 T_{st1}；然后再逐级切除 R_{st2}，R_{st1}，上述全部过程如图 5-12 所示的 $a \rightarrow b \rightarrow c \rightarrow d \rightarrow e \rightarrow f \rightarrow g$，最后将稳定运行于固有机械特性的 h 点。此时操作起动器手柄将电刷提起同时将三只集电环自行短接，以减小运行中的电刷摩擦损耗，至此起动结束。

注意：当电动机停止运行时，应把电刷重新放下，且把起动电阻全部接入，以便下次起动时用。

2. 转子串频敏变阻器起动

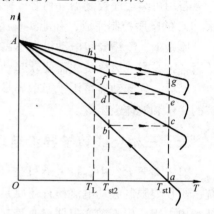

图 5-12　绕线转子异步电动机
转子串电阻三级起动机械特性

从图 5-12 可见：三相绕线转子异步电动机转子串电阻起动，在逐级切除电阻的瞬时，转矩从 T_{st2} 跃至 T_{st1}，使起动不够平稳。当绕线转子异步电动机不需要频繁起动，不需要调速时，我们可采用绕线转子串频敏变阻器起动来增加起动的平稳性。

频敏变阻器是其电阻和电抗值随频率而变化的装置。外观很像一台没有二次绕组，一次侧丫联结的三相心式变压器，如图 5-13a 所示。因其铁心用较厚的钢片叠压而成，故其铁耗比普通变压器大得多。转子串频敏变阻器的等效电路如图 5-13b 所示。其中 r_p 是频敏变阻器每相绕组本身的电阻，其值较小；R_{mp} 是反映频敏变阻器铁心损耗的等效电阻，X_{mp} 是频敏变阻器静止时的每相电抗。

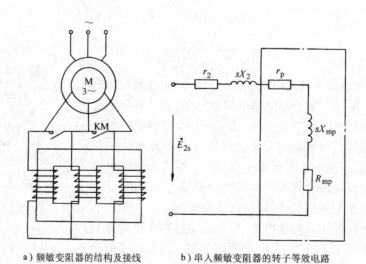

a）频敏变阻器的结构及接线　　　b）串入频敏变阻器的转子等效电路

图 5-13　绕线转子异步电动机转子串频敏变阻器起动

电动机起动时，$s = 1$ 即 $f_2 = f_1$ 较高，且频敏变阻器铁心迭片很厚，所以其铁耗很大，对应的等效电阻 R_{mp} 也很大。由于起动电流的影响使频敏变阻器的铁心很饱和，所

以 X_{mp} 不大。此时相当于在转子回路中串入一个较大的起动电阻 R_{mp}，使起动电流减小而起动转矩增大，获得较好的起动性能。随着转速的升高，s 减小即 f_2 变低，铁耗随频率的二次方成正比下降，使 R_{mp} 减小（这时 sX_{mp} 也变小），相当于随转速升高自动且连续地减小起动电阻值。当转速接近额定值时，s_N 很小即 f_2 极低，所以 R_{mp} 及 sX_{mp} 都很小，相当于将起动电阻全部切除。此时应把电刷提起且将 3 个集电环短接，使电动机运行于固有特性上，起动过程结束。

可见，绕线转子异步电动机转子串频敏变阻器起动，具有减小起动电流又增大起动转矩的优点，同时还具有等效起动电阻随转速升高自动且连续地减小的优点，所以起动的平滑性优于转子串电阻分级起动。

小　结

三相异步电动机全压起动时，其起动电流大，起动转矩不很大。为了满足电网对起动电流的限制和生产工艺对起动转矩的要求，笼型电动机和绕线转子电动机的起动方法不同。

对笼型异步电动机：如果电网容量允许，应尽量采用全压起动，以使起动转矩不受损失而能满载起动；当电网容量不够大时，应采用减压起动，以减小起动电流。常用的有定子回路串电阻或电抗、采用自耦变压器、Y/△等减压起动方法，但减压起动后，起动转矩与电压平方成比例下降，一般适用于轻载起动。不过其中自耦变压器减压起动的起动性能相对较佳，能带动比较重的负载起动。

对绕线转子异步电动机有转子串电阻和串频敏变阻器两种起动方法。起动时，起动电阻最大，限制了起动电流并增大了起动转矩，改善了起动性能。随后前者分级切除起动电阻，后者与深槽式电动机一样是无触点切除等效起动电阻，所以后者比前者的起动平滑。但前者还可以利用转子串电阻调速。

第四节　三相异步电动机的制动

与直流电动机相同，若要使三相异步电动机在运行中快速停车、反向或限速，就要进行电磁制动。而电磁制动的特点是产生一个与电动机转向相反的电磁转矩，且希望与起动时的要求相似，即限制制动电流，增大制动转矩，使拖动系统有较好的制动性能。与直流电动机一样，异步电动机也有能耗制动、反接制动及再生制动三种方法。

为便于分析异步电动机拖动系统在各种制动运行时的机械特性及各物理量的正负、范围，我们常与电动状态进行对比。图 5-14a 是正、反向电动运行的示意图，图 5-14b 是它们对应的机械特性。正向电动时，位于第 I 象限的机械特性过 $+n_1$ 点，且 $n>0$，$T>0$；反向电动时，位于第 III 象限的机械特性过 $-n_1$ 点，且 $n<0$，$T<0$。可见，只要是电动状态，$|n|<|n_1|$，n 和 T 同方向，n_1 和 n 同方向；$s=0\sim1$；$P_1\approx P_{em}=m_1 I_2'^2 r_2'/s>0$，说明电动机从电网吸取电能；$P_2\approx P_m=T\Omega>0$，说明电动机向负载输送机械能。

一、能耗制动

能耗制动原理：三相异步电动机实现能耗制动的方法是将定子绕组从三相交流电源上断

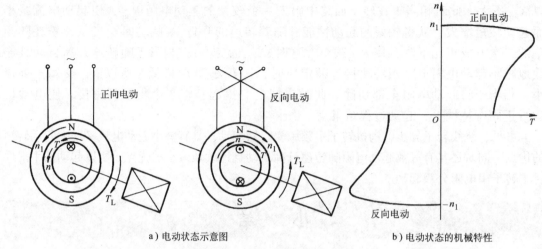

a）电动状态示意图   b）电动状态的机械特性

图 5-14 电动状态下的异步电动机

开，然后立即加上直流励磁，如图 5-15a 所示。流过定子绕组的直流电流在空间产生一个静止的磁场，而转子由于惯性继续按原方向在静止磁场中转动，因而切割磁力线在转子绕组中感应电动势（方向由右手定则判断）而产生方向相同（略转子漏抗）的电流。根据左手定则可以判断该电流再与静止磁场作用产生的电磁转矩 T 是制动性质的，如图 5-15b 所示。则系统减速，因为这种方法是将转子动能转化为电能，并消耗在转子回路的电阻上，动能耗尽，系统停车，所以称为能耗制动。

能耗制动机械特性：由于定子绕组接入直流电，磁场的旋转速度为零，所以机械特性由电动状态时的过同步点变成能耗制动时的过原点，是倒立过来的电动状态时的机械特性，如图 5-16 所示（数学推导从略）。

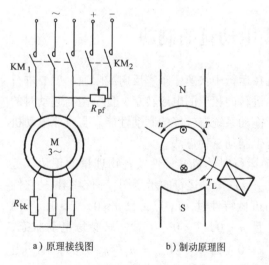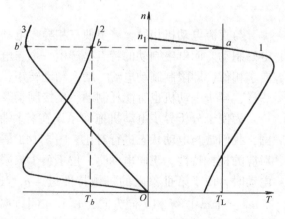

a）原理接线图   b）制动原理图

图 5-15 异步电动机的能耗制动   图 5-16 能耗制动机械特性

当三相异步电动机刚制动时，由于惯性，转速来不及变，转速最高 $n \approx n_1$，转子绕组切割静止磁场的速度最高，感应的电动势最大，若转子不串入制动电阻 R_{bk}，则制动电流过大而制动转矩较小，如图 5-16 曲线 2 中 b 点对应的 T_b；如果转子电路中接入适当电阻 R_{bk}，则在同一转速下，限制了制动电流且得到较大的制动转矩，如曲线 3 的 b' 点，从而提高了制动效果。

三相异步电动机的能耗制动，制动平稳，能准确快速地停车。另外由于定子绕组和电网脱开，电动机不从电网吸取交流电能（只吸取少量的直流励磁电能），从能量的角度看，能耗制动比较经济。但是从能耗制动的机械特性可见，拖动系统制动至转速较低时，制动转矩也较小，此时制动效果不理想。所以若生产机械要求更快速停车时，则对电动机进行电源反接制动。

二、反接制动

1. 电源反接制动（反接正转 II 象限 $n_1 < 0$，$n > 0$，$s > 1$）

这种反接制动是将三相异步电动机的任意两相定子绕组的电源进线对调，相当于他励直流电动机的电枢反接制动，适用于反抗性负载快速停车和快速反向。

制动原理和机械特性如图 5-17a 所示，由于定子绕组两相对调，使旋转磁场反向，即 $-n_1 < 0$，则如图 5-17b 所示过 $-n_1$ 点的机械特性曲线 2 和 3。设电动机原来在图 5-17b 中固有机械特性 1 的 a 点正向电动运行，定子两相反接瞬间 n_1 反向，而转速 n 由于机械惯性来不及变化（从 a 点水平跳变到曲线 2 的 b 点），仍有 $n > 0$，则转子绕组相对切割旋转磁场的方向改变，E_{2s} 反向，I_{2s} 反向，电磁转矩 T 反向（$T < 0$），所以 n 与 T 反向，T 是制动转矩，因此 n 迅速下降，至 $n\downarrow = 0$ 时，对需要快速停车的反抗性负载，应快速切断电源，否则可能会反向旋转。可见上述是一个制动过程，机械特性处于 II 象限。反接制动过程中，由于制动瞬时，$n \approx n_1$，$s \approx 2$，所以制动瞬间的转子电动势 $E_{2s} \approx 2E_2$，比 $s = 1$ 起动时的 $E_{2s} = E_2$ 还要大一倍，因此制动电流太大且因转子频率大，漏抗大而制动转矩 T_b 较小，制动效果不佳。所以生产实际的反接制动时，为改善制动性能，转子回路要串入制动电阻 R_{bk} 以限制过大的制动电流并由增大转子功率因数而增大制动转矩，如曲线 3 的 b' 点对应的制动转矩 T_b'。

$$s = \frac{-n_1 - n}{-n_1} > 1 \tag{5-12}$$

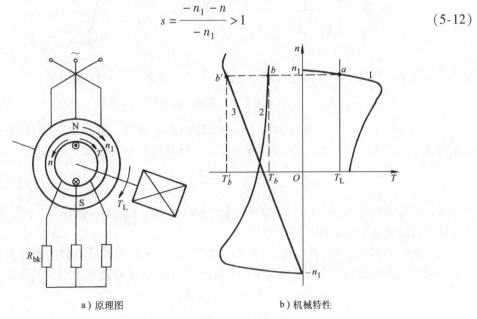

a）原理图　　　　　　　b）机械特性

图 5-17　电源反接制动

电源反接制动时，因 $P_1 \approx P_{em} = m_1 I_2'^2 r_2' / s > 0$，$P_2 \approx P_m = T\Omega < 0$ 说明既要从电网吸取电能，又要从轴上吸取机械能，因此能耗大，经济性较差。但该制动方法的制动转矩即使在转速降至很小时，仍较大，因此制动迅速。

2. 倒拉反接制动（正接反转Ⅳ象限 $n_1 > 0$，$n < 0$，$s > 1$）

这种反接制动类似于直流电动机的倒拉反接制动，适用于将重物匀低速下放。

（1）制动原理和机械特性　如图 5-18a 所示，由于定子接线与正向电动状态时一样，所以如图 5-18b 所示的机械特性仍过 n_1 点。

设异步电动机原运行于图 5-18b 的固有机械特性 1 中的 a 点来提升重物，处于正向电动状态。如果在转子回路串入足够大电阻 R_{bk}，使 $s_m' \gg 1$，以致于对应的人为机械特性与位能性恒转矩负载特性的交点落在第Ⅳ象限，如图曲线 2 所示。在串入电阻的瞬时，转速 n 由于机械惯性来不及变化，工作点从 a 点水平跳变到曲线 2 的点 b。由于 $T_b < T_L$，系统开始减速，待到转速 n 为零时，电动机的电磁转矩 T_c 仍小于负载转矩 T_L，重物迫使电动机转子反向旋转，即转速由正变负，此时 $T > 0$ 而 $n < 0$，电动机开始进入反接制动状态。

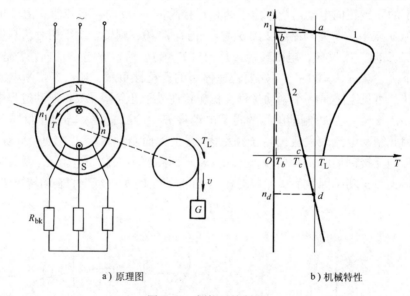

a）原理图　　　　　　　　　　　b）机械特性

图 5-18　倒拉反接制动

在重物的作用下，电动机反向加速，电磁转矩逐步增大，直到 $T_d = T_L$ 为止，电动机以 n_d 的速度下放重物，处于稳定制动运行状态。这种反接制动转差率 s 为

$$s = \frac{n_1 - (-n)}{n_1} > 1$$

所以与电源反接制动一样，倒拉反接制动的 $P_1 > 0$、$P_2 < 0$，能耗大、经济性差，但它能以任意低的转速下放重物，安全性好。

（2）制动电阻 R_{bk} 的计算　由式（5-6）和式（5-3）可以推得线性段的固有机械特性和转子串电阻的人为机械特性上同一转矩条件下的转差率和转子回路总电阻间的关系式

$$\frac{r_2}{s_g} = \frac{r_2 + R_{bk}}{s}$$

或
$$\frac{r_2}{s_N \frac{T}{T_N}} = \frac{r_2 + R_{bk}}{s} \tag{5-13}$$

式中　s_g——固有机械特性上对应任意给定转矩 T 的转差率，$s_g = s_N(T/T_N)$；

　　　s——转子串电阻的人为机械特性上的转差率，它与固有机械特性上的 s_g 对应相同的转矩 T。

式(5-13)是各种制动问题的一般计算公式，由它可以推得求制动电阻的公式，即

$$R_{bk} = \left(\frac{s}{s_g} - 1\right)r_2 = \left(\frac{s}{s_N T/T_N} - 1\right)r_2 \tag{5-14}$$

其中若转子每相电阻 r_2 未知，可用下面的公式计算

$$r_2 = \frac{s_N E_{2N}}{\sqrt{3} I_{2N}} \tag{5-15}$$

式中　E_{2N}、I_{2N}——三相绕线转子异步电动机的转子额定电动势和额定电流。

在用上述公式计算，并定性画机械特性帮助分析时，注意相对应的固有机械特性和转子串电阻的人为机械特性的同步点是相同的。利用同一转矩下转子电阻与转差率的关系式(5-13)～式(5-15)进行有关制动问题计算时有两种情况：

1）已知下放转速 n，求需串入的制动电阻 R_{bk}。用式(5-14)求解时注意，对应倒拉反接制动：位于第Ⅳ象限的倒拉反接制动运行稳定下放点的 s 必大于 1（因下放重物的 $n < 0$，$n_1 > 0$），与倒拉反接制动人为机械特性对应的，过 $+n_1$ 的位于第Ⅰ象限的固有机械特性上对应给定负载转矩 T_L（略 T_0 时，即为 T）的 $s_g > 0$。

2）已知串入的制动电阻 R_{bk}，求下放转速 n。用式(5-13)求出 s 后，用 $n = n_1(1-s)$ 计算 n 时，注意 $n_1 > 0$。

例5-5　一桥式吊车的主钩电动机采用某 $2p = 8$ 的三相绕线转子异步电动机传动。从产品目录中查得该电动机的有关数据如下：$P_N = 22kW$，$U_N = 380V$，$n_N = 723r/min$，$I_N = 56.5A$，$E_{2N} = 197V$，$I_{2N} = 70.5A$。电动机负载为额定值，不计 T_0。试求：

1）电动机欲以 300r/min 下放重物，转子每相应串入的电阻值。

2）当转子接入电阻为 $9r_2$，电动机对应的转速，运行在何状态？

3）当转子接入电阻为 $R_{bk} = 49r_2$，电动机对应的转速，运行在何状态？

解　根据题意，得

$$s_N = \frac{n_1 - n_N}{n_1} = \frac{750 - 723}{750} = 0.036$$

$$r_2 = \frac{E_{2N}}{\sqrt{3} I_{2N}} s_N = \frac{197}{\sqrt{3} \times 70.5} \times 0.036\Omega = 0.058\Omega$$

1）电动机欲以 300r/min 下放重物，转子每相应串入的电阻值。

按题意，工作点在图 5-19 曲线 2 上 $T = T_N$ 的 a 点，它的转差率为

$$s = \frac{n_1 - (-n)}{n_1} = \frac{750 - (-300)}{750} = 1.4$$

与曲线 2 上 a 点同转矩的对应点是固有特性曲线 1 上的 $T = T_N$ 的 a' 点，其转差率为 s_N，

故串入的电阻 $\quad R_{bk} = \left(\dfrac{s}{s_N T/T_N} - 1\right)r_2 = \left(\dfrac{1.4}{0.036 \times 1} - 1\right) \times 0.058\Omega = 2.2\Omega$

2）当转子串入 $9r_2$ 时电动机对应的转速，运行状态。
由式(5-13) 得对应 $T = T_N$ 的串入 $9r_2$ 工作点的转差率为

$$s = \frac{r_2 + 9r_2}{r_2} \times \frac{T}{T_N}s_N = \frac{r_2 + 9r_2}{r_2} \times 1 \times s_N$$

$$= 10s_N = 10 \times 0.036 = 0.36$$

则对应的转速 $\quad n = (1-s)n_1 = (1-0.36) \times 750 \text{r/min}$

$$= 480 \text{r/min}$$

因为此工作点对应曲线 3 上的 b 点，$0 < s < 1$，所以是正向
电动状态，电动机以 480r/min 提升额定负载。

3）当 $R_{bk} = 49r_2$ 时电动机对应的转速，运行状态

$$s = \frac{r_2 + R_{bk}}{r_2} \times \frac{T}{T_N} = \frac{r_2 + 49r_2}{r_2} \times 1 \times s_N$$

$$= 50s_N = 50 \times 0.036 = 1.8$$

对应的转速 $\quad n = (1-s)n_1 = (1-1.8) \times 750 \text{r/min}$

$$= -600 \text{r/min}$$

因为此工作点对应曲线 4 上的 c 点，$s > 1$，所以是倒拉反
接的制动状态，电动机以 600r/min 下放额定负载。

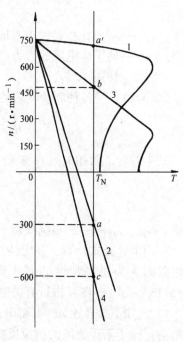

图 5-19　例 5-5 图

三、再生制动

1. 反向再生制动 （$|n| > |n_1|$ Ⅳ象限，$n_1 < 0$，$n < 0$，$s < 0$）

这种制动方法与他励直流电动机反向再生制动类似，适用于将重物高速稳定下放。
制动原理和机械特性如图 5-20a 所示，将电源两相对调，旋转磁场反向，则如图 5-20b 所
示的机械特性 1 过 $-n_1$ 点。
异步电动机在电磁转矩和位能性负载转矩的共同作用下，快速反向起动后沿机械特性曲线
1 的第Ⅲ象限电动（$T < 0$，$n < 0$）加速。当电动机加速到等于同步速 $-n_1$ 时，尽管电磁转矩为
零，但是由于重力转矩的作用，使电动机继续加速至高于同步速（$|n| > |n_1|$）进入曲线 1 的Ⅳ
象限,转差率为

$$s = \frac{-n_1 - (-n)}{-n_1} < 0$$

这时转子导条相对切割旋转磁场的方向与反向电动状态时相反，因此 sE_2 反向、I_2 反向、电磁
转矩 T 也反向，即由Ⅲ象限的 $T < 0$ 变成Ⅳ象限的 $T > 0$，与转速 n 方向相反（$n < 0$），成为制
动性质的转矩，进入Ⅳ象限的反向再生制动，最后当 $T = T_L$ 时，电动机在曲线 1 的 a 点匀高速
下放重物，此时电动机处于稳定反向再生制动运行状态。
反向再生制动运行状态下放重物时，转子回路所串电阻越大，下放速度越高，如图5-20b
曲线 2 的 b 点。因此，为使反向再生制动时下放重物的速度不至于太高，通常是将转子回路中

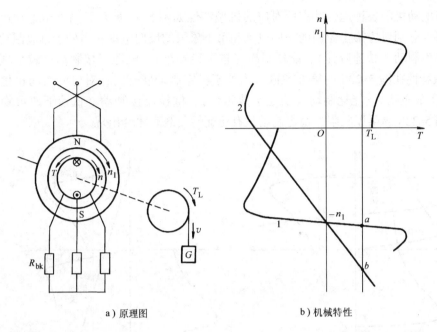

a）原理图　　　　　　　　b）机械特性

图 5-20　反向再生制动

的制动电阻切除或者很小。

由于再生制动时 $s<0$，使 $P_1 \approx P_{em} = m_1 I_2'^2 r_2'/s < 0$，$P_2 \approx P_m = T\Omega < 0$，说明电动机从轴上吸取机械能转变为电能，反馈回电网，经济性较好。但它的 $|n|>|n_1|$，下放重物的安全性较差。

2. 正向再生制动（Ⅱ象限 $n_1>0$，$n>0$，$s<0$）

这种制动发生在变极或电源频率下降较多的降速过程，如图 5-21 所示。

如果原来电动机稳定运行于 a 点，当突然换接到倍极数运行（或频率突然降低很多）时，则特性突变为曲线 2，因 $n=n_a$ 不能突变，工作点突变为 b 点。因 $n_b > n_1'$，进入再生制动，在 T 及 T_L 的共同制动下系统开始减速，从 b 点到 n_1' 的降速过程中都是 $s<0$，所以是再生制动过程。从 n_1' 至 c 点，是电动降速过程。

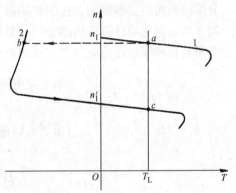

图 5-21　正向再生制动机械特性

小　结

与直流电动机一样，异步电动机除了运转在电动状态之外，也经常由于生产工艺的需要，而运转在制动状态。异步电动机的制动与他励直流电动机十分相似，在学习过程中应加以对照，注意两者的异同点。掌握好反接制动、再生制动和能耗制动的制动原理、机械特性、优缺点、应用场合及制动问题计算。

三相异步电动机的各种运转状态所对应的机械特性如图 5-22 所示。当处于电动运行状态时，机械特性分别对应第Ⅰ象限的正向电动和第Ⅲ象限的反向电动；当处于过渡制动状态时，对应的再生制动（快速降速）、能耗制动（较平稳停车）、电源反接制动（较强烈快速停车）的机械特性在图 5-22a 的第Ⅱ象限；当处于稳定制动状态时，对应的反向再生制动（较高速稳定下放重物）、能耗制动（稳定下放重物）、倒拉反接制动（低速下放重物）的机械特性在图 5-22b 的第Ⅳ象限。稳定制动只有位能性负载时才会出现。

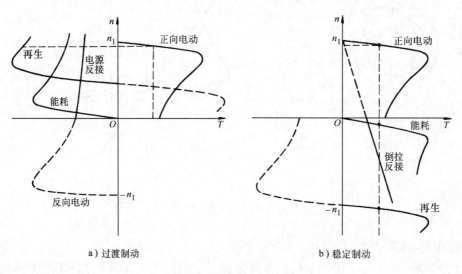

a) 过渡制动   b) 稳定制动

图 5-22　三相异步电动机各种运转状态的机械特性

异步电动机的三种制动方法的优缺点、应用场合与直流电动机相似。

对于制动问题的计算所用的公式都是机械特性线性化后推导出的在同一转矩下，转子回路总电阻与转差率成正比的公式，从而有

$$\frac{r_2}{s_N \dfrac{T}{T_N}} = \frac{r_2 + R_{bk}}{s} \begin{cases} \text{求制动电阻：} R_{bk} = \left(\dfrac{s}{s_N T/T_N} - 1 \right) r_2 \\[3mm] \text{求下放转速：} s = \dfrac{r_2 + R_{bk}}{r_2} \times \dfrac{T}{T_N} s_N ;\ n = n_1 \ (1 - s) \end{cases}$$

第五节　三相异步电动机的调速

从第二章的分析和讨论中已经知道，直流电动机具有优良的调速性能，因而在可调电力拖动系统中，特别是在调速要求高和快速可逆往返的电力拖动系统中，大都采用直流电动机拖动装置，如龙门刨床等。但是，直流电动机价格高，需要直流电源，维护检修复杂且不宜在易爆场合使用。而三相异步电动机虽然在高要求的调速和控制性能方面，目前还不如直流电动机，但异步电动机具有结构简单，运行可靠，维护方便等优点，因此随着电力电子技术和数控技术的不断发展，使得交流调速性能不断提高，从而更加扩大了三相异步电动机在工农业生产中的应用范围。

究竟异步电动机可以采用哪些方法进行调速呢？根据异步电动机的转速公式

$$n = n_1(1 - s) = \frac{60 f_1}{p}(1 - s)$$

可见，要调节异步电动机的转速，可采用改变电源频率 f_1、改变磁极对数 p 和改变转差率 s 的方法来实现，其中改变转差率的方法中又有改变定子电压、转子电阻、转子转差电动势等几种。其他还可通过电磁转差离合器来实现调速。

下面将分别介绍各种调速方法的基本原理、运行特点和调速性能。

一、笼型异步电动机的变极调速

改变异步电动机的极对数 p，由 $n_1 = 60f_1/p$ 可以改变其同步速度，从而使电动机在某一负载下的稳定运行速度发生变化，达到调速的目的。

可以证明，只有当定、转子极数相等时才能产生平均电磁转矩，实现机电能量转换。对于绕线转子异步电动机在改变定子绕组接线来改变磁极数时，必须同时改变转子绕组的接线以保持定转子极数相等，这使变极接线及控制显得复杂。而笼型异步电动机当定子极数变化时，其转子极数能自动跟随保持相等。所以变极调速一般用于笼型异步电动机。

1. 变极原理

下面用图 5-23 来说明改变定子极数时，只要将一相绕组的半相连线改接即可。设电动机的定子每相绕组都由两个完全对称的"半相绕组"所组成，以 U 相为例，并设相电流是从头 U1 进、尾 U2 出。当两个"半相绕组"头尾相串联时（称之为顺串），根据"半相绕组"内的电流方向，用右手螺旋法可以定出磁场的方向，并用"×"和"·"表示在图中，如图 5-23a 所示。很显然，这时电动机所形成的是一个 $2p = 4$ 极的磁场；如果将两个"半相绕组"尾尾相串联（称之为反串）或头尾相并联（称之为反并）时，就形成一个 $2p = 2$ 极的磁场，分别如图 5-23b、c 所示。

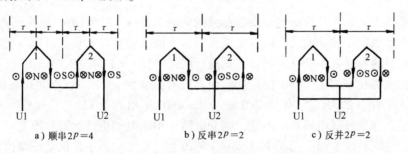

a）顺串 $2P = 4$　　　　b）反串 $2P = 2$　　　　c）反并 $2P = 2$

图 5-23　三相笼型异步电动机变极时一相绕组的接法

比较图 5-23 可知，只要将两个"半相绕组"中的任何一个"半相绕组"的电流反向，就可以将极对数增加一倍（顺串）或减少一半（反串或反并）。这就是单绕组倍极比的变极原理，如 2/4 极，4/8 极等。

除了上述最简单最常用的倍极比变极方法之外，也可以用改变绕组接法达到非倍极比的变极目的，如 4/6 极等；有时，所需变极的倍数较大，利用一套绕组变极比较困难，则可用两套独立的不同极数的绕组，用哪一档速度时就用哪一套绕组，另一套绕组开路空着。如某电梯用多速电动机有 6/24 极两套绕组，可得 1000r/min 和 250r/min 两种同步速，低速为接近楼层准确停车用。如果把以上两种方法结合起来，即在定子上装两套绕组，每一套又能改变极数，就能得到三速或四速电动机，当然这在结构上要复杂得多。

2. 两种常用的变极方案

变极调速的具体接线方法很多，这里只讨论两种常用的变极接线，如图5-24所示。在图5-24a和图5-24b中，变极前每相绕组的两个"半相绕组"是顺串的，因而是倍极数，不过前者三相绕组是Y联结，后者是△联结；变极时每相绕组的两个"半相绕组"各都改接成反并，极数减少一半，而三相绕组各都接成Y联结，经演变可以看出变极后它们都成了双Y联结。所以图5-24a和图5-24b分别称为Y/YY变极和△/YY变极。显然，这两种变极接线中三相绕组只需9个引出端点，所以接线最简单，控制最方便。

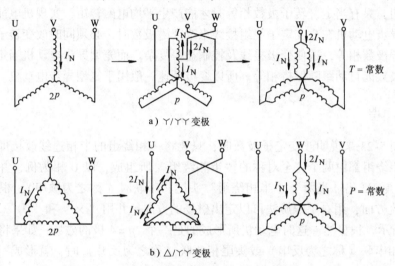

a）Y/YY变极

b）△/YY变极

图5-24 三相笼型异步电动机常用的两种变极接线

必须注意，上述图中在改变定子绕组接线的同时，将V、W两相的出线端进行了对调。这是因为在电动机定子的圆周上，电角度是机械角度的p倍。因此当极对数改变时，必然引起三相绕组的空间相序发生变化。现以下例进行说明。设$p = 1$时，U、V、W三相绕组轴线的空间位置依次为0°、120°、240°电角度。而当极对数变为$p = 2$时，空间位置依次是U相为0°、V相为120°×2=240°、W相为240°×2=480°（相当于120°），这说明变极后绕组的相序改变了。如果外部电源相序不变，则变极后，不仅电动机的运行转速发生了变化，而且因旋转磁场转向的改变而引起转子旋转方向的改变。所以，为了保证变极调速前后电动机的转向不变，在改变定子绕组接线的同时，必须用V、W两相出线端对调的方法，使接入电动机端电源的相序改变，这是在工程实践中必须注意的问题。

变极调速时，因为Y/YY变极和△/YY使定子绕组有不同的接线方式，所以允许的负载类型也不相同，可以从电流、电压的分配和输出转矩、功率情况来分析。

（1）Y/YY变极调速　设变极前后电源线电压U_N不变，通过线圈电流I_N不变（即保持导体电流密度不变），则变极前后的输出功率变化如下：

Y联结时
$$P_Y = 3 \frac{U_N}{\sqrt{3}} I_N \eta_Y \cos\varphi_Y = \sqrt{3} U_N I_N \eta_Y \cos\varphi_Y$$

YY联结时
$$P_{YY} = 3 \frac{U_N}{\sqrt{3}} 2I_N \eta_{YY} \cos\varphi_{YY} = \sqrt{3} U_N 2I_N \eta_{YY} \cos\varphi_{YY}$$

假定变极调速前后，效率 η 和功率因数 $\cos\varphi$ 近似不变，则 $P_{YY}=2P_Y$；由于Y联结时的极数是
YY联结时的两倍，因此后者的同步速是前者的两倍，因此转速也近似是两倍，即 $n_{YY}=2n_Y$，则

$$T_Y=9.55\frac{P_Y}{n_Y}=9.55\frac{2P_Y}{2n_Y}=9.55\frac{P_{YY}}{n_{YY}}=T_{YY}$$

可见，从Y联结变成YY联结后，极数减小一半，转速增加一倍，功率增大一倍，而转矩基
本上保持不变，属于恒转矩调速方式，适用于拖动起重机、电梯、运输带等恒转矩负载的
调速。

（2）△/YY变极调速　与前面的约定一样，电源线电压、线圈电流在变极前后保持不
变，效率 η 和功率因数 $\cos\varphi$ 在变极前后近似不变，则输出功率之比为

$$\frac{P_{YY}}{P_\triangle}=\frac{3\dfrac{U_N}{\sqrt{3}}2I_N\eta_{YY}\cos\varphi_{YY}}{3U_NI_N\eta_\triangle\cos\varphi_\triangle}=\frac{2}{\sqrt{3}}\approx1.15$$

输出转矩之比为

$$\frac{T_{YY}}{T_\triangle}=\frac{9.55P_{YY}/n_{YY}}{9.55P_\triangle/n_\triangle}=\frac{2}{\sqrt{3}}\times\frac{n_\triangle}{n_{YY}}=\frac{2}{\sqrt{3}}\times\frac{n_\triangle}{2n_\triangle}=\frac{1}{\sqrt{3}}\approx0.577$$

可见从△联结变成YY联结后，极数减半，转速增加一倍，转矩近似减小一半，功率近似保持
不变（只增加15%），因而近似为恒功率调速方式，适用于车床切削等恒功率负载的调速。如
粗车时，进刀量大，转速低；精车时，进刀量小，转速高。但两者的功率是近似不变的。

变极调速具有操作简单、成本低、效率高、机械特性硬等优点，而且还有采用不同的接
线方式既可适用于恒转矩调速也可适用于恒功率调速。但是，它是一种有级调速而且只能是
有限的几档速度，因而适用于对调速要求不高且不需要平滑调速的场合。

二、变频调速

平滑改变电源频率，可以平滑调节同步速 n_1，从而使电动机获得平滑调速。但工程实
践中，仅仅改变电源频率还不能达到满意的调速特性，因为只改变电源频率，会影响电动机
的运行。因此下面将讨论在变频的同时如何调节电压，以获得较为满意的调速性能。

1. 变频与调压的配合

由第四章的分析可知，忽略定子漏阻抗压降，则 $U_1\approx E_1=4.44f_1N_1k_{N1}\varPhi_1$，当变频调速
时的 f_1 下降，如果 U_1 的大小不变，则主磁通 $\varPhi_1$ 增加，使原来就比较饱和的磁路更加过度
饱和，I_0 急剧增大，其后果是导致功率因数降低、损耗增加，效率降低，从而使电动机的
负载能力变小。

为使变频时的主磁通 $\varPhi_1$ 保持不变，应有

$$\frac{U_1}{f_1}=\frac{U_1'}{f_1'}=常数 \tag{5-16}$$

当变频调速时的 f_1 上升，由于 U_1 不能大于额定电压，则只能将 $\varPhi_1$ 下降，这就影响电动机
过载能力，所以变频调速一般在基频向下调速，要求变频电源的输出电压的大小与其频率成

正比例地调节。上式中上标带"′"的量代表变频以后的量。

2. 变频调速时的机械特性

在生产实际中，变频调速系统大都用于恒转矩负载，如电梯类负载。在 $U_1/f_1 =$ 常数时，对恒转矩负载既能保持变频时主磁通 Φ_1 不变，又可保持过载能力不变（证明从略），我们还可从变频调速的机械特性得到此调速方法的优点。下面定性画机械特性时按本章第二节的方法，观察三个特殊点的变化规律。

（1）同步点　因 $n_1 = 60f_1/p$，则 $n_1 \propto f_1$；

（2）最大转矩点　因 $U_1/f_1 =$ 常数，最大转矩 $T_{\max}$ 由式(5-4) 可推得

$$T_{\max} = C \frac{U_1^2}{f_1^2} = 常数$$

虽然由式(5-3) 知临界转差率 $s_m = r_2' /(X_1 + X_2') = r_2' /[2\pi f_1 (L_1 + L_2')] \propto 1/f_1$，但临界转速降 $\triangle n_m$ 却为

$$\triangle n_m = s_m n_1 = \frac{r_2'}{2\pi f_1 (L_1 + L_2')} \frac{60 f_1}{p} = 常数$$

这就是说，在不同频率时，不仅最大转矩保持不变，且对应于最大转矩时的转速降也不变，所以变频调速时的机械特性基本上是互相平行的，因而机械特性是硬特性。

（3）起动转矩点　因 $U_1/f_1 =$ 常数，起动转矩 T_{st} 由式(5-5) 得

$$T_{st} = \frac{m_1 p U_1^2 r_2'}{2\pi f_1 [(r_1 + r_2')^2 + (X_1 + X_2')^2]}$$

$$\approx \frac{m_1 p U_1^2 r_2'}{2\pi f_1 \times (2\pi f_1)^2 \times (L_1 + L_2')^2}$$

$$= \frac{m_1 p r_2'}{8\pi^3 f_1 (L_1 + L_2')^2} \propto \frac{1}{f_1}$$

可知起动转矩随频率下降而增加。

为此得到变频调速时的机械特性如图 5-25 所示。图中曲线 1 为 U_N、f_N 时的固有机械特性；曲线 2 为降低频率即 $f_1' < f_N$，但 f' 仍较高时的人为机械特性；曲线 3 为频率较低时的人为机械特性，其 $T_{\max}$ 变小，因如果仍为 $U_1/f_1 =$ 常数，则 f_1 下降时，漏抗减小，在式(5-4) 中的 r_1 不能忽略，分母比分子下降慢之故。对基频以上调速，不能按比例升高电压（不允许超过额定电压），只能保持电压不变。所以 f_1 增大，Φ_1 减弱，相当于电动机弱磁调速，属于恒功率调速方式。这时的最大转矩和起动转矩都变小，其人为机械特性如曲线 4 所示。

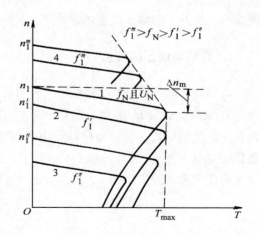

图 5-25　三相异步电动机
变频调速机械特性

变频调速平滑性好,效率高,机械特性硬,调速范围宽广,只要控制端电压随频率变化的规律(用变频器实现),可以适应不同负载特性的要求,是异步电动机尤为笼型电动机调速的发展方向。

3. 变频器简介

下面简介变频器的相关知识。变频器是将工频交流电变换为频率、电压可调的交流电的控制装置。通过变频器来改变异步电动机的电源频率,实现变频调速。三菱 FR-540E 变频器结构及操作面板如图5-26 所示。通用变频器由主电路和控制电路组成,其基本框图如图5-27 所示。

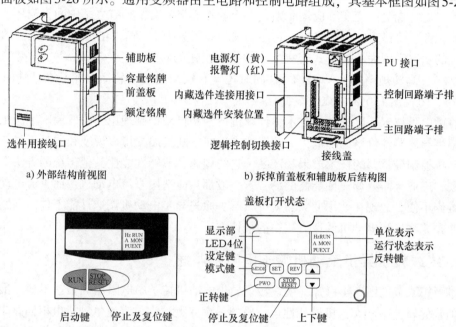

a) 外部结构前视图   b) 拆掉前盖板和辅助板后结构图

c) 操作面板图

图 5-26   FR-540E 变频器的结构与操作面板图

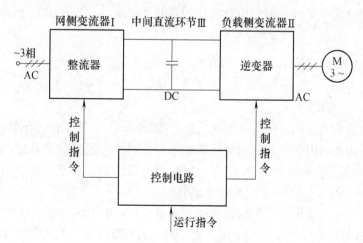

图 5-27   通用变频器的框图

主电路包括整流器、中间直流环节、逆变器（交—直—交变频电路），即先把工频交流电源通过整流器转换成直流电源，然后再把直流电源逆变成频率、电压均可控制的交流电源以供给电动机。控制电路由运算电路、检测电路、控制信号的输入/输出电路和驱动电路等组成。其控制方式经历了 U/f = 常数（VVVF 变频）的正弦脉宽调制（SPWM）控制方式、电压空间矢量（SVPWM）控制方式、矢量控制（VC）方式、直接转矩控制（DTC）方式这四代。

　　因 VVVF 变频、矢量控制变频、直接转矩控制变频都是交—直—交变频。其共同缺点是输入功率因数低，谐波电流大，造成对电源的污染，直流电路需要大的储能电容，再生能量又不能反馈回电网，即不能进行四象限运行。

　　为此，矩阵式交—交变频应运而生。由于矩阵式交—交变频省去了中间直流环节，从而省去了体积大、价格贵的电解电容。它能实现功率因数为 1，输入电流为正弦且能四象限运行，系统的功率密度大。矩阵式交—交变频具有快速的转矩响应（< 2ms），很高的速度精度（±2%），高转矩精度（< +3%）；同时还具有较高的起动转矩，尤其在低速时（包括 0 速度时），可输出 150% ~ 200% 转矩。

　　随着微电子技术、电力电子技术、计算机技术和自动控制理论等的发展，生产工艺的改进及功率半导体器件价格的降低，变频器技术也在不断发展，可以说变频器是近二三十年来异步电动机控制最重要的技术成果和产品，它的调速、节能性能比其他传统的方法要优越得多。过去，工业上需要调速性能高的场合，一般都只能选用直流电动机，而直流电动机价格昂贵，维修不便。而现在使用变频器就可以解决原先异步电动机调速性能不佳的问题，因此变频调速是笼型异步电动机调速方法中的最佳方法。

三、绕线转子异步电动机转子串电阻调速

　　由本章第二节的图 5-4 可知，绕线转子异步电动机转子串电阻后同步速不变，最大转矩不变，但临界转差率增大，机械特性运行段的斜率变大。它与直流电动机电枢回路串电阻调速相类似，在同一负载转矩下所串电阻值越大，转速越低。其调速过程分析如下：设电动机原来运行于固有机械特性的 a 点（见图 5-4），转子回路串接电阻 $R_p = R_{p1}$ 后，转子电流 I_2' 减小，电磁转矩 T 也相应减小，此时 $T < T_L$，电动机减速，转差率 s 升高，转差电动势 sE_2 增加，I_2' 和 T 回升直至 $T = T_L$ 时，电动机达到新的平衡状态，并在比 n_a 低的新转速 n_b 下稳定运行。

　　若保持调速前后的电流 $I_2 = I_{2N}$，则有 $E_2 / \sqrt{((r_2 + R_p)/s)^2 + X_2^2} = E_2 / \sqrt{(r_2/s_N)^2 + X_2^2}$

得
$$\frac{r_2 + R_p}{s} = \frac{r_2}{s_g}$$

代入电磁转矩的参数表达式，可得调速前后的电磁转矩不变，因而属于恒转矩调速方式，适宜带恒转矩负载调速。由于电动机的负载转矩不变，则调速前后稳定状态的转子电流不变，定子电流 I_1 也不变，输入电功率 P_1 不变；同时因电磁转矩 T 不变，$P_{em} = T\Omega_1$ 也不变，但机械功率 $P_m = (1 - s) P_{em}$ 随转速的下降而减小。

　　绕线转子异步电动机转子串电阻调速的主要缺点是：由于转子回路电流较大，调速电阻 R_p 只能分级调节而且分级数又不宜太多，所以调速的平滑性差；由于转速上限是额定转速，而转子串电阻后机械特性变软，转速下限受静差度限制，因而调速范围不大；由于空、轻载

时串电阻转速变化不大，因此只宜带较重的负载调速；由于转差功率 sP_{em} 是转子回路的总铜耗，即转子本身绕组电阻的铜耗和外串电阻的铜耗之和，低速时，转差率大，则 sP_{em} 大，即消耗在外串电阻上的铜耗大，效率 η 低（$\eta = P_2/P_1 = T_2\Omega/P_1 \propto n$）而发热严重。

然而，由于这种调速方法简单方便，初投资少，容易实现，而且其调速电阻 R_p 还可以兼作起动与制动电阻使用，因而在起重机械的拖动系统中得到应用。

例 5-6 一台绕线转子异步电动机，转子每相电阻为 0.16Ω，在额定负载时，转子电流为 50A，转速为 1440r/min，效率为 85%。现保持负载转矩不变，将转速降低到 1050r/min，试求：

1）转子每相应串入的电阻值。

2）降速后的效率。

解

$$s_N = \frac{n_1 - n_N}{n_1} = \frac{1500 - 1440}{1500} = 0.04$$

$$s = \frac{n_1 - n}{n_1} = \frac{1500 - 1050}{1500} = 0.3$$

1）转子每相应串入的电阻值

$$R_p = \left(\frac{s}{s_N T/T_N} - 1\right)r_2 = \left(\frac{0.3}{0.04 \times 1} - 1\right) \times 0.16\Omega = 1.04\Omega$$

2）因调速前后的稳定运行时额定转矩不变，所以电磁功率不变，输入电功率不变，输出机械功率与转速成比例。因此，降速后的效率：

$$\eta = \frac{n}{n_N}\eta_N = \frac{1050}{1440} \times 85\% = 62\%$$

四、绕线转子异步电动机的串级调速

为了改善绕线转子异步电动机转子串电阻调速的性能，如克服上述低速时效率低的缺点，那么能否将消耗在外串电阻上的大部分转差功率 sP_{em} 送回到电网中去，或者由另一台电动机吸收后转换成机械功率去拖动负载呢？这样达到的效果与转子串电阻相同，又可以提高系统的运行效率。串级调速就是根据这一指导思想而设计出来的。

1. 串级调速原理

串级调速是指在转子上串入一个和转子同频率的附加电动势 E_f 去代替原来转子所串的电阻。

异步电动机在固有特性运行时，对应的负载转矩为 T_L 时的转子电流为

$$I_2' = \frac{sE_2'}{\sqrt{r_2'^2 + (sX_2')^2}}$$

在正常运行时，$r_2' \gg sX_2'$，上式可简化为

$$I_2' = \frac{sE_2'}{r_2'}$$

设电源电压大小与频率不变，则主磁通基本不变；设调速前后负载转矩不变。

在串入 E_f 的瞬间，由于机械惯性使电动机的转速即 s 来不及变化，所以瞬时电流 I_{2f}' 为

$$I'_{2f} = \frac{sE'_2 \mp E'_f}{r'_2}$$

（1）E_f 与 E_{2s} 反相时　取上式中的 E_f 前的"–"，则 $I'_{2f} < I'_2$，对应的 $T < T_L$，$n\downarrow$，$s\uparrow$，$sE_2\uparrow$，转子电流开始回升，电磁转矩 T 也开始回升，直至 $T = T_L$，电动机在较以前低的转速下稳定运行。若平滑地调节 E_f，则就能平滑地调低速度。

（2）E_f 与 E_{2s} 同相时　取上式中的 E_f 前的"+"，则 $I'_{2f} > I'_2$，对应的 $T > T_L$，$n\uparrow$，$s\downarrow$，$sE_2\downarrow$，转子电流开始回降，电磁转矩 T 也开始回降，直至 $T = T_L$，电动机在较以前高的转速下稳定运行。如果 E_f 足够大，则转速可以达到甚至超过同步速。若平滑地调节 E_f，则就能平滑地调高速度。

2. 串级调速的实现

实现串级调速的关键是在绕线转子异步电动机的转子回路中串入一个大小、相位可以自由调节，其频率能自动随转速变化而变化，始终等于转子频率的附加电动势。要获得这样一个变频电源不是一件容易的事。因此，在工程上往往是先将转子电动势通过整流装置变成直流电动势，然后串入一个可控的附加直流电动势去和它作用，从而避免了随时变频的麻烦。这里我们只作简单介绍。

图 5-28 是晶闸管串级调速系统的原理示意图，系统工作时将异步电动机 M 的转子电动势 E_{2s} 经整流后变为直流电压 U_d，再由晶闸管逆变器将 U_β 逆变为工频交流，经变压器变压与电网电压

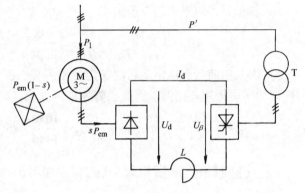

图 5-28　晶闸管串级调速原理示意图

相匹配而使转差功率 sP_{em} 反馈回交流电网。这里的逆变电压可视为加在异步电动机转子回路中的附加电动势 E_f，改变逆变角可以改变 U_β 的值，从而达到调节 M 转速的目的。

串级调速时的机械特性硬，调节范围大，平滑性好，效率高，是绕线转子异步电动机很有发展前途的调速方法。

五、绕线转子异步电动机的斩波调速

对绕线转子异步电动机的有级调速的改进，可采用斩波调速。斩波调速原理如图 5-29 所示，在三相桥式整流电路的一端接进绕线式异步电动机的转子绕组，另一端接入外部电阻 R_p，在电阻 R_p 的两端并联一个斩波器，改变斩波器的导通和开断的比率，便可以改变电路中的有效电阻值，达到无级改变电动机转子串接电阻进行平滑调速的目的。这就是斩波调速法。

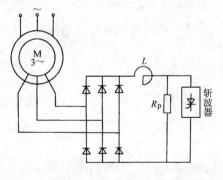

图 5-29　绕线转子异步电动机斩波调速原理图

斩波器可由采用普通晶闸管、可关断晶闸管（GTO）或大功率绝缘栅场效应晶体管（IGBT）等功率器件组成。斩波器将按一定周期不断导通和开断。设一周期时间为 T，其中导通时间为 t_{on}、开断时间为 t_{off}，则斩波器的导通率为

$$\alpha = \frac{t_{on}}{T}$$

此时整流电路中电阻的等效值可近似为

$$R_{dx} = (1 - \alpha) R_p$$

从原理图上可见，当斩波器一旦导通时，等效电阻 $R_{dx} = 0$；在斩波器处于断开状态时，等效电阻 $R_{dx} = R_p$。因此，如果改变斩波器的导通率，也就改变了一个周期内的等效电阻值。因而改变了绕线转子异步电动机的串接电阻值。通过均匀地改变斩波器的导通率，等效电阻将在 $0 \sim R_p$ 之间均匀变化，可以实现异步电动机的无级调速。此种方法比有级地改变所串电阻的方法更优越。

六、采用电磁转差离合器调速

上述异步电动机的各种调速方法是将电动机和生产机械轴作硬（刚性）连接，靠调节电动机本身的转速实现对生产机械的调速。而采用电磁转差离合器的调速系统则不然，该系统中拖动生产机械的电动机并不调速且与生产机械也没有机械上的直接联系，两者之间通过电磁转差离合器的电磁作用作软连接，如图 5-30a 所示。电磁转差离合器由电枢与磁极两部分组成，其电枢一般是铸钢成圆筒状，与电动机转轴作硬连接，是离合器的主动部分；其磁极包括铁心与励磁绕组，由可控整流装置通过集电环引入可调直流电流 I_f 以建立磁场和进行调速，磁极与生产机械作硬连接，是离合器的从动部分。

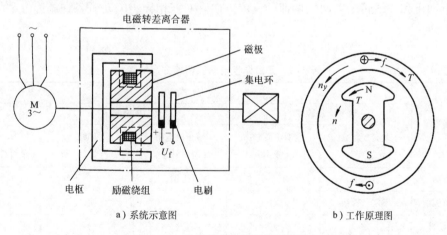

a）系统示意图　　　　　　　　b）工作原理图

图 5-30　电磁转差离合器调速系统

当 $I_f = 0$ 时，虽然异步电动机以 n_y 的转速带动电磁转差离合器电枢旋转，但是磁极因没有磁性而没有受到电磁力的作用，因此它静止不动，同时负载也静止不动。这就使电动机和机械负载处于"离"状态。当 $I_f \neq 0$ 时，离合器磁极建立磁场，离合器电枢旋转时切割磁场而感应电动势并产生涡流，该涡流与磁极磁场相互作用产生电磁力 f 及电磁转矩 T，这就像是发电机的工作，所以电磁转矩 T 与电枢转向相反，是制动性质的，如图 5-30b 所示，它企图使电枢停转，但电动机带动电枢继续转动；则由作用力与反作用力原理，此时磁极受到与

电枢大小相等方向相反的电磁力 f 和电磁转矩 T，迫使磁极沿电枢转向旋转，因此带动生产机械以转速 n 也沿 n_y 方向旋转，这就使电动机和机械负载处于"合"状态。显然 n 不可能达到电动机即电枢转速 n_y，两者必有一个转差 $\Delta n = n_y - n$，电磁转差离合器因而得名。它通常与异步电动机装成一个整体，统称电磁调速异步电动机。平滑调节励磁电流 I_f 的大小，即可平滑调速。在同一负载转矩下，I_f 越大，转速也越高，如图 5-31 所示。然而，由于离合器的电枢是铸钢，电阻大，其机械特性软，不能满足静差度的要求，调速范围不大。为此实际中采用速度负反馈的晶闸管闭环控制系统，得到硬度高的机械特性，扩大了调速范围。

电磁调速异步电动机结构简单、运行可靠、控制方便且可以平滑调速，调速范围较大（调速比 10:1），因此被广泛应用于纺织、造纸等工业部门及风机泵的调速系统中。

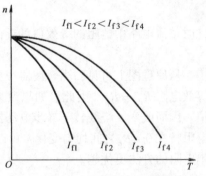

图 5-31　电磁转差离合器机械特性

小　结

与直流他励电动机相比，三相异步电动机的调速范围、调速设备的控制等都相对差些。但是，具有结构简单、运行可靠、维护方便、价格便宜等优势的异步电动机，在经济上和应用范围方面都比直流电力拖动系统好得多。为了进一步扩大异步电动机的应用，关键在于提高和改善异步电动机的调速性能，随着晶闸管元件及变流技术的发展，异步电动机变频调速和串级调速对应的变频电源和串级调速装置不断完善，使这两种性能优异的调速方法分别成为笼型电动机和绕线转子电动机调速的发展方向。对三相异步电动机各种调速方案的比较如表 5-2 所列。

表 5-2　三相异步电动机调速方案比较

调速指标	调速方法				
	改变同步转速 n_1		调节转差率 s		采用转差离合器（笼型电动机本身转速不调节）
	改变极对数（笼型）	改变电源频率（笼型）	转子串电阻（绕线转子）	串级（绕线转子）	
调速方向	上、下	上、下	下调	上、下	下调
调速范围	不广，有级	宽广	不广	宽广	较广
调速平滑性	差	好	差	好	好
调速相对稳定	好	好	差	好	较好
适合的负载类型举例	恒转矩Y/YY 恒功率△/YY	恒转矩（f_N 以下）恒功率（f_N 以上）	恒转矩	恒转矩 恒功率	恒转矩 通风机型
电能损耗	小	小	低速时大	小	低速时大
设备投资	少	多	少	多	较多

注：上表采用转差离合器调速的调速指标是在采用速度负反馈的晶闸管可调直流励磁的条件下获得的。

思考题与习题

5-1　电网电压太高或太低，都易使三相异步电动机的定子绕组过热而损坏，为什么？

5-2　为什么三相异步电动机的额定转矩不能设计成电动机的最大转矩？

5-3　三相异步电动机的电磁转矩与电源电压的高低有什么关系？如果电源电压下降20%，则电动机的最大转矩和起动转矩将变为多大？若电动机拖动额定负载转矩不变，问电压下降后电动机的主磁通、转速、转子电流、定子电流各有什么变化？

5-4　有一台丫联结 4 极绕线转子异步电动机，$U_N = 380V$，$n_N = 1460r/min$，$f_N = 50Hz$，$r_1 = r_2' = 0.012\Omega$，$X_1 = X_2' = 0.06\Omega$，略 T_0。试求额定转矩、过载能力和最大转矩时的转差率。

5-5　定性画人为机械特性时，应怎样分析？定性判断哪些点是否变化？根据什么公式？定性画出 $U = 0.8U_N$ 的人为机械特性和转子串电阻的人为机械特性（$n_m = n_1/2$）。

5-6　笼型异步电动机全压起动时，为何起动电流很大，而起动转矩不很大？

5-7　一台 △ 联结的 4 极三相异步电动机，$U_N = 380V$，$n_N = 1470r/min$，$r_1 = r_2' = 0.072\Omega$，$X_1 = X_2' = 0.2\Omega$，$f_N = 50Hz$，试求：全压起动时的定子电流（略空载电流）、起动转矩倍数；丫/△起动时的起动电流、起动转矩。

5-8　为什么在减压起动的各种方法中，自耦变压器减压起动性能相对最佳？

5-9　某三相笼型异步电动机的额定数据如下：$P_N = 300kW$，$U_N = 380V$，$I_N = 527A$，$n_N = 1450r/min$，起动电流倍数为 7，起动转矩倍数 $K_M = 1.8$，过载能力 $\lambda_m = 2.5$，定子△联结。试求：

1）全压起动电流 I_{st} 和起动转矩 T_{st}。

2）如果供电电源允许的最大冲击电流为 1800A，采用定子串电抗起动，求串入电抗后的起动转矩 T_{st}'，能半载起动吗？

3）如果采用丫-△起动，起动电流降为多少？能带动 1250N·m 的负载起动吗？为什么？

4）为使起动时最大起动电流不超过 1800A 而且起动转矩不小于 1250N·m 而采用自耦变压器减压起动。已知起动用自耦变压器抽头分别为 55%、64%、73% 三档，则选择哪一档抽头电压？这时对应的起动电流和起动转矩各为多大？

5-10　为什么绕线转子异步电动机转子串接合适电阻即能减小起动电流，又能增大起动转矩？

5-11　绕线转子异步电动机串频敏变阻器起动是如何具有串电阻起动之优点的，且比串电阻起动要平滑？

5-12　现有一台桥式起重机，其主钩由绕线转子电动机拖动。当轴上负载转矩为额定值的一半时，电动机分别运转在 $s = 2.2$ 和 $s = -0.2$，问两种情况各对应于什么运转状态？两种情况下的转速是否相等？从能量损耗的角度看，哪种运转状态比较经济？

5-13　有一绕线转子异步电动机的有关数据为：$P_N = 40kW$，$U_N = 380V$，$n_N = 1470r/min$，$E_{2N} = 420V$，$I_{2N} = 62A$，过载能力 $\lambda_m = 2.6$，欲将该电动机用来提升或下放重物，略 T_0，试求：

1）若要使起动转矩为 $0.7T_N$，转子每相应串入的电阻值；

2）保持 1）小题所串入的电阻值，当 $T_L = 0.4T_N$ 和 $T_L = T_N$ 时，电动机的转速各为多大？各对应于什么运转状态？

3）定性画出上述的机械特性并指明稳定运行点。

5-14 有一台绕线转子异步电动机的额定数据为：$P_N = 11\text{kW}$，$U_N = 380\text{V}$，$n_N = 715\text{r/}$ min，$E_{2N} = 155\text{V}$，$I_{2N} = 46.7\text{A}$，过载能力 $\lambda_m = 2.9$，欲将该电动机用来提升或下放重物，轴上负载为额定，略 T_0，试求：

1）如果要以 300r/min 提升重物，转子应串入的电阻值。

2）如要以 300r/min 下放重物，转子应串入的电阻值。

3）定性画出上述各种情况的机械特性，并指明稳定运行点。

5-15 变极调速时，改变定子绕组的接线方式有不同，但其共同点是什么？

5-16 为什么变极调速时需要同时改变电源相序？

5-17 升降机电动机变极调速和车床切削电动机的变极调速，定子绕组应采用什么样的接线方案？为什么？

5-18 基频以下的变频调速，为什么希望保证 $U_1/f_1 =$ 常数？当频率超过额定值时，是否也是保持 $U_1/f_1 =$ 常数，为什么？讨论变频调速的机械特性（$U_1/f_1 =$ 常数）。

5-19 为什么说变频调速是笼型三相异步电动机的调速发展方向？

5-20 试述绕线转子电动机转子串电阻的调速原理和调速过程，它有何优缺点？

5-21 在变极和变频调速从高速档到低速档的转换过程中，有一制动降速过程，试分析其原因；绕线转子电动机转子串电阻，从高速到低速的降速过程中有无上述现象？为什么？

5-22 有一台绕线转子异步电动机额定数据为：$P_N = 55\text{kW}$，$U_N = 380\text{V}$，$n_N = 582\text{r/}$ min，$E_{2N} = 212\text{V}$，$I_{2N} = 159\text{A}$，过载能力 $\lambda_m = 2.8$，定子丫联结，该机用于起重机拖动系统（略 T_0）试求：

1）已知电动机每转 35.4r 时主钩上升 1m，现要求拖动该额定负载重物以 8m/min 的速度上升，求应在转子每相串入的电阻值。

2）若转子电阻串入 0.4Ω 的电阻，求电动机的转速。

5-23 什么是串级调速？串级调速的出发点是什么？如何实现？

5-24 为什么说串级调速是绕线转子异步电动机调速的发展方向？

5-25 采用电磁转差离合器的调速系统与其他调速方式有何不同？"离"与"合"是何意义"如何实现？怎样实现对生产机械的调速？如何扩大该系统的调速范围？

第六章

其他用途的电动机

在拖动系统中，除了使用前面介绍的直流电动机和三相异步电动机外，还有使用其他用途和类型的电动机。本章主要介绍一些常用的或新颖的其他用途和类型的电动机，如单相异步电动机、同步电动机、直线电动机等，应用于电风扇、大型鼓风机、磁悬浮高速列车、电动汽车等方面，以适应生产和日常生活中的各种需要。下面将逐一简要介绍它们的结构、工作原理及特点等。

第一节　单相异步电动机

单相异步电动机是由单相电源供电的。由于单相异步电动机具有电源方便、结构简单、运转可靠等优点，因此被广泛应用在电风扇等家用电器、医疗器械、自动控制系统和小型电气设备中。

单相异步电动机的结构与三相笼型异步电动机结构相似，但转子只采用笼型，定子只安装单相绕组或两相绕组。与同容量的三相异步电动机相比，单相异步电动机的体积较大、运行性能较差，所以单相异步电动机只制成小容量的。下面对单相异步电动机的工作原理、运转情况等作一介绍。

一、单相单绕组异步电动机的工作原理

1. 单相绕组的脉振磁场及脉振磁场的分解

单相异步电动机定子上的主绕组是一个单相绕组。当主绕组外加一个单相正弦交流电源后，就有单相正弦交流电流通过主绕组，在气隙中就会产生一个脉振磁场（或称脉动磁场）。

为了便于分析问题，利用已经学过的三相异步电动机的知识来研究单相异步电动机，因此首先将脉振磁通势分解为旋转磁通势。

通过图6-1分析可知，一个脉振磁通势可以分解为两个大小相等（大小为脉振磁通势幅值的一半，$F_+ = F_- = F/2$）、旋转速度相等、旋转方向相反的正、反向旋转磁通势；反之，同样也成立。其中与电动机转动方向相同的磁通势称为正向旋转磁通势，而与电动机转动方向相反的磁通势称为反向旋转磁通势，由正、反向磁通势对应产生的磁场分别称为正向旋转磁场和反向旋转磁场。相反，幅值相等的一正一反两个旋转磁场同样也能合成一个脉振磁场。

2. 单相异步电动机的机械特性

由于脉振磁场可以分解为两个正、反向的旋转磁场，因此可以认为单相异步电动机的电磁转矩，是由这两个正、反向旋转磁场分别产生的电磁转矩所合成。

如果用某种方法使电动机旋转起来，则正向旋转磁场 F_+ 在转子上产生的正向电磁转矩 T_+，它的变化情况与三相异步电动机的相同，如图 6-2 中的曲线 1 所示，$T_+=f(s_+)$，此时转差率为

$$s_+ = \frac{n_1 - n}{n_1} \tag{6-1}$$

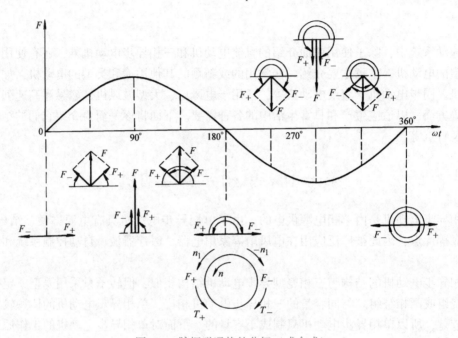

图 6-1 脉振磁通势的分解（或合成）

同样，反向旋转磁场 F_- 在转子上也会产生反向电磁转矩 T_-，如图 6-2 中的曲线 2 所示，$T_-=f(s_-)$，对应的转差率为

$$s_- = \frac{-n_1 - n}{-n_1} = 2 - \frac{n_1 - n}{n_1} = 2 - s_+ \tag{6-2}$$

由于正、反向电磁转矩同时存在，因此单相异步电动机的电磁转矩应为二者的合成转矩，即 $T = T_+ + T_-$，故此可得到单相异步电动机的机械特性 $T = f(s)$，如图 6-2 中的曲线 3 所示。当 T_+ 为拖动转矩时，T_- 就为制动转矩。从曲线上可以得到如下结论：

1）当转子不动时，$n=0$，$s_+ = s_- = 1$，这时 $T_+ = |T_-|$，故 $T_{st} = T_+ + T_- = 0$，表明单相异步电动机无起动转矩，如不采取其他措施，则不能自行起动。

2）如果外力作用使电动机转动起来，这时 $s \neq 1$，$T \neq 0$。若合成转矩大于负载转矩，则

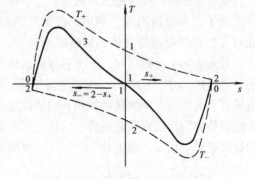

图 6-2 单相异步电动机的机械特性曲线

将加速并达到某一稳定转速下运转，而旋转的方向由电动机起动时的方向，即外力方向来确定。电动机旋转后，气隙中的磁场变为椭圆形旋转磁场。

3) 由于存在反向电磁转矩 T_-，它起制动作用，使得电动机的总输出转矩减小，所以，单相异步电动机的过载能力、效率、功率因数等均低于同容量的三相异步电动机。

二、单相异步电动机的类型及起动方法

单相单绕组异步电动机不能自行起动，要使单相异步电动机像三相异步电动机那样能够自行起动，就必须在起动时建立一个旋转磁场。常用的方法是采取分相式或罩极式。

1. 单相分相式异步电动机

单相分相式异步电动机是在电动机定子上安放两相绕组，如果 U1U2 绕组和 Z1Z2 绕组的参数相同，而且在空间相位上相差 90°电角度，则为两相对称绕组。如果两相对称绕组中通入大小相等、相位相差 90°电角度的两相对称电流，则可以证明（用类似于图 4-1 的三相异步电动机的作图法）两相合成磁场为圆形旋转磁场，其转速为 $n_1 = (60f)/p$，与三相对称交流电流通入三相对称绕组产生的旋转磁场性质相同。同样可以分析得出：当两相绕组不对称或两相电流不对称而引起两相的磁通势幅值不等或相位移不是 90°时，则气隙中将产生一个幅值变动的旋转磁通势，其合成磁通势矢量端点的轨迹为一个椭圆，即为椭圆形旋转磁场。一个椭圆形旋转磁场可以分解为两个大小不等的正向和反向圆形旋转磁场，如图 6-3 所示。正、反向旋转磁场产生的电磁转矩分别对转子起拖动、制动作用。

（1）单相电阻起动电动机　这种电动机的定子上嵌放两相绕组，一个为主绕组 U1U2（或称工作绕组），另一个为辅助绕组 Z1Z2（或称起动绕组）。如图 6-4a 所示，两个绕组接在同一个单相电源上，辅助绕组串联一个离心开关 S。制造时，一般主绕组用的导线较粗而电阻小，辅助绕组用的导线较细而电阻大，或者串电阻以增大辅助绕组支路的电阻值。辅助绕组一般按短时运转状态设计。

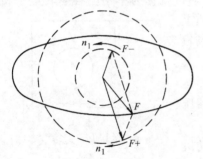

图 6-3　椭圆形旋转磁场
　　的分解（或合成）

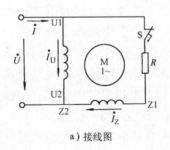

a）接线图

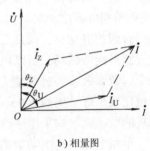

b）相量图

图 6-4　单相电阻起动电动机

起动时由于主绕组和辅助绕组两个支路的阻抗不同，使得流过两个绕组的电流相位不同，一般辅助绕组中的电流超前于主绕组中的电流，形成了一个两相电流系统，如图 6-4b 所示，这样电动机起动时就产生了椭圆形旋转磁场，从而产生了起动转矩。电动机起动后，当转速达到一定数值时，离心开关（即图 6-4a 中的 S）断开，将辅助绕组从电源上切除，剩下主绕组进入稳定运行。

另外，还常采用检测电流的方法来切除辅助绕组。在主绕组中串联一个电流继电器线

圈，而常开触点串在辅助绕组中。起动时的大电流通过线圈使其触头动作将辅助绕组接入电源，起动后主绕组电流下降，当转速升到某一数值，主绕组中电流下降到某一数值后，电流继电器触头复位，将辅助绕组自动断开，剩下主绕组进入稳定运行。例如，家用电冰箱中压缩机的电动机采用的重力式起动器等。

由于电阻分相起动时两相电流的相位移较小，小于90°，所以起动时电动机的气隙中建立的是椭圆形旋转磁场，因此单相电阻起动电动机的起动转矩较小。

（2）单相电容起动电动机　为了增加起动转矩，可以在辅助绕组支路中串联一个电容器，如图6-5a所示。如果电容器的容量选择适当，则可以在起动时使辅助绕组通过的电流 $\dot{I}_Z$ 在时间相位上超前主绕组通过的电流 $\dot{I}_U$ 90°，如图6-5b所示，这样在起动时就可以得到一个较接近圆形的旋转磁场，从而有较大的起动转矩。同样，当电动机转速达到（75%～80%）同步转速时，离心开关S将辅助绕组从电源上自动断开，靠主绕组单独进入稳定的运行状态。

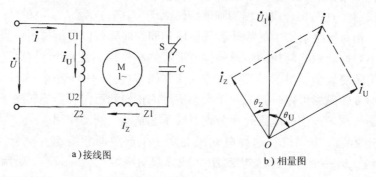

a）接线图　　　　b）相量图

图6-5　单相电容起动电动机

（3）单相电容运转电动机　如果将电容起动电动机的辅助绕组和电容器都设计成能长期工作制，而辅助绕组支路不串接离心开关，则这种电动机就称为单相电容运转电动机（或称单相电容电动机），如图6-6所示。这时电动机实质上是一台两相电动机，因此运行时定子绕组产生的气隙磁场较接近圆形旋转磁场，所以电动机运行性能有较大的改善，其功率因数、效率、过载能力等都比普通的单相电动机高，运行也比较平稳。例如300mm以上电风扇的电动机、空调器压缩机的电动机等均采用这种单相电容运转电动机。

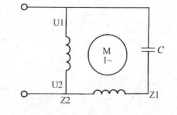

图6-6　单相电容运转电动机

单相电容运转电动机的电容器电容量的大小，对电动机的起动性能和运行性能影响较大。如果电容量取大些，则起动转矩也大，而运行性能下降；如果电容量取小些，则起动转矩也小，但运行性能较好。所以综合考虑，为了保证有较好的运行性能，单相电容运转电动机的电容器的电容量比同容量的单相电容起动电动机的电容器的电容量要小，但起动性能不如单相电容起动电动机。

（4）单相双值电容电动机（单相电容起动及运转电动机）　如果单相异步电动机，既要有大的起动转矩，又要有好的运行性能，则可以采用两个电容器并联后再与辅助绕组串联，称这种电动机为单相电容起动及运转电动机（或称单相双值电容电动机），如图6-7所示，其中电容器 C_1 的容量较大，C_2 为运行电容器，容量较小，C_1 和 C_2 共同作为起动时的电容器；S为离心开关。

起动时，C_1 和 C_2 两个电容器并联，总电容量大，所以电动机有较大的起动转矩，起动后，当电动机转速达到（75% ~80%）同步转速时，通过离心开关 S 将电容器 C_1 切除，这时只有电容量较小的 C_2 参加运行，因此电动机又有较好的运行性能。这种电动机常用在家用电器、泵、小型机械等场合。

对于单相分相式电动机，如果要改变电动机的旋转方向，可以对调主绕组或辅助绕组的两个接线端。通过分析不难得出，此时产生的旋转磁场的旋转方向改变，所以电动机的转向也跟着改变，也就是反转了。

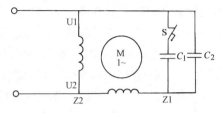

图 6-7　单相电容起动及运转
电动机的接线图

2. 单相罩极式异步电动机

单相罩极式异步电动机按照磁极形式的不同，分为凸极式和隐极式两种，其中凸极式结构最为常见。下面以凸极式为例介绍单相凸极式罩极异步电动机，如图 6-8 所示。这种电动机的定、转子铁心用 0.5mm 的硅钢片叠压而成，定子凸极铁心上安装单相集中绕组，即主绕组。在每个磁极极靴的 1/4 ~1/3 处开有一个小槽，槽中嵌入短路铜环将小部分极靴罩住。转子均采用笼型转子结构。

当罩极式电动机的定子单相绕组中通以单相交流电流时，将产生一个脉振磁场，其磁通的一部分通过磁极的未罩部分，另一部分磁通穿过短路环通过磁极的罩住部分。由于短路环的作用，当穿过短路环中的磁通发生变化时，短路环中必然产生感应电动势和电流，根据楞次定律，该电流的作用总是阻碍磁通的变化，这就使穿过短路环部分的磁通滞后于通过磁极未罩部分的磁通，造成磁场的中心线发生移动，于是在电动机内部就产生了一个移动的磁场，将其看成是椭圆度很大的旋转磁场，因此电动机就产生一定的起动转矩而旋转起来。

因为磁场的中心线总是从磁极的未罩部分转向磁极的被罩部分，所以罩极式电动机转子的转向总是从磁极的未罩部分转向磁极的被罩部分，即转向不能改变。

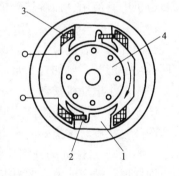

图 6-8　单相凸极式罩极异步电
动机的结构示意图
1—凸极式铁心　2—短路环
3—定子绕组　4—转子

单相罩极式异步电动机的主要优点是结构简单、制造方便、成本低、维护方便等，但是起动性能和运行性能较差，一般起动转矩只有（0.3 ~0.4）T_N，所以主要用于小功率电动机的空载起动场合，如 250mm 以下的台式电风扇等。

小　结

单相异步电动机的工作绕组通以单相交流电源时，气隙中将建立脉振磁场，不产生起动转矩。为了利用三相异步电动机的原理来分析单相异步电动机，故将脉振磁场分解为大小相等、速度相等、转向相反的两个正、反向的旋转磁场。

解决单相异步电动机的起动问题，是起动时在气隙中建立旋转磁场，常用的起动方法有分相式起动和罩极式起动。

利用两绕组通以两相交流电流时能在气隙中建立旋转磁场（圆形或椭圆形），故分相式电动机在定子上增加一套辅助绕组，使其与主绕组构成两相绕组。通过两套绕组电阻值不同或辅助绕组支路串电容，达到分相而获得两相电流的目的。根据起动和运行方法不同，分相式电动机包括：电阻起动、电容起动、电容运转、电容起动及运转四种方式。

罩极式电动机则是用短路铜环将磁极罩住小部分，使得通过磁极的未罩部分和罩住部分的磁通存在相位移而产生移动磁场，将其看成是椭圆度很大的旋转磁场，使电动机产生起动转矩。

单相分相式电动机将主绕组或辅助绕组的首末端对调即可改变电动机的转向。

单相罩极式电动机的转向不能改变。

第二节　三相同步电动机

同步电机就是转子的转速始终与定子旋转磁场的转速相同的一类交流电机。按功率转换方式，同步电机可分为同步发电机、同步电动机和同步调相机三类。同步发电机将机械能转换成电能，是现代发电厂（站）的主要设备；同步电动机将电能转换为机械能；同步调相机实际上就是一台空载运转的同步电动机，专门用来调节电网的无功功率，改善电网的功率因数。按结构型式，同步电机可分为旋转电枢式和旋转磁极式两种，旋转电枢式只在小容量同步电机中有应用，而旋转磁极式按磁极形状又分为隐极式和凸极式两种。

由于 $n = n_1 = 60f_1/p$，当电源频率不变时，同步电动机的转速恒为常值而与负载的大小无关，因此对于容量较大、转速要求恒定的设备，通常采用同步电动机拖动，同时又可改善电网的功率因数。例如自来水厂拖动水泵的电动机、工矿企业用的空气压缩机、大型鼓风机等多采用同步电动机拖动。

图6-9是三相旋转磁极式同步电机（同步发电机、同步电动机、同步调相机）的结构示意图。三相旋转磁极式同步电机的定子（或称电枢）与三相异步电动机的定子结构相同。定子铁心由厚0.5mm的硅钢片叠成，在内圆槽内嵌放三相对称绕组。对隐极式转子，转子做成圆柱形，转子上没有明显凸出的磁极，气隙是均匀的，励磁绕组为分布绕组，转子铁心上有大小齿分开，如图6-9a所示。一般用于两极或四极的电机；而凸极式转子有明显凸出的磁极，气隙不均匀，极靴下的气隙较小，极间部分的气隙较大，励磁绕组为集中绕组，如图6-9b所示。一般用于四极及以上的电机。

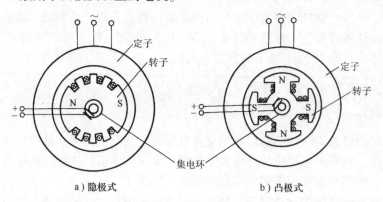

a）隐极式　　　　　　　　　　　b）凸极式

图6-9　三相旋转磁极式同步电机的结构示意图

一、三相同步电动机的基本工作原理

当三相交流电源加在三相同步电动机的定子绕组时，便有三相对称电流流过定子的三相对称绕组，并产生旋转速度为 n_1 的旋转磁场。如果我们以某种方法使转子起动，并使其转速接近于同步转速 n_1，这时在转子励磁绕组中通以直流，产生极性和大小都不变的磁场，其磁极数与定子的相同。当转子的 S 极与旋转磁场的 N 极对应，转子的 N 极与旋转磁场的 S 极对应时，根据磁极异性相吸、同性相斥的原理，定转子磁场（极）间就会产生电磁转矩（也称之同步转矩），促使转子的磁极跟随旋转磁场一起同步转动，即 $n = n_1$，故称之同步电动机，如图 6-10 所示。图 6-10a 是理想空载情况，$T = 0$。由于电动机空载运转时总存在阻力，因此转子磁极的轴线总要滞后旋转磁场轴线一个很小的角度 θ，以增大电磁转矩平衡 T_0，如图 6-10b 所示；负载时，则 θ 角随之增大，电动机的电磁转矩也随之增大，使电动机转速仍保持同步状态，如图 6-10c 所示。显然，当负载转矩超过电动机所产生的最大同步转矩时，旋转磁场就无法拖动转子一起旋转，犹如橡皮筋拉断一样，这种现象称为"失步"，电动机不能正常工作。

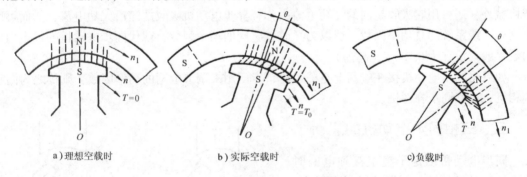

a）理想空载时 b）实际空载时 c）负载时

图 6-10 同步电动机的工作原理

三相同步电动机的转向取决于三相电源的相序，与转子直流励磁电流的极性无关。定子绕组通电产生的旋转磁场的转向，即为电动机的转向。因此改变同步电动机的转向与改变三相异步电动机的转向的方法相同，即三相电源进线中的任意两相对调即可。

二、三相同步电动机的功率因数调节

除转速恒定外，三相同步电动机还有一个功率因数可调的重要特性。这是指在输出功率一定的情况下，当调节转子直流励磁电流 I_f 的大小时，会使转子磁场大小改变。为保持同步电动机正常运行时定、转子合成磁场大小基本不变，则定子磁场必定要发生变化，因而会引起定子交流电流的大小和相位发生变化，而相位变化就使得同步电动机的功率因数得以调节。

当输出功率一定时，电网供给同步电动机的有功电流 $I\cos\varphi$ 是一定的，调节励磁电流 I_f 只能引起定子电流 I 的无功分量的变化，为保持有功电流不变，因而定子电流 I 的大小和相位一定发生变化。当 I_f 为某一值时，使定子电流的无功分量为零，即 $\cos\varphi = 1$，此时定子电流 I 最小，为纯阻性，称此时的 I_f 为正常励磁电流。以正常励磁电流为基准，减小励磁电流，称欠励状态，此时定子电流增大，因除了不变的有功分量外，需从电网吸收滞后的无功电流，产生的增量磁通用来弥补因励磁电流减小而减少的磁通，这时同步电动机和异步电动机一样，相当于一个感性负载，功率因数是滞后的；当调节励磁电流超过正常励磁电流时，称过励状态，此时定子电流也增大，因除了不变的有功分量外，需从电网吸收超前的无功电流，对因励磁电流增大而增加的磁通起去磁作用，这时同步电动机相当于一个容性负载，功率因数是超前的。据此我们可以作出当同步电动机的励磁电流 I_f 改变时，定子电流 I 变化的曲线，由于此曲线形似 V 形，故称为同步电动机的 V 形曲线，如图 6-11 所示。由图可见，在 $\cos\varphi = 1$ 处，定子电流最小；欠励时，功率因数是滞后的；过励时，功率因数是超前的。

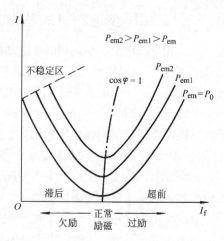

图 6-11　同步电动机的 V 形曲线

改变励磁电流可以调节同步电动机的功率因数，这是同步电动机很可贵的特性。由于电网上的负载多为异步电动机等感性负载，因此如果将运行在电网上的同步电动机工作在过励状态下，则除拖动生产机械外，还可用它吸收超前的无功电流去弥补异步电动机吸收的滞后无功电流，从而可以提高工厂或系统的总功率因数。所以为了改善电网的功率因数，现代同步电动机的额定功率因数一般均设计为 0.8 ~ 1（超前）。

如果将同步电动机接在电网上空载运行，专门用来调节电网的功率因数，则称之为同步调相机，或称同步补偿机。

三、三相同步电动机的起动

同步电动机的定子绕组接到电网时，定子旋转磁场与转子磁场的电磁吸引力所产生的转矩在一个周期内要改变两次方向，故不能产生平均的同步电磁转矩，转子不能自行起动。如图 6-12 所示。

现代的大多数同步电动机都采用异步起动法来起动，就是利用装在转子磁极极靴上的笼型绕组所产生的异步转矩来起动。异步起动时，为了避免励磁绕组在开

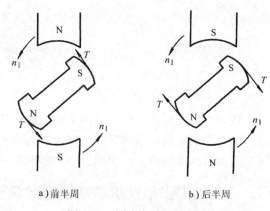

a）前半周　　　　　　　b）后半周

图 6-12　同步电动机的起动

路情况下被感应的高压击穿其绝缘，必须将励磁绕组短接起来，但短接的励磁绕组中会流过较大的感应电流。所以，起动时励磁绕组回路中应串联一个起动电阻，电阻值约为励磁绕组电阻的 5 ~ 10 倍，以限制感应电流，当同步电动机转速达到 95% 的同步转速时，切除起动电阻而通入适当的励磁电流，从而产生同步转矩将转子牵入同步运行。

小　　结

同步电机是转子转速与旋转磁场转速相等的交流旋转电机。按其运行方式可分为同步发电机、同步电动机和同步调相机。现代同步电机多采用旋转磁极式结构，分为凸极式和隐极式两种。凸极式通常用于小型同步电动机或转速较低（$2p \geqslant 4$）的场合，而隐极式用于转速

较高（$2p = 2$ 或 4）的场合。

三相同步电动机的基本工作原理是：在定子绕组中通入三相交流电流而建立旋转磁场，由一定的方法起动后，转子励磁绕组通以直流电流建立固定磁极，根据异性磁极相吸原理，由旋转磁场带动转子磁极同步旋转。

三相同步电动机由于平均起动转矩为零，故必须采用一定的起动方法。目前多采用异步起动法来起动三相同步电动机。

同步电动机的主要优点有：①转速恒定。只有负载在允许的范围内变化，电动机的稳定转速始终保持同步；②功率因数可调。不但本身具有良好的功率因数，而且过励状态时还可以改善电网的功率因数。

* 第三节　其他电动机

一、直线电动机

直线电动机是近年来发展很快的一种新型电动机，它可将电能转换成直线运动的机械能。对于作直线运动的生产机械，使用直线电动机可以省去一套将旋转运动转换成直线运动的中间转换机构，可提高精度和简化机构。

直线电动机有很多种形式，但其工作原理与旋转电机的基本相同，这里介绍两种典型的直线电动机，以便对这类电动机有所了解。

1. 直线异步电动机

（1）工作原理　直线异步电动机的工作原理与笼型异步电动机的相同，只是结构型式上有所差别。由普通旋转异步电动机演变成直线异步电动机的过程，相当于将旋转异步电动机的定、转子切开展平。直线异步电动机的定子一般称作初级，而转子称作次级。当在直线异步电动机初级的三相绕组中通入三相对称电流后，三相合成磁通势将产生气隙磁场，此时气隙磁场不是旋转磁场，而是按 U、V、W 相序沿直线移动的磁场，称为滑行磁场。滑行磁场在次级绕组中产生感应电动势和电流，电流与滑行磁场相互作用产生电磁力，促使次级跟随滑行磁场作直线运动。

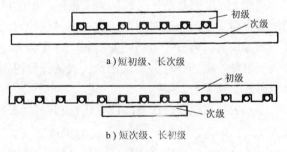

a）短初级、长次级

b）短次级、长初级

图 6-13　平板单边型直线异步电动机

（2）结构　直线异步电动机的结构型式有平板型、管型和圆盘型三种。以平板型直线异步电动机为例，其单边型和双边型原理结构分别如图 6-13

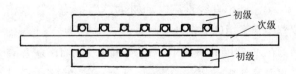

图 6-14　平板双边型直线异步电动机

和图 6-14 所示，其初级铁心也由硅钢片叠成，铁心槽中嵌放三相、两相或单相绕组，单相直线异步电动机可用电容分相式或罩极式；而次级通常用整块钢板或铜板制成，或者直接利用角钢、工字钢等来做成次级。对采用双边型的，其次级则放在两个初级的中间，这样有利于消除对次级的电磁拉力。

为了使直线异步电动机的固定部件和移动部件在所需行程范围内始终耦合，不致于使移动部件停止移动，必须使固定部件和移动部件的长度不相等。一般采用长次级、短初级成本较低，因此初级嵌放绕组。

直线异步电动机的应用很广，在交通运输和传送装置中得到了广泛的应用。如用于磁悬浮高速列车，将初级绕组和铁心装在列车上，利用铁轨充当次级；另外还可用在各种阀门、生产自动线上的机械手、传送带等。

2. 直线直流电动机

随着高性能永磁材料的出现，各种永磁直流电动机相继出现。直线直流电动机的结构型式有框架式和音圈式两大类。

（1）框架式直线直流电动机　这种电动机多用在自动记录仪表中，它有两种结构型式，如图 6-15 所示，其工作原理都是利用通电线圈与永久磁场之间产生的推力工作的。

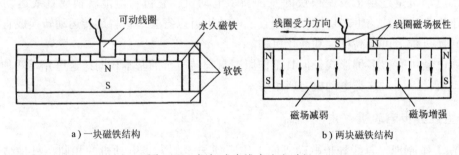

a）一块磁铁结构　　　　　　　　b）两块磁铁结构

图 6-15　框架式直线直流电动机

图 6-15a 采用的是强磁铁结构，磁铁产生的磁通通过很小的气隙与可动线圈交链。当可动线圈中通入直流电流时便产生电磁力，促使可动线圈直线移动；当改变可动线圈中电流的大小和方向时，可改变可动线圈的移动速度和方向。这种结构的缺点是要求永久磁铁的长度要大于可动线圈的行程，如果记录仪表的行程范围较大，则磁铁就较长，很不经济，而且仪器也必然很笨重。

图 6-15b 采用在软铁架端放置极性相同的两块永久磁铁。当改变可动线圈中电流的大小和方向时，即可改变可动线圈运动的速度和方向，促使可动线圈在滑道作直线运动。这种结构的直线直流电动机体积很小、成本低、效率高。

为了减小直线直流电动机的静摩擦力，在精密仪器中常采用球形轴承、磁悬浮或气垫等支撑形式。

（2）音圈式直线电流电动机　图 6-16 是音圈式直线直流电动机的原理图。环形磁铁的磁通经过极靴、铁心和磁轭形成回路。当可动线圈里通过直流电流时，便在可动线圈上产生电磁力促使线圈移动。在图中所示的电流方向下，根据左手定则，可

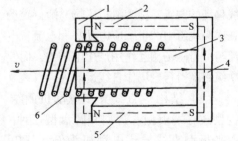

图 6-16　音圈式直线直流电动机

1—极靴　2—永久磁铁　3—铁心
4—磁轭　5—磁通　6—可动线圈

确定线圈上作用着一个向左方向的力，使线圈向左移动。改变可动线圈电流的大小和方向，则可改变可动线圈的推力和移动方向。

音圈式直线直流电动机主要用在磁盘存储器中，用它控制磁头不仅可以代替原来的步进电动机及齿条机构，使结构简化、惯量减小，而且易于实现闭环控制。由于它提高了运行速度和位置控制的精度，从而使整个磁盘存储器的容量增加和工作速度提高。

二、单相串励电动机

单相串励电动机的工作原理与直流串励电动机的相似。单相串励电动机接在一个单相交流电源上，当交流电流处于正半波时，由主磁通 $\dot{\Phi}$ 和电枢电流相互作用产生的电磁转矩，使转子逆时针方向旋转，如图6-17a所示；当交流电流处于负半波时，由于是串励，励磁电流和电枢电流同时改变方向，因此主磁通和电枢电流的方向同时改变，由此产生的电磁转矩的方向不变，促使转子仍沿着逆时针方向旋转，如图6-17b所示。因此单相串励电动机接在单相交流电上，转子转向是恒定的，如图6-17c所示。由此也可看出，单相串励电动机属于交、直流两用的电动机，它用于交流电源上所产生的电磁转矩的平均值与用于直流电源时所产生的电磁转矩相同。

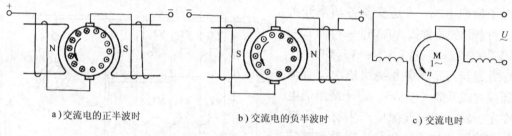

a）交流电的正半波时   b）交流电的负半波时   c）交流电时

图6-17 单相串励电动机的原理图

由于单相串励电动机使用交流电源，为了减小铁心损耗，整个磁路的铁心均采用硅钢片叠成。另外，为了改善功率因数，应尽量减少励磁绕组匝数以减小电抗，但为了保持有一定的主磁通，则应尽量减小气隙以减小磁路磁阻。

单相串励电动机的机械特性与直流串励电动机一样为软特性，即有较大的起动转矩和转速随负载增加而迅速下降的特性。这种电动机有较高的转速，而且不受电源频率限制。轻载时，转速可达20000r/min，因此应避免长时间空载或轻载运行；负载时的转速往往也达几千转/分到一万多转/分。一般单相串励电动机均制成两极电动机，功率在几十瓦到一千多瓦之间。目前单相串励电动机多用于电动工具（如手电钻、电动扳手等）、家用食品搅拌器、真空吸尘器等。由于有换向器和电刷，使单相串励电动机的结构复杂、运行可靠性较差，运行时的电火花还会产生无线电干扰。

三、无刷直流电动机

无刷直流电动机是电子技术和传统电机技术相结合的机电一体化的新型电机，它的发展是和电力电子器件（包括双极型晶体管、MOSFET功率开关、绝缘栅双极晶体管IGBT等）、数字集成电路、磁敏半导体器件以及新型永磁材料的迅速发展分不开的。

无刷直流电动机具有有刷直流电动机效率高、起动性能高、起动性能和调速性能好的优点，采用电子换向取消了有刷直流电动机的电刷和换向器的滑动接触，因此具有寿命长、可靠性高、噪声低、无电气接触火花（防爆性好）和无线电信号干扰小、可工作在真空、有腐蚀性气体介质、液体介质环境和高速或超高速场合等特点。在航空航天、医疗器械、仪器仪表、化工、轻纺机械以及家用电器等领域和部门的应用日益广泛。

　　无刷直流电动机是由电动机本体（定子为嵌放绕组的电枢、转子为永磁体）、转子位置检测器（分为转子位置传感器检测、无位置传感器检测两大类）、电子换向电路——逆变器、控制器等组成，如图6-18所示。

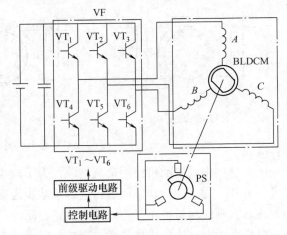

图 6-18　永磁无刷直流电动机系统的组成框图

　　图6-19是对应图6-18的永磁无刷直流电动机原理示意图。图中BLDCM为无刷直流电动机本体，它与永磁同步电动机相似，定子上有三相绕组，转子上有永磁体；位置检测器采用位置传感器，图中PS为与电动机同轴的位置传感器；VF为逆变器。无刷直流电动机工作时，控制电路对反映转子位置的位置传感器检测信号进行逻辑变换后产生脉冲宽调制PWM信号，经过前级驱动电路放大送至电子换向电路——逆变器各功率开关管，功率开关器件按 $VT_1VT_6 \rightarrow VT_1VT_5 \rightarrow VT_3VT_5 \rightarrow VT_3VT_4 \rightarrow VT_2VT_4 \rightarrow VT_2VT_6 \cdots\cdots$ 顺序导通，与定子各相绕组依次与直流电源接通或开断（换向），定子绕组通电后在定、转子间的气隙中产生有一定极对数的跳跃式的旋转磁场，拖动永磁转子旋转。随着永磁转子的转动，位置传感器就不断输出信号，定子绕组就不断改变通电状态，使得在转子一定极性下的导体中的电流方向保持不变，产生恒定方向的电磁转矩，从而带动负载运行。

图 6-19　永磁无刷直流电动机工作原理示意图

四、盘式电动机

　　盘式电动机又称为圆盘式轴向磁场电动机。随着电力电子技术的迅猛发展，微电子技术的现代化制造设备定转子铁心冲卷机的发明，各种类型的盘式电动机在一些先进工业国家得到大力发展。这里只对盘式直流电动机作简单介绍。盘式直流电动机与一般径向电动机相比具有以下特点：具有超薄型结构，尤其适用于轴向空间紧凑的场合；起动转矩大，机械特性硬，过载能力强，调速范围宽；控制特性优良；转子可以做成无铁心结构，电枢惯量小，电感影响小，控制响应好。因此在家用电器、电动自行车、机器人　计算机及其外围设备、复印机、办公自动化产品、豪华型高级轿车等中得到了广泛的应用。

1. 印制绕组盘式直流电动机

　　印制绕组盘式直流电动机的名称起源于电枢绕组的制造工艺早期应用印制电路的制作方法，在两面敷有铜箔的基板上腐蚀成型电枢绕组，虽然目前较普遍使用精密冲制成形后叠装胶合而成，但仍统一称为印制绕组。永磁式电动机定子为圆环形或分块的永磁体磁极。

图 6-20 为永磁式印制绕组盘式直流电动机结构，定子为采用铝镍钴磁钢或铁氧体永磁的磁极。轴向磁场，常有 6、8 极或更多极数。电枢无铁心，由两层或两层以上的偶数层印制绕组组成。层间由绝缘薄片绝缘，各层绕组按一定连接方式焊接成闭环。

图 6-21 所示为 6 层印制电枢绕组。绕组型式一般为单波绕组，导体的有效部分沿径向辐射状分布。

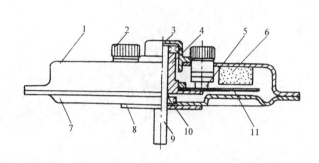

图 6-20 永磁式印制绕组盘式直流电动机结构图

1—后端盖 2—电刷盒 3—后轴承座 4—轴套

5—电刷 6—磁钢 7—前端盖 8—前轴承盖

9—转轴 10—轴承 11—印制绕组电枢

图 6-21 印制电枢绕组（6 层）

永磁式印制绕组盘式直流电动机的原理与一般永磁直流电动机相同。磁极产生的磁通，在径向平面气隙中形成磁场，外电源通过电刷给电枢绕组馈电，载流导体在磁场中受到电磁力而使电枢转子旋转。被驱动而旋转的电枢导体切割气隙磁场的磁力线，感应产生反电势与外电源电压相平衡。这样，就实现了电能到机械能的转换。

永磁式印制绕组盘式直流电动机的性能特点是机电时间常数小、起动转矩大、调速范围宽、低速运行性能和换向性能好、无齿槽效应、火花小、散热性能好；其结构特点是轴向尺寸小。这种电动机适用于需要上述特性而且轴向安装尺寸受到限制的场合，多作为计算机外围设备、线（带）材的张力控制等的驱动用。

2. 线绕盘式直流电动机

线绕盘式直流电动机的结构与印制绕组直流电动机相似，只是电枢的结构和制造方法不同。线绕盘式直流电动机的电枢绕组，通常先制成单个线圈，然后通过与换向片焊接连成波绕组或其他形式的绕组，再用树脂浇注或用热固性塑料膜压成型，并有足够的机械强度。换向器可制成径向或端面型，如图 6-22 所示。这种电动机的轴向长度比传统的电机短得多，效率提高了 20%，电刷寿命也提高了约 2 倍，可以作频繁的起停运行。

线绕盘式直流电动机特别适用于要求薄形安装的使用场合。这种电动机能承受较大的电气过载和热过载。频繁起停、调速性能好，适用于电动自行车、摩托车、吊扇和汽车电器等场合，应用已越来越广泛。

五、开关磁阻电动机

开关磁阻电动机是一种20世纪80年代中期发展起来的机电一体化电动机。由于其结构和控制系统简单，高速运转性能好，日趋受到人们的重视。

开关磁阻电动机（简称SRM或SR电动机）要正常运行，还需功率变换器、控制器和检测器共同组成开关磁阻电动机传动系统（简称SRD系统），它们之间的关系如图6-23所示。

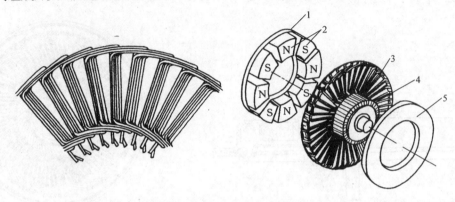

图6-22　线绕盘式直流电动机

1、5—磁轭　2—磁极　3—盘式电枢绕组　4—换向器

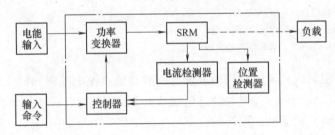

图6-23　SRD系统基本构成

1. 功率变换器

功率变换器是开关磁阻电动机运行时所需能量的供给者，是连接电源和电动机绕组的开关部件。因此，它包括蓄电池或整流器所形成的直流电源和开关元件等。功率变换器的电路有多种形式，并且与开关磁阻电动机的相数、绕组形式——单绕组或双绕组等有密切关系。图6-24所示为四相开关磁阻电动机传动系统用的功率变换器示意图。图中电源采用三相全波整流，$L_1 \sim L_4$分别表示SR电动机的

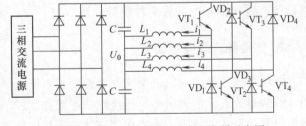

图6-24　四相SR电动机功率变换器示意图

四相绕组，$VT_1 \sim VT_4$表示与绕阻相连的可控开关元件，$VD_1 \sim VD_4$是续流二极管。

2. 控制器

控制器是SRD系统的大脑，起决策和指挥作用。它综合位置检测器、电流检测器所提

供的电动机转子位置、速度和电流等反馈信息及外部输入的命令，然后通过分析处理，决定控制策略，向功率变换器发出一系列执行命令，进而控制 SR 电动机运行。

控制器由具有信息处理功能的微机或数字逻辑电路及接口电路等部分构成。微机信息处理功能大部分由软件完成。

3. 位置检测器

位置检测器是转子位置及速度等信号的提供者。它及时向控制提供定、转子齿极间实际相对位置的信号和转子运行速度的信号。

4. 开关磁阻电动机（SR 电动机）

开关磁阻电动机是 SRD 系统的执行元件。一般采用凸极定子和凸极转子，即双凸极型结构，并且定、转子齿极数（简称极数）不相等，如图 6-25 所示。定、转子均由普通硅钢片叠压而成。定子装有简单的集中绕组，直径方向相对的两个绕组串联成为"一相"。

开关磁阻电动机遵循磁通总是要沿着磁阻最小的路径闭合的原理，当定子某相绕组通电时，所产生磁场由于磁力线扭曲而产生切向磁拉力，由磁拉力形成的磁阻转矩驱动相近的转

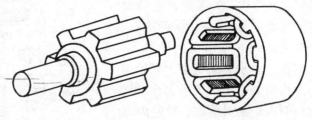

图 6-25 SR 电动机基本结构

子极旋转到其轴线与定子极轴线对齐的位置。如图 6-26 所示的四相 8/6 极结构的 SR 电动机工作原理图中：当控制器接收到位置检测器提供的定子 U 相齿极轴线 UU′ 与转子齿极 1 的轴线 1 1′不重合，即进行判断处理，向功率变换器发出命令，使 U 相绕组的电子开关 S_1 和 S_2 导通，U 相绕组通电，而 V、W 和 R 相绕组都不通电。电动机内建立起以 UU′为轴线的磁场，磁通经过定子轭、定子极、气隙、转子极、转子轭等处闭合，通过气隙的磁力线是弯曲的。转子受到气隙中弯曲磁力线的切向磁拉力所产生转矩的作用，使转子逆时针方向转动，转子齿极 1 的轴线 1 1′向定子齿极轴线 UU′趋近。当轴线 UU′和 1 1′重合时，转子达到稳定平衡位置。但此时控制器又接收下一相定子齿极轴线与转子某齿极轴线不重合的信号，依次对功率变换器发出控制信号，使开关磁阻电动机连续旋转运行。

开关磁阻电动机按相数分，有单相、两相、三相、四相或更多相；定、转子极数有多种不同配合。相数增多，有利于减小转矩脉动，但导致结构复杂、主开关器件增多、成本增高。目前用得最多的是三相 6/4 极结构、三相 12/8 极结构和四相 8/6 极结构。

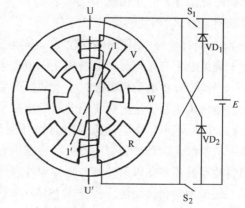

图 6-26 SR 电动机的工作原理图

开关磁阻电动机以其结构简单、制造工序少、成本低、工作可靠、可制成高速电机、调速性能好、系统控制灵活、有良好的动态特性等优点，其通用产品在国外已在一般工业中大

量应用，还应用于电动汽车、飞机起动发电机、日用家电等领域。国内小功率的 SRD 系统也已在服装机械、食品机械、印刷烘干机、空调器生产线等传送机构或流水线上应用。

六、锥形异步电动机

锥形异步电动机因定子内腔和转子表面制成圆锥的一部分——锥台形状而得名，它是将异步电动机和制动器两项功能集于一体的电力驱动器具。锥形异步电动机与普通异步电动机相比，其主要不同之处是：除了铁心表面呈圆锥形外，为了运行需要都带有附加的机械装置如弹簧、齿轮及摩擦机构等，图 6-27 示出了内刹式锥形异步电动机的结构。

当定子三相绕组接通电源后，在气隙中就产生了旋转磁场，该旋转磁场在转子绕组中产生感应电动势和电流，建立转子旋转磁场。在产生定、转子旋转磁场瞬间，两者尚处于相对静止状态，二者之间相互作用产生吸引力。若在普通异步电动机中，该吸引力沿径向垂直于定转子表面，气隙均匀和磁路对称时，径向力的总和为零，即不会引起任何不平衡的磁拉力；但在锥形异步电动机中，该吸引力 F 垂直作用于转子表面，可将它解为径向分力 F_1 和轴向分力 F_2，如图 6-27 中所示。如果气隙均匀、磁路对称，则径向分力 F_1 也互相抵消为零；但轴向分力 F_2 则使转子从左向右

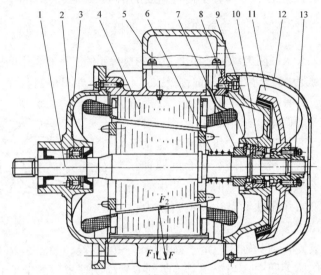

图 6-27　内刹式锥形异步电动机

1—转子　2—前轴承　3—前端盖　4—定子
5—出线盒（或断电限位器）　6—压缩弹簧
7—支承圈　8—径向推力球轴承　9—后端盖（带制动环）
10—后轴承　11—风扇制动轮　12—分罩　13—锁紧螺母

产生轴向移动，使得风扇制动轮 11 与静止制动环 9 松开，同时压紧了轴上的弹簧 6。其次，转子绕组电流与气隙旋转磁场相互作用产生切向电磁力，产生电磁转矩，促使电动机旋转。

当锥形异步电动机断电时，电动机产生的轴向分力 F_2 消失，转子在弹簧作用下向左移动，使得风扇制动轮向后端盖上的静止制动环压紧，在两个摩擦块的作用下，转子立即停止转动。因此锥形异步电动机通电时松开制动器，电动机旋转；而断电时刹车制动，停止转动。由于静止制动环和制动摩擦环装在风扇内侧，故称为内刹式锥面制动。如果静止制动环和制动摩擦环装在风扇外侧，则称为外刹式锥面制动。一般锥形异步电动机的功率在 13kW以上的采用外刹式结构，功率在 13kW 以下的采用内刹式结构。

锥形异步电动机与同容量的普通异步电动机相比，其气隙较大，因此相应的性能指标有所下降，损耗要大（10 ~ 18）%，功率因数低 10% 左右。

锥形异步电动机由于将电动机和制动器组成一体，因此广泛应用于需要快速制动的传动装置中。如用于起重设备、机床或组合机床、刀具和工作台的精确定位等，图 6-28 示出了锥形异步电动机用于电动葫芦的例子，它连同减速装置一起同装于一只卷筒内，结构十分紧凑。

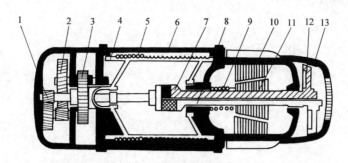

图 6-28 电动葫芦结构示意图

1、2、3—齿轮 4—滚筒 5—钢绳 6—外壳 7—转轴（通电位置） 8—转轴（断电位置）
9—弹簧 10—定子铁心 11—转子铁心 12—风扇轮 13—制动环

思考题与习题

6-1 为什么单相单绕组异步电动机没有起动转矩？单相异步电动机有哪些起动方法？

6-2 比较单相电阻起动、单相电容起动、单相电容运转电动机的运行特点及使用场合。

6-3 单相罩极电动机的工作原理是怎样的？它的优缺点有哪些？

6-4 怎样改变单相电容运转电动机的旋转方向？对罩极电动机，如不改变其内部结构，它的旋转方向能改变吗？

6-5 一台单相电容运转式台风扇，通电时有振动，但不转动，如用手正拨动或反拨动风扇叶，则都会转动且转速较高，这是什么故障？

6-6 一台三相异步电动机，定子绕组星形联结，工作中如果一相绕组断线，原来若为轻载运行，能否允许电动机继续工作？为什么？原来若为重载运行，又如何？

6-7 为什么现代的大容量同步电机都制成旋转磁极式？

6-8 正常运行时三相同步电动机为什么能保持同步状态，而三相异步电动机却不能？

6-9 改变励磁电流时，同步电动机的定子电流发生什么变化？对电网有什么影响？

6-10 什么叫同步电动机的 V 形曲线？它有什么用途？

6-11 同步电动机为什么不能自行起动？一般采用哪些起动方法？

6-12 三相同步电动机采用异步起动法起动时，为什么其励磁绕组要先经过附加电阻短接？

6-13 直线异步电动机与旋转异步电动机的主要差别是什么？直线异步电动机有哪几种结构形式？

6-14 单相串励电动机为什么能交流、直流两用？

6-15 开关磁阻电动机有何优点，应用在哪些场合？

6-16 无刷直流电动机有何优点？

6-17 盘式直流电动机与一般径向直流电动机相比有何长处？应用于哪些场合？

6-18 锥形异步电动机为什么会产生轴向移动？为什么能自刹车？

第七章

控制电机

自动控制系统和计算装置中，作为执行元件、检测元件和计算元件使用的各种电机，统称为控制电机。它广泛应用于国防、航天航空技术、工业技术、民用领域中的雷达扫描、卫星遥控遥测、船舶方位控制、汽车的多种控制、飞机自动驾驶、数控机床、机器人、自动化仪表、家用电器、医疗设备、办公设备等中。控制电机一般是小容量（也称微特电机），功率从数百毫瓦到数百瓦。但在大容量的自动控制系统中（如数控机床、轧钢、工业机器人）中，功率已达数十千瓦至数千千瓦。

控制电机是在普通电机的基础上发展起来的，就电磁感应原理而言，控制电机和普通电机没有本质区别。普通电机完成机电能量转换，着重于起动和运行状态下的力能指标；而控制电机主要用于信号的传递或转换，着重于运行高可靠性、特性参数高精度及对控制信号的快速响应等。

本章简要地介绍几种有特殊性能的常用控制电机——交直流伺服电动机、交直流测速发电机及步进电动机等的基本结构、工作原理和特性等。

第一节　伺服电动机

伺服电动机在自动控制系统中用作执行元件，又称执行电动机。它将接收到的控制信号转换为转轴的角位移或角速度输出。改变控制信号的极性和大小，便可改变伺服电动机转向和转速。

自动控制系统对伺服电动机的性能要求可概括为：

（1）无自转现象　在控制信号来到之前，伺服电动机转子静止不动；控制信号来到之后，转子迅速转动；当控制信号消失时，伺服电动机转子应立即停止转动。控制信号为零时电动机继续转动的现象称为"自转"现象，消除自转是自控系统正常工作的必要条件。

（2）空载始动电压低　电动机空载时，转子不论在任何位置，从静止状态开始起动至连续运转的最小控制电压称为始动电压。始动电压越小，表示电动机的灵敏度越高。

（3）机械特性和调节特性的线性度好　能在宽广的范围内平滑稳定地调速。

（4）快速响应性好　即机电时间常数小，因而伺服电动机都要求转动惯量小。

常用的伺服电动机有两大类，以交流电源工作的称为交流伺服电动机；以直流电源工作的称为直流伺服电动机。

一、直流伺服电动机

1. 直流伺服电动机的结构和控制方式

电磁式（他励）和永磁式直流伺服电动机与对应的普通直流电动机在结构上并无本质上

的差别，由于永磁式直流伺服电动机的结构简单、体积小、效率高，应用广泛。

电磁式直流伺服电动机可以采用由励磁绕组上加恒压励磁，将控制电压施加于电枢绕组来进行控制，则称为电枢控制；也可以在电枢绕组上施加恒压，将控制电压信号施加于励磁绕组来进行控制，则称为磁场控制。由于电枢控制的特性好、电枢控制回路电感小而响应迅速，则控制系统多采用电枢控制。下面仅以电枢控制方式为例说明其特性。

2. 电枢控制方式的工作原理与特性

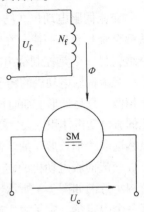

电枢控制时直流伺服电动机的原理图如图 7-1 所示。从工作原理来看，与普通直流电动机是完全相同的。伺服电动机由励磁绕组接于恒压直流电源 U_f 上，使其中通过电流 I_f 以产生磁通 Φ。电枢绕组作为控制绕组接收到控制电压 U_c 后，电枢绕组内的电流与磁场作用，产生电磁转矩，电动机转动；控制电压消失，电动机立即停转，保证了电动机无"自转"现象。

电枢控制时，直流伺服电动机的机械特性和他励直流电动机改变电枢电压时的人为机械特性相似。

图 7-1 电枢控制式直流 伺服电动机原理图

$$n = \frac{U_c}{C_e \Phi} - \frac{R_a}{C_e C_T \Phi^2} T \qquad (7-1)$$

由式(7-1) 可见，当控制电压 U_c 一定时，直流伺服电动机 n 与 T 的关系，即机械特性曲线是线性的，且在不同的控制电压 U_c 下，得到一簇平行直线，如图 7-2 所示。从图中还可知：控制电压 U_c 越大，则 $n = 0$ 时对应的起动转矩 T 也越大，越利于起动。

调节特性是指电磁转矩 T 一定时，电动机转速 n 与控制电压 U_c 的关系，由式 7-1 也可得到调节特性，如图 7-3 所示。显然，调节特性也是线性的，当 T 一定时，U_c 高时 n 也高。调节特性在横坐标上的截距——始动电压，在一定负载转矩 T 下，当控制电压 U_c 小于对应的始动电压时，电动机不转，称之为失灵。在同样的负载下，始动电压越小，电动机灵敏度越高。

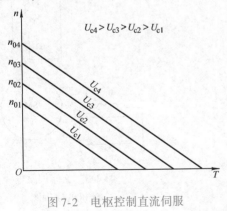

图 7-2 电枢控制直流伺服 电动机机械特性

图 7-3 电枢控制直流伺服 电动机调节特性

由以上分析可见，直流伺服电动机在电枢控制方式运行时，机械特性和调节特性的线性度好，调速范围大，效率高，起动转矩大，没有"自转现象"，可以说，具有理想的伺服性能。缺点是电刷和换向器的接触电阻数值不够稳定，对低速运行的稳定有一定影响。此外，电刷与换向器之间的火花有可能对控制系统产生有害的电磁波干扰。

二、交流伺服电动机

1. 交流伺服电动机的结构和基本工作原理

交流伺服电动机在结构上类似单相异步电动机。它的定子铁心是用硅钢片或铁铝合金或铁镍合金片叠压而成，在其槽内嵌放两个空间相差90°电角度的两个定子绕组，一个是励磁绕组，另一个是控制绕组。

交流伺服电动机的转子结构有两种形式，一种是笼型转子，与普通三相异步电动机笼型转子相似，只是外形上细而长，缩小直径可使惯量降低，有助于减少机电时间常数。笼型转子交流伺服电动机体积较大，空气隙较小，励磁电流小，功率因数较高，电机的机械强度大。转子虽然选取"细长形"的结构尺寸，但惯量比杯形转子的要大。低速运转时不够平稳。

交流伺服电动机的转子结构另一种形式是非磁性空心杯形转子（简称为杯形转子），其结构示意图如图7-4所示。杯形转子交流伺服电动机除了具有一般异步电动机的定子外，还有一个内定子，它是由用硅钢片或铁镍合金片冲压成型后叠装制作。内定子一般不设绕组，仅作为磁路的一部分。外定子槽内嵌放两相绕组。在内、外定子之间有一个装在转轴上的空心杯形转子，通常用铝或铝合金制成。空心杯壁厚只有 $0.2\sim0.8\mathrm{mm}$，在内、外定子之间的间隙中运转。当定子绕组中有励磁电流时，在杯形转子内感应涡流与主磁通作用而产生电磁转矩。杯形转子的优点是转动惯量小，摩擦转矩小，使电动机对控制信号的响应快，运行平稳，但电动机的结构比较复杂，气隙较大，因而空载电流较大，功率因数较低。

交流伺服电动机的原理图如图7-5所示。其中 N_f 为励磁绕组，由电压保持恒定的交流电源励磁。N_c 为控制绕组，由伺服放大器供电。

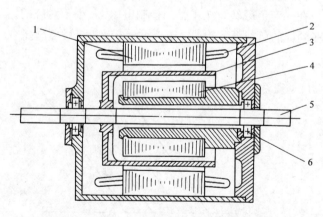

图7-4　杯形转子交流伺服电动机结构示意图

1—外定子　2—定子绕组　3—杯形转子
4—内定子　5—轴　6—轴承

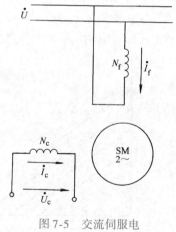

图7-5　交流伺服电动机的原理图

两相绕组 N_f、N_c 的轴线在空间相差90°电角度。当励磁绕组接入额定励磁电压 U_fN，而控制绕组接入伺服放大器输出的额定控制电压 U_cN（即最大控制电压），并且 U_fN 与 U_cN 相位差90°时，两相绕组的电流在气隙中建立的合成磁通势是圆形旋转磁通势。其旋转磁场在杯形转子的杯形筒壁上或在笼型转子的导条中感应出电动势及其电流,转子电流与旋转磁场相互作用产生电磁转矩。在圆形旋转磁场作用下,电动机如果拖动额定负载转矩,其转速为额定转速。即在额定负载、最大控制电压时,转子相应为最高转速。

前面已指出:自动系统要求伺服电动机不能有"自转"现象。即交流伺服电动机一经转动后,当控制信号消失,在励磁绕组单独通电的情况下,转子必须停转,否则若像单相异步电动机那样,仍然可以继续旋转,则导致系统失控。那么交流伺服电动机是怎样实现不"自转"的呢?下面我们对单相单绕组异步电动机的机械特性作些回顾,从而去寻求实现交流伺服电动机不"自转"的方法。

从单相异步电动机的工作原理可知,在单个绕组通入交流电流而产生的单相脉振磁通势可分为两个大小相等、方向相反的旋转磁通势,二者分别产生正、反转旋转磁场,其正转旋转磁场产生正向电磁转矩 T_+;反转旋转磁场产生反向电磁转矩 T_-。正向转矩 $T = f(s_+)$ 的曲线、反向转矩 $T = f(s_-)$ 的曲线以及合成转矩的 $T = f(s)$ 的曲线,如图 7-6 所示。图 7-6a 所示的是普通单相单绕组异步电动机的机械特性(转子电阻小,$r'_2 \ll (X_1 + X'_2)$,$s_m \leqslant 0.2$),电动机用某种方法一经正向起动,则正向电磁转矩大于反向电磁转矩,合成转矩 T 是一正值,即 $T > 0$,电动机继续旋转。可见,若交流伺服电动机的转子电阻设计得和普通单相异步电动机的转子电阻一样大,则伺服电动机控制信号消失而处于单相励磁的情况下,仍能继续转动,不符合控制系统不"自转"的要求。因此若把交流伺服电动机的转子电阻增大到 $r'_2 \geqslant (X_1 + X'_2)$,则 $s_m \geqslant 1$,此时正、反向机械特性以及合成机械特性如图 7-6b 所示。从合成的机械特性看出,当控制电压消失后,处于单相运行状态的电动机的合成转矩 T 为负值,由于电磁转矩为制动性质的,使电动机能迅速停止。所以为了克服电动机的"自转"现象,以防止误动作,在制造交流伺服电动机时,必须将转子电阻设计得很大,满足 $s_m = r'_2/(X_1 + X'_2) \geqslant 1$。

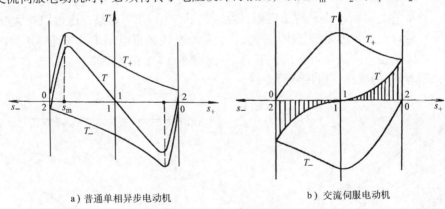

a)普通单相异步电动机   b)交流伺服电动机

图 7-6 交流电动机单相励磁时的机械特性

2. 交流伺服电动机的控制方法和特性

交流伺服电动机不仅需具有受控于控制信号而起动和停转的伺服性,而且还需具有转速大小的可控性。交流伺服电动机的控制方法有三种:幅值控制、相位控制、幅-相控制。

由于交流伺服电动机像单相异步电动机那样,一般在不对称状态下运行,不对称程度决定于控制电压与折算到控制绕组的励磁电压是否满足有效值相等且相位上相差90°电角度的条件,如这个条件不满足,则气隙合成磁场不会是一个圆形旋转磁场,而是一个椭圆形的旋转磁场。磁场的椭圆程度越大，正转旋转磁场相应地会削弱，反转旋转磁场则加强。因而，正转旋转磁场产生的正向转矩减小，反转旋转磁场产生的反向转矩增大，合成转矩降低，转速下降。这种不对称程度不仅因各种控制方式而异，而且控制电压信号不同时也有所不同，因此机械特性和调节特性应在控制信号系数为一定值的条件下去求作。当然，控制方法不同，信号系数的含义也不一样。

（1）幅值控制　幅值控制的工作原理如图7-7所示。幅值控制时，励磁绕组直接接到交流电源上，励磁电压 $\dot{U}_f$ 就是电源电压 $\dot{U}_s$，即 $\dot{U}_f = \dot{U}_s$；控制绕组通过电阻分压与电压移相后接到同一交流电源上，使控制电压 $\dot{U}_c$ 与励磁电压 $\dot{U}_f$ 相位互差90°电角度，$\dot{U}_c$ 的幅值可以调节。

假定有效信号系数为 $\alpha_e = U_c/U_f'$，式中 U_f' 为折算到控制绕组的励磁电压。当 $\alpha_e = 1$ 时，即 $U_c = U_f'$，气隙合成磁场为圆形旋转磁场，电动机的转速最高；当 $0 < \alpha_e < 1$ 时，即 $0 < U_c < U_f'$，气隙合成磁场为椭圆形旋转磁场，且 α_e 越小，椭圆度越大，电动机的转速越低；当 $\alpha_e = 0$ 时，即 $U_c = 0$，气隙磁场为定子在励磁绕组单相励磁下产生的脉振磁场，电动机停转。

机械特性和调节特性如图7-8所示。图中 ν 和 τ 分别是转速相对于同步转速、转矩相对起动转矩的比值。

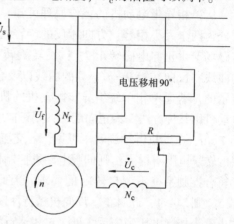

图 7-7　交流伺服电动机幅值控制接线图

从机械特性曲线可看出，因交流伺服电动机转子电阻大，临界转差率 s_m 大，机械特性很接近线性关系，且电动机运行于下降的机械特性，总是稳定的。所以，增大转子电阻，除了防止"自转"现象，还可以扩大交流伺服电动机的稳定运行范围。但是转子电阻过大，会降低交流伺服电动机的起动转矩，以致影响其速应性。从机械特性曲线还可看出，随着 α_e 的减小，τ 成正比下降，而 ν 下降的程度慢，也就是说，随着 α_e 的减小，机械特性变软。

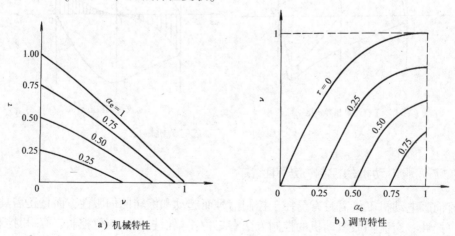

a）机械特性　　　　b）调节特性

图 7-8　交流伺服电动机幅值控制的机械特性和调节特性

调节特性可由机械特性求得，如在机械特性上作许多平行于横轴的转矩线，每一转矩线与机械特性相交很多点，将这些点的转速值与对应的控制信号值画成曲线，就得出该输出转矩下的调节特性。不同的转矩线就可得出不同的输出转矩下的调节特性。调节特性更清楚地表示出伺服电动机转速随控制信号变化的关系。一般自动控制系统要求伺服电动机调节特性为线性，从图中可看出，只有在 ν 及 α_e 值都很小时调节特性才近似为线性。

（2）相位控制　相位控制是指控制电压 $\dot{U}_c$ 的幅值不变，仅改变控制电压相位来进行控制。相位控制的工作原理如图 7-9 所示。励磁绕组恒接在交流电压 $\dot{U}_f$ 进行励磁，控制绕组通过移相器接到同一交流电压上。若保持控制电压大小不变，且与折算到控制绕组的励磁电压大小相等，即 $U_c = U'_f$，但在相位上控制电压滞后于励磁电压 β 电角度，β 的变化范围为 $0° \sim 90°$。则有效信号系数 α_e 应取控制电压 $\dot{U}_c$ 滞后于励磁电压 $\dot{U}_f$ $90°$ 电角度的分量 $U_c \sin\beta$ 与 U'_f 之比，即

$$\alpha_e = \frac{U_c \sin\beta}{U'_f} = \frac{U_c \sin\beta}{U_c} = \sin\beta \qquad (7-2)$$

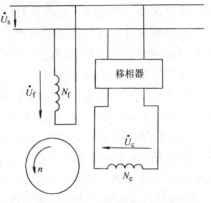

图 7-9　交流伺服电动机
相位控制接线图

当 $\beta = 90°$ 时，$\sin\beta = 1$，$\dot{U}_c$ 与 $\dot{U}_f$ 幅值相等，相位互差 $90°$，气隙磁场为圆形旋转磁场，电动机的转速最高；当 $0° < \beta < 90°$ 时，$0 < \sin\beta < 1$，旋转磁场为椭圆形旋转磁场，并且 β 越小，椭圆度越大，电动机的转速越低；当 $\beta = 0°$ 时，$\sin\beta = 0$，$\dot{U}_c$ 与 $\dot{U}_f$ 幅值相等，相位相同，相当于单相励磁，电动机产生制动转矩，使电动机停转。

相位控制的机械特性和调节特性与幅值控制时的类似。

（3）幅-相控制　幅-相控制的接线如图 7-10 所示。这种控制方式是将励磁绕组通过串接电容后再接到稳压交流电源 $\dot{U}_s$ 上，这时施加在励磁绕组上的电压 $\dot{U}_f = \dot{U}_s - \dot{U}_{cf}$。施加在控制绕组上的电压 $\dot{U}_c$ 与电源电压 $\dot{U}_s$ 同相位，分压电阻与控制绕组串接，当调节控制电压 $\dot{U}_c$ 的幅值来改变电动机的转速时，由于转子绕组的耦合作用，励磁绕组中电流 $\dot{I}_f$ 发生变化，使励磁绕组上的电压 $\dot{U}_f$ 及电容上的控制电压 $\dot{U}_{cf}$ 的大小及其之间的相位关系发生变化，这样，不仅控制电压 $\dot{U}_c$ 相对 $\dot{U}_f$ 的幅值变化，而且相位也发生

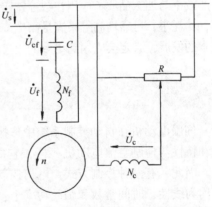

图 7-10　交流伺服电动机幅-相控制接线图

变化。因此这是一种幅值和相位的复合控制方式。当控制电压 $\dot{U}_c = 0$ 时，电动机停转。

幅-相控制的机械特性和调节特性的线性度不如幅值控制和相位控制时的线性度好。但由于幅-相控制方式的设备简单，不用移相装置，并有较大的输出功率，实际上应用最为广泛。

三、电主轴技术

随着数控机床需求的增大，作为主轴驱动的伺服电动机的容量在扩大，因此用于数控机床的三相交流伺服电动机替代前述的两相交流异步伺服电动机已成现实。三相交流伺服电动机实际上是属同步电动机类，其定子装有三相对称的绕组，而转子是永久磁极。当定子的绕

组中通过三相电源后，定子与转子之间必然产生一个旋转磁场。这个旋转磁场的转速称为同步转速。电机的转速也就是磁场的转速。由于转子有磁极，所以在极低频率下也能旋转运行。另三相交流伺服电动机的变频驱动装置技术水平也在不断提高，所以它比两相异步伺服电机的调速范围更宽。而与直流伺服电动机相比，它没有机械换向器，特别是它没有了碳刷，完全排除了换向时产生火花对机械造成的磨损和无线电干扰，另外交流伺服电动机自带一个编码器，可以随时将电动机运行的情况"报告"给驱动器，驱动器又根据得到的"报告"更精确地控制电动机的运行。

又由于数控机床应用领域中，有数控雕刻机等要求高速（转速达每分钟2~3万转，甚至6万转）运行的需求，应运而生了高速电主轴技术，是近年来在数控机床领域出现的将机床主轴与主轴电机融为一体的新技术。高速数控机床主传动系统取消了带轮传动和齿轮传动。机床主轴由内装式电动机直接驱动，从而把机床主传动链的长度缩短为零，实现了机床的"零传动"。这种主轴电动机与机床主轴"合二为一"的传动结构形式，使主轴部件从机床的传动系统和整体结构中相对独立出来，因此可做成"主轴单元"，俗称"电主轴"。

电主轴相关的技术中，一是高速电动机的技术很重要，大多是用上面所述的永磁高频三相交流伺服电动机，也有用直线电动机、磁阻电动机等的；高速电动机在高速旋转时的离心力很大，当线速度达到200m/s以上时，常规叠片转子难以承受高速旋转产生的离心力，需要采用特殊的高强度叠片或实心转子。二是轴承技术同样重要，因为普通轴承难以承受在高速系统中承受长时间运行，必须采用新材料和新结构的轴承，同时轴承的润滑方式也要有新的高要求。三是冷却技术，四是变频装置等，这些都是确保电主轴数控系统正常运行的主要技术。如应用在数控雕刻机中，系统稳速精度高、低速时力矩大、加减速时间短、高速时温升低等来满足高生产效率与加工品质；应用在数控铣床中，具有刚性好，回转精度高，运行时温升小，稳定性好，功耗小，可靠性高等来满足高生产效率与加工精度。电主轴技术现在还在发展中，随着该技术的发展，必定会应用到更多的数控机床领域，进一步提高加工精度和生产效率。

小　结

伺服电动机在自动控制系统中作执行元件，分交、直流两种。直流伺服电动机的基本结构和特性与他励直流电动机一样，它的励磁绕组和电枢绕组理论上都可作为接收控制信号用。因此，有两种控制方式：电枢控制和磁场控制。由于电枢控制方式的机械特性和调节特性均为线性，时间常数和励磁功率小，响应迅速，故电枢控制方式得到广泛应用。

交流伺服电动机其励磁绕组和控制绕组分别相当于分相式异步电动机的主绕组和辅助绕组。控制绕组的信号电压为零时，气隙中只产生脉振磁场，电动机无起动转矩；控制绕组有信号电压时，电动机气隙中形成旋转磁场，电动机产生起动转矩而起动。但电动机一经起动，即使控制信号消失，转子仍继续旋转，这种失控现象称为"自转"，是不符合控制要求的。为了消除自转现象，将伺服电动机的转子电阻设计得较大，使其有控制信号时，迅速起动；一旦控制信号消失，就立即停转。

交流伺服电动机的控制方式有三种：幅值控制、相位控制和幅-相控制，它们都是通过控制气隙磁场的椭圆度来调节转速。

为了减小交流伺服电动机的转动惯量，转子采用杯形和套筒形结构。

第二节　测速发电机

测速发电机是一种测速元件，它将输入的机械转速转换为电压信号输出。在自动控制及计算装置中，测速发电机可作为检测元件、阻尼元件、计算元件和角加速信号元件。

自动控制系统对测速发电机的要求是：①输出电压与转速保持严格的线性关系，且不随温度等外界条件的改变而发生变化；②转速的测量不影响被测系统的转速，即测速发电机的转动惯量小、响应快；③输出电压对转速的变化反应灵敏，即测速发电机的输出特性斜率要大。

按照测速发电机输出信号的不同，可分为直流和交流两大类。

一、直流测速发电机

1. 直流测速发电机的结构和工作原理

直流测速发电机的结构与普通小型直流发电机相同，按励磁方式可分为他励式和永磁式两种。由于测速发电机的功率较小，而永磁式又不需另加励磁电源，且温度对磁钢特性的影响也没有因励磁绕组温度变化而影响输出电压那样严重，所以应用广泛。

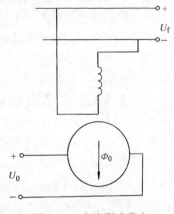

直流测速发电机的工作原理和直流发电机相同，其工作原理如图 7-11 所示。在恒定磁场中，当发电机以转速 n 旋转时，电刷两端产生的空载感应电动势 E_0 为

$$E_0 = C_e \Phi_0 n \qquad (7\text{-}3)$$

可见空载运行时，直流测速发电机的空载感应电动势与转速成正比，电动势的极性与转速的方向有关。由于空载时 $I_a = 0$，直流测速发电机的输出电压就是空载感应电动势，即 $U_0 = E_0$，因而输出电压与转速也成正比。

有负载时，因电枢电流 $I_a = U/R_a$，若不计电枢反应的影响，直流测速发电机的输出电压应为

$$U = E_0 - I_a R_a = E_0 - U\frac{R_a}{R_L} \qquad (7\text{-}4)$$

图 7-11　直流测速发电机的工作原理图

式中　R_a——电枢回路的总电阻，它包括电枢绕组电阻、电刷接触电阻；

R_L——测速发电机负载电阻。

将式(7-3) 代入式(7-4)，并整理后可得

$$U = \frac{C_e \Phi_0}{1 + \dfrac{R_a}{R_L}} n \qquad (7\text{-}5)$$

在理想情况下，R_a、R_L 和 Φ_0 均为常数，直流测速发电机的输出电压 U 与转速 n 仍成线性关系。只不过对于不同的负载电阻 R_L，测速发电机的输出特性的斜率也有所不同，它随负载电阻 R_L 的减小而降低，如图 7-12 所示。

2. 产生误差的原因和改进方法

直流测速发电机输出电压 U 与转速 n 成线性关系的条件是 Φ_0、R_a、R_L 保持不变。实际上，直流测速发电机在运行时，某些原因会引起这些量发生变化，引起误差。

（1）电枢反应的去磁作用　当直流测速发电机带负载时，电枢电流引起电枢反应的去磁作用，使发电机气隙磁通减小。如当转速一定时，负载电阻越小，电枢电流越大；当负载电阻一定时，转速越高，电动势越大，电枢电流越大，它们都使电枢反应的去磁作用加大，Φ_0 减小，输出电压和转速的线性误差加大，如图 7-12 所示，当转速很高时，输出特性变为非线性。

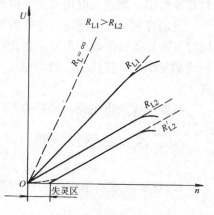

图 7-12　直流测速发电机的输出特性

因此，为了改善输出特性，必须削弱电枢反应的去磁作用。如使用直流测速发电机时，负载电阻 R_L 不得小于规定值，转速不得高于规定值；对电磁式直流测速发电机，可以在定子磁极上安装补偿绕组。

（2）电刷接触电阻的非线性　因为电枢电路总电阻中包括电刷与换向器的接触电阻，而这种接触电阻是非线性的，随负载电流变化而变化的。当电机转速较低时，相应的电枢电流较小，而接触电阻较大，电刷压降较大，这时测速发电机虽然有输入信号（转速），但输出电压却很低，因而在输出特性上有一不灵敏区，引起线性误差，如图 7-12 所示。

因此，为了减小电刷接触电阻的非线性，缩小不灵敏区，直流测速发电机常选用接触压降较小的金属——石墨电刷。高精度的直流测速发电机还有选用铜电刷的。

（3）温度的影响　对电磁式直流测速发电机，因励磁绕组长期通过电流而发热，它的电阻也相应增大，引起励磁电流及磁通 Φ_0 的降低，从而造成线性误差。

为了减小由温度变化所引起的磁通变化，在设计直流测速发电机时使磁路处于足够饱和状态。同时可在直流测速发电机的励磁回路中串联一个温度系数很小、阻值比励磁绕组大 $3 \sim 5$ 倍的用锰白铜（原称康铜）或锰铜材料制成的电阻。但上述减小由温升造成磁通改变的措施，均使励磁功率增加，励磁损耗变大。

图 7-13 是直流测速发电机在恒速控制系统中的应用原理图。若单独采用直流伺服电动机来拖动这个机械负载，由于直流伺服电动机的转速是随负载转矩而变化的，所以不能实现负载转矩变化而负载转速恒定的要求。因此，为了实现系统的转速恒定，采用与直流伺服电动机同轴联接一个直流测速发电机的方法来达到目的。

先调节给定电压 U_g，使直流伺服电动机的转速等于负载要求的转速。当负载转矩由于某种因素减小时，直流伺服电动机的转速便上升，直流测速发电机转速也随之上升，输出电压 U_f 增加，U_f 将反馈到输入端，与 U_g 比较，使差值电压 $U_d = U_g - U_f$ 减小，经放大以后的输出电压随之减小，因而直流伺服电动机减速，系统转速基本不变。反之当负载转矩由于某种原因而略有增加时，系统的转速将下降，直流测速发电机的输出电压减小，因而差值电压 $U_d = U_g - U_f$ 变大，经放大后加在直流伺服电动机上的电压也增大，直流伺服电动机转速上升。可见，该系统具有自动调节作用，使系统的转速近似于恒定值。

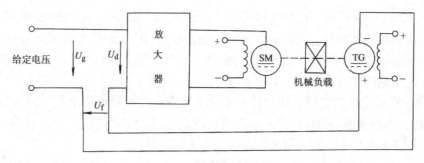

图 7-13 恒速控制系统原理图

二、交流测速发电机

交流测速发电机有异步式和同步式两种，下面介绍在自动控制系统中应用较广的交流异步测速发电机。

交流异步测速发电机的结构与交流伺服电动机的结构一样。为了提高系统的快速性和灵敏度，减少转动惯量，目前广泛应用的交流异步测速发电机的转子都是空心杯形结构。在机座号小的测速发电机中，定子槽内嵌放着空间相差 90°电角度的两相绕组，其中一相绕组作为励磁绕组；另一相作为输出绕组。在机座号较大的测速发电机中，常把励磁绕组嵌放在外定子上，而把输出绕组嵌放在内定子上，以便调节内、外定子间的相对位置，使剩余电压最小。内、外定子间的气隙中为空心杯形转子。

交流测速发电机的工作原理如图 7-14 所示。励磁绕组 N_1 接于恒定的单相交流电源励磁 $\dot{U}_1$，输出绕组 N_2 则输出与转速大小成正比的电压信号 $\dot{U}_2$。频率为 f_1 的电压加在励磁绕组以后，励磁绕组中便有励磁电流 $\dot{I}_f$，产生直轴（d 轴）脉振磁场。

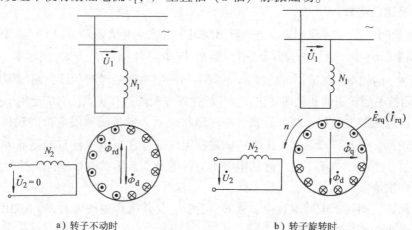

a）转子不动时　　　　　　　b）转子旋转时

图 7-14 交流测速发电机的工作原理图

当 $n = 0$，即转子不转时，励磁绕组与杯形转子之间的电磁关系和二次侧短路时的变压器一样，励磁绕组相当于变压器的一次绕组，杯形转子（看作是无数根并联导条组成的笼形转子）则是短路的二次绕组。此时，测速发电机的气隙磁场为脉振磁场，脉振频率为 f_1，其轴线就是励磁绕组轴线，与输出绕组的轴线（q 轴）互相垂直。d 轴的脉振磁通只能在空心杯转子中感应出变压器电动势，由于转子是闭合的，这一变压器电动势将产生转子电流，电流的方向如图7-14a所示。这是因为根据楞次定律，此电流所产生的磁通$\dot{\Phi}_{rd}$和励磁绕组产生的磁通方向相反，所以合成磁通仅为沿d轴的磁通$\dot{\Phi}_d$，如图7-14a所示。而输出绕组的轴线和励磁绕组轴线空间位置相差90°电角度，它与d轴磁通没有耦合关系，故不产生感应电动势，输出电压为零。即有$n=0$，$\dot{U}_2=0$。

当$n\neq0$，即转子转动以后，杯形转子中除了感应有变压器电动势外，同时因杯形转子切割磁通$\dot{\Phi}_d$，则在转子中感应产生一旋转电动势$\dot{E}_{rq}$，其方向由给定的转子转向，用右手定则判断，如图7-14b所示。而其有效值为

$$E_{rq}=C_q\Phi_d n \tag{7-6}$$

式中　C_q——比例常数。

在旋转电动势$\dot{E}_{rq}$的作用下，转子绕组中将产生交流电流$\dot{I}_{rq}$。由于杯形转子的转子电阻很大（比交流伺服电动机的还要大）远大于转子电抗，则$\dot{E}_{rq}$与$\dot{I}_{rq}$基本上同相位，如图7-14b所示。由$\dot{I}_{rq}$所产生的磁通$\dot{\Phi}_q$也是交变的，$\dot{\Phi}_q$的大小与$\dot{I}_{rq}$以及$\dot{E}_{rq}$的大小成正比，即

$$\Phi_q=KE_{rq} \tag{7-7}$$

式中　K——比例常数。

$\dot{\Phi}_q$的轴线与输出绕组轴线（q轴）重合，由$\dot{\Phi}_q$在输出绕组中感应变压器电动势$\dot{E}_2$，其频率仍为f_1，而有效值为

$$E_2=4.44f_1N_2K_{N2}\Phi_q \tag{7-8}$$

式中　N_2K_{N2}——输出绕组的有效匝数，对已制成的发电机，其值为一常数。

上述这些式子表明，当励磁磁通$\dot{\Phi}_d$恒定时，因$E_{rq}\propto n$、$I_{rq}\propto E_{rq}$，在线性磁路下，$\Phi_q\propto I_{rq}$、$E_2\propto\Phi_q$，故输出电动势E_2可写成

$$E_2=C_1n \tag{7-9}$$

式中　C_1——比例常数。

所以我们得出结论，异步测速发电机输出绕组中所感应电动势$\dot{E}_2$的大小与转速n成正比；而对$\dot{E}_2$的频率，因$\dot{\Phi}_d$与励磁电源同频率，而$\dot{E}_{rq}$与$\dot{\Phi}_d$同频率，$\dot{I}_{rq}$与$\dot{E}_{rq}$同频率，$\dot{\Phi}_q$与$\dot{I}_{rq}$同频率，$\dot{E}_2$与$\dot{\Phi}_q$同频率，故输出电动势$\dot{E}_2$的频率与励磁电源的频率相同，而与转速的大小无关，使负载阻抗不随转速的变化而变化。异步测速发电机的这一优点使它广泛用于控制系统。

根据输出绕组的电动势平衡方程式，在理想状况下，异步测速发电机的输出电压U_2也应与转速成正比。但是异步测速发电机的励磁漏阻抗的存在等因素使直轴磁通$\dot{\Phi}_d$不能完全保证是恒定值，还由于加工工艺引起的电磁不对称等及负载阻抗的性质等，都会引起输出特性的误差。详情请参阅有关控制电机书籍。

若转子反转，则转子中的旋转电动势$\dot{E}_{rq}$电流$\dot{I}_{rq}$及其所产生的磁通$\dot{\Phi}_d$的相位均随之反相，而输出电压的相位也反相。

小　结

测速发电机是信号检测元件，也有交、直流两种。直流测速发电机的结构和工作原理与直流发电机相同，从电磁感应定律可知，发电机的空载输出电压与转速成正比。造成直流测速发电机线性误差的原因主要是电枢反应、温度影响及电刷与换向器接触电阻的非线性。

交流测速发电机的结构与交流伺服电动机相同，当两相绕组之一作为励磁绕组，通过励磁电流后，产生磁通，当转子以一定转速旋转时，则在另一绕组中输出电压，其大小与转速成正比，频率等于励磁电源的频率，与转速大小无关。

第三节　步进电动机

步进电动机是一种将电脉冲信号转换成相应角位移或线位移的电动机。每输入一个脉冲信号，转子就转动一个角度或前进一步，其输出的角位移或线位移与输入的脉冲数成正比，转速与脉冲频率成正比。因此，步进电动机又称脉冲电动机。

步进电动机是用电脉冲信号控制的执行元件，除用于各种数控机床外，在平面绘图机、自动记录仪表、航空航天系统和数/模转换装置等，也得到广泛应用。

步进电动机的结构形式和分类方法较多，一般按励磁方式分为磁阻式、永磁式和混磁式三种；按相数可分为单相、两相、三相和多相等形式。下面以应用较多的三相磁阻式步进电动机为例，介绍其结构和工作原理。

一、三相磁阻式步进电动机模型的结构和工作原理

1. 结构

三相磁阻式步进电动机模型的结构示意图如图 7-15 所示。它的定、转子铁心都由硅钢片叠成。定子上有 6 个磁极，每两个相对的磁极绕有同一相绕组，三相绕组接成星形作为控制绕组；转子铁心上没有绕组，只有 4 个齿，齿宽等于定子极靴宽。

2. 工作原理

三相磁阻式步进电动机的工作原理如图 7-16 所示。当 U 相控制绕组通电，V、W 两相控制绕组均不通电时，由于磁力线力图通过磁阻最小路径闭合，转子将受到磁阻转矩的作用，使转子齿 1 和 3 与定子 U 相极轴线对齐，如图 7-16a 所示。此时磁力线所通过磁路路径的磁阻最小，磁导最大，转子只受径向力而无切向力作用，磁阻转矩为零，转子停止转动；当 V 相绕组通电，U、W 两相断电时，由于同样原因，将使转子逆时针方向转过 30°空间角，即转子齿 2 和 4 与 V 相极轴对齐，如图 7-16b 所示；同理，当 W 相绕组通

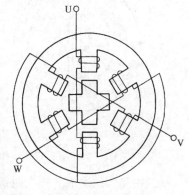

图 7-15　三相磁阻式步进电动机
模型的结构示意图

电，U、V 两相断电时，转子在磁阻转矩的作用下又逆时针方向转过 30°空间角，如图 7-16c 所示。这样按 U-V-W-U 顺序通电时，转子就在磁阻转矩的作用下按逆时针方向一步一步地转动。步进电动机的转速取决于控制绕组变换通电状态的频率，即输入脉冲频率，旋转方向取决于控制绕组轮流通电的顺序，若通电顺序为 U-W-V-U，则步进电动机反向旋转。控制绕组从一种通电状态变换到另一种通电状态叫做"一拍"，每一拍转子转过一个角度，这个角度叫步距角 θ_s。

上述三相依次单相通电方式，称为"三相单三拍运行"，"三相"是指定子为三相绕组，"单"是指每拍只有一相绕组通电，"三拍"是指三次换接通电为一个循环，第四次换接通

电重复第一次情况。实际应用中，三相单三拍运行方式很少采用，因为这种运行方式每次只有一相绕组通电，使转子在平衡位置附近来回摆动，运行不稳定。三相磁阻式步进电动机的通电方式除"单三拍"外，还有"双三拍"和"三相六拍"等通电方式。

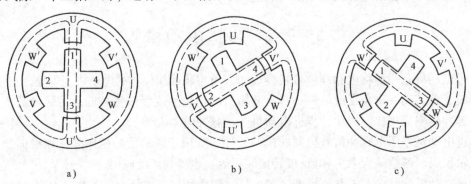

图 7-16　三相磁阻式步进电动机模型单三拍控制时的工作原理

三相双三拍运行方式，即按 UV-VW-WU-UV 顺序通电，每次有两相绕组同时通电，每一循环也是换接三次。运行情况与三相单三拍相同，步距角不变，$\theta_s = 30°$。

如果步进电动机按 U-UV-V-VW-W-WU-U 顺序通电时，称为三相六拍运行方式。每一循环换接 6 次。当 U 相通电时，转子齿与 U 相绕组轴线对齐，如图 7-17a 所示。当 U、V 两相同时通电时，转子逆时针方向转过 15°空间角，如图 7-17b 所示。当 V 相绕组通电时，转子在磁阻转矩作用下又逆时针转过 15°空间角，如图 7-17c 所示。依次类推，每拍转子只转过 15°空间角。由此可见，三相六拍运行方式的步距角比三相单三拍和三相双三拍运行减小了一半，$\theta_s = 15°$。

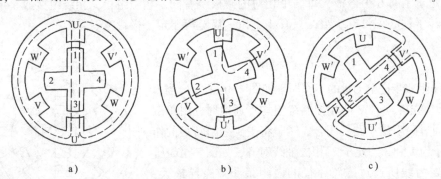

图 7-17　三相磁阻式步进电动机模型三相六拍运行方式

双三拍和六拍通电方式，在切换过程中，总有一相绕组处于通电状态，转子磁极受其磁场的控制，因此不易失步，运动也较平稳，在实际工作中应用较广泛。

上述三相磁阻式步进电动机模型的步距角太大，很难满足生产中小位移量的要求。为了减小步距角，实际中是将转子和定子磁极都加工成多齿结构。下面介绍常见的小步距角三相磁阻式步进电动机。

二、小步距角三相磁阻式步进电动机

1. 结构和步进原理

三相磁阻式步进电动机断面接线图，如图 7-18 所示。定子有 3 对磁极，每相 1 对，相对的极属于一相，每个定子磁极的极靴上各有许多小齿，转子周围上均匀分布着许多个小齿。根据步进电动机工作的要求，定、转子的齿距必须相等，且转子齿数不能为任意数值。因为在同相的两个磁极下，定、转子齿应同时对齐或同时错开，才能使几个磁极作用相加、产生足够磁阻转矩，所以，转子齿数应是每相磁极的整倍数。除此之外，在不同相的相邻磁极之间的齿数不应是整数，即每一极距对应的转子齿数不是整数。定、转子齿相对位置应依次错开 t/m（m 为相数，t 为齿距），这样才能在连续改变通电的状态下获得不断的步进运动。否则，当任一相通电时，转子齿都将处于磁路的磁阻最小的位置上。各相轮流通电时，转子将一直处于静止状态，电动机将不能运行，无工作能力。

若步进电动机转子齿数 $z_r = 40$，齿、槽宽度相等，相数 $m = 3$，当一相绕组通电时，在气隙中形成的磁极数 $2p = 2$，则每一极距所占的转子齿数为

$$\frac{z_r}{2pm} = \frac{40}{2 \times 1 \times 3} = 6\frac{2}{3}$$

也就是说，当 U 相一对极下定、转子齿一一对齐时，则 V 相下转子齿沿 U-V′-W-U′ 方向滞后定子齿 1/3 齿距（齿距角 $t = 360°/40 = 9°$）。同理，W 相下转子齿沿 U-V′-W-U′ 方向滞后定子齿 2/3 齿距，如图 7-19 所示。

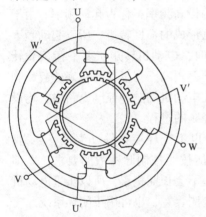

图 7-18 三相磁阻式步进电动机断面接线图

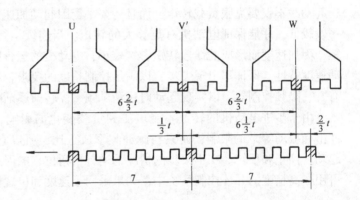

图 7-19 小步距角的三相磁阻式步进电动机定、转子展开图（部分）

如按三相单三拍运行，当 U 相绕组通电时，便建立一个以 U-U′ 为轴线的磁场，转子齿力图处于磁路的最小磁阻位置，因此定、转子齿在 U-U′ 相下一一对齐。当 U 相断电、V 相通电时，转子便转过 1/3 齿距的空间角度，即 3°，定、转子齿便在 V-V′ 相下一一对齐。由于 V 相通电时，转子按 U′-W-V′-U 方向转过 1/3 齿距，这时 W 相绕组的一对极下定、转子齿相差 1/3 齿距，所以 V 相断电、W 相通电时，转子又转过 1/3 齿距的空间角，定、转子齿在 W-W′ 相下一一对齐。这样定子绕组若按 U-V-W-U 依次通电，转子按 U′-W-V′-U 方向转过 1 个齿距。由于每一拍转子只转过齿距角的 $1/N$（N 为拍数），所以步距角为

$$\theta_s = \frac{360°}{z_r N} = \frac{360°}{40 \times 3} = 3°$$

步进电动机若按三相六拍方式运行，拍数增加 1 倍，步距角减小一半，每一拍转子只转过齿距角的 1/6，即这时步进电动机的步距角为 1.5°，即

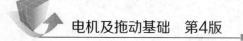

$$\theta_s = \frac{360°}{z_r N} = \frac{360°}{40 \times 6} = 1.5°$$

应予说明的是：减小步距角有利于提高控制精度；增加拍数可缩小步距角。拍数取决于步进电动机的相数和通电方式。除常用的三相步进电动机以外，还有四相、五相、六相等形式。然而相数增加使步进电动机的驱动器电路复杂，工作可靠性降低。

2. 连续运行

如果控制脉冲电源的频率 f 很高，步进电动机就不是一步一步地转过 1 个步距角，而是连续地转动。当频率恒定时，电动机作匀速运动。因每当输入 1 个脉冲，转子转过 $1/Nz_r$ 转，则步进电动机转速为

$$n = \frac{60f}{Nz_r} \tag{7-10}$$

由上式可知，磁阻式步进电动机的转速取决于脉冲频率、转子齿数和拍数。当转子齿数一定时，转速与输入脉冲频率成正比，与拍数成反比。

步进电动机在连续运行状态下不失步的最高频率，称为运行频率。运行频率越高，一定条件下表征了电动机的调速范围越大。电动机不失步起动的最高频率，称为起动频率。由于在起动时不仅要克服负载转矩，而且还要平衡因起动加速度形成的惯性转矩，所以起动频率一般较低，才能保证电动机有足够大的转矩。当连续运行时，电动机转矩主要平衡负载转矩，因加速度而形成的惯性转矩影响较小，电动机的运行频率较高。为了获得良好的起、制动速度特性，保证不出现失步，以满足控制精度的要求，在电动机的脉冲控制电路中，均设有升、降频控制器，以实现起动时逐渐升频、停转前逐渐降频的过程。

由于步进电动机的转速不受电压和负载变化的影响，也不受环境条件（温度、压力、冲击和振动等）的限制，而只与脉冲频率成正比，所以它能按照控制脉冲数的要求，立即起动、停止和反转。在不失步的情况下运行，角位移的误差不会长期积累，所以步进电动机可用在高精度的开环控制系统中，如果采用了速度和位置检测装置，也可用于闭环系统。

小 结

步进电动机是一种将脉冲信号转换成角位移或直线位移的执行元件，广泛应用于数字控制系统中。步进电动机每给 1 个脉冲信号就前进 1 步，转动 1 个步距角，所以它能按照控制脉冲的要求起动、停止、反转、无级调速，在不丢步的情况下，角位移的误差不会长期积累。

* 第四节　自整角机和旋转变压器简介

本节将简要介绍自整角机和旋转变压器的工作原理。

一、自整角机

自整角机是一种对角位移或角速度的偏差能自动整步的控制电机，通常是两台或多台同时使用，广泛应用于随动系统。随动系统通过电的联系，使机械上不相连的两根或多根轴自

动保持相同的转角变化，或同步旋转。

自整角机有力矩式自整角机和控制式自整角机之分。下面分别简要介绍它们的工作原理。

1. 力矩式自整角机的工作原理

力矩式自整角机的定子结构与一般三相异步电动机类似，定子上有星形联结的对称三相双层短距绕组，称为整步绕组。但转子是凸极式结构，装有集中单相绕组，称为励磁绕组。

系统中与主令轴相连接的是发送机，与输出轴相连的是接收机。如图 7-20 所示的左方为发送机，右方是接收机，两者结构完全一样。设主令轴使发送机转子从基准电气零位逆时针转过 θ_1 角，而接收机的转子位置为 θ_2，设 $\theta_2 < \theta_1$。两者的转子绕组通以同一单相交流电源后，产生的单相脉振磁场在各自的 3 个定子绕组中感应的电动势分别为

$$E_{S1} = E_m \cos\theta_1$$
$$E_{S2} = E_m \cos(\theta_1 - 120°) \tag{7-11}$$
$$E_{S3} = E_m \cos(\theta_1 + 120°)$$

$$E'_{S1} = E_m \cos\theta_2$$
$$E'_{S2} = E_m \cos(\theta_2 - 120°) \tag{7-12}$$
$$E'_{S3} = E_m \cos(\theta_2 + 120°)$$

式中 E_m——发送机、接收机定子绕组感应电动势的最大值（因发送机与接收机是同类型的，所以两者的最大感电动势是相同的）。

当 $\theta_1 = \theta_2$ 时，失调角 $\theta = \theta_1 - \theta_2 = 0$，系统中发送机和接收机的定子绕组中对应的电动势相互平衡，定子绕组中无电流通过，转子相对静止，系统处于协调位置。

当主令轴转过某一角度，则 $\theta_1 \neq \theta_2$，失调角 $\theta = \theta_1 - \theta_2 \neq 0$，那么发送机、接收机定子绕组的对应相的电动势不平衡，产生电流。则载流的定子整步绕组导体与励磁绕组的脉振磁场作用将产生整步电磁转矩，由于定子是固定的，转子将同样受到整步转矩 T_F 的作用而向失调角减小的方向转动，如图 7-20 所示。但发送机转子由主令轴带动，主令轴发出指令后是固定不动的，故只有接收机的整步转矩 T_J 才能带动接收机转子及负载朝失调角 θ 减小的方向转动，直至 $\theta = 0$，即 $\theta_1 = \theta_2$ 时，转子停止转动，系统进入新的协调位置。

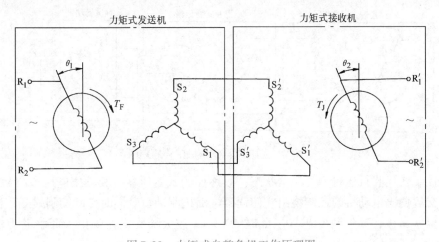

图 7-20 力矩式自整角机工作原理图

由于力矩式自整角机的整步转矩较小，只能带动很轻的机械负载，如指针、刻度盘等。下面通过一个实例来加以说明：

图 7-21 为液面位置指示器。浮子随着液面的上升或下降，通过绳索带动自整角机发送机转子转动，将液面位置转换成发送机转子的转角。自整角发送机和接收机之间通过导线远距离连接起来，于是自整角接收机转子就带动指针准确地跟随自整角发送机转子的转角变化而偏转，从而实现了远距离液面位置的指示。这种系统还可以用于电梯和矿井提升机构位置的指示及核反应堆中的控制棒指示器等装置中。

若需驱动较大负载，或提高传递角位移的精度，则要用控制式自整角机。

2. 控制式自整角机的工作原理

控制式自整角机的工作原理如图 7-22 所示。对照图 7-20 可知，在控制式自整角机系统中接收机的转子绕组不接单相电源励磁，而与放大器连接。

当发送机转子转过 θ_1 后，其定子绕组中产生如式(7-18) 所示的感应电动势，此电动势使发送机与接收机定子绕组产生电流，而

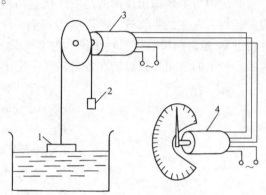

图 7-21　液面位置指示器
1—浮子　2—平衡锤　3—发送机　4—接收机

分别在这两个定子绕组中建立合成磁通势 F_1 和 F_2。根据楞次定理，发送机定子绕组中产生的合成磁通势 F_1，与转子励磁磁通势 F_f 的方向相反，起去磁作用。因接收机中的定子电流与发送机的对应定子电流大小相等而方向相反，所以接收机定子绕组产生的合成磁通势 F_2 与发送机的 F_1 方向相反，即与 F_1 方向相同，如图 7-22 所示。而由 F_2 产生的与接收机转子绕组轴线重合的磁场分量，将在接收机的转子绕组中感应电动势，因而产生供给放大器的电压为

$$U_2 = U_{2m}\sin(\theta_1 - \theta_2) = U_{2m}\sin\theta \qquad (7-13)$$

式中　U_{2m}——接收机转子绕组的最大输出电压。

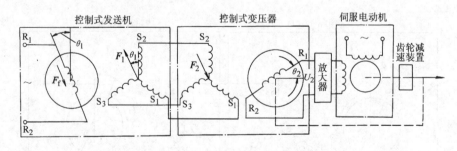

图 7-22　控制式自整角机工作原理图

由于控制式接收机运行于变压器状态，故称控制式变压器。其输出电压 U_2 经放大器放大后输至交流伺服电动机的控制绕组，使伺服电动机驱动负载同时带动控制式变压器的转子转动，直至 $\theta_2 = \theta_1$，即失调角 $\theta = 0$。此时 $U_2 = 0$，放大器无电压输出，伺服电动机停止旋转，系统进入新的协调位置。

上述可见，控制式自整角机的负载能力取决于伺服电动机的功率，故能驱动较大负载。而控制式自整角机与放大器及伺服电动机所组成的闭环系统提高了系统精度，同时控制式自整角机的结构在与力矩式自整机相似的情况下，控制式发送机的定子绕组为正弦绕组，控制式变压器的转子为隐极式，嵌有单相正弦绕组，因此也提高了控制式自整角机的电气精度。

二、旋转变压器

旋转变压器是一种输出电压与转子转角呈某一函数关系的控制电机，在解算装置、伺服系统及数据传输系统中得到了广泛的应用。

旋转变压器的结构与绕线转子异步电动机相似。一般做成两极电机。定、转子上分别布置着两个在空间上相互垂直的绕组。绕组通常采用正弦绕组，以提高旋转变压器的精度。转子绕组的输出通过集电环和电刷引至接线柱。

旋转变压器有正余弦旋转变压器和线性旋转变压器等。旋转变压器可以看作一次（定子）绕组与二次（转子）绕组之间的电磁耦合程度随着转子转角变化而变化的变压器。下面简介正余弦旋转变压器和线性旋转变压器的工作原理。

1. 正余弦旋转变压器的工作原理

正余弦旋转变压器的转子输出电压与转子转角 θ 呈正弦或余弦关系，它可用于坐标变换、三角运算、单相移相器、角度数字转换、角度数据传输等场合。正余弦转变压器的工作原理如图 7-23 所示。若在定子绕组 $S_1 S_3$ 施以交流励磁电压 U_{S_1}，则建立磁通势

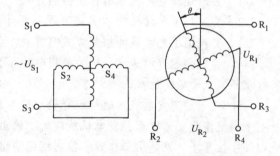

图 7-23 正余弦旋转变压器工作原理图

F_{S1} 而产生脉振磁场，当转子在原来的基准电气零位逆时针转过 θ 角度时，则图 7-23 中的转子绕组 $R_1 R_3$、$R_2 R_4$ 中所产生的电压分别为

$$U_{R_1} = k_u U_{S_1} \cos\theta$$
$$U_{R_2} = k_u U_{S_1} \sin\theta$$

(7-14)

式中 k_u——比例常数。

由上式，我们常称转子的 $R_1 R_3$ 绕组为余弦绕组、称 $R_2 R_4$ 绕组为正弦绕组。

为了使正余弦旋转变压器负载时的输出电压不畸变，仍是转角的正余弦函数，则希望转子正余弦绕组的负载阻抗相等；希望定子上的 $S_2 S_4$ 绕组自行短接（见图 7-23），以补偿（抵消）由于负载电流引起的与 F_{S1} 垂直的会引起输出电压畸变的磁通势，因此 $S_2 S_4$ 绕组也称补偿绕组。

2. 线性旋转变压器的工作原理

线性旋转变压器使转子的输出电压与转子转角 θ 呈线性关系，即 $U_{R_2} = f(\theta)$ 函数曲线为一直线，故它只能在一定转角范围内用作机械角与电信号的线性变换。若用正余弦旋转变压器的正弦输出绕组，$U_{R_2} = k_u U_{S_1} \sin\theta$，则只能在 θ 很小的范围内，使 $\sin\theta \approx \theta$ 时，才有 $U_{R_2} \propto \theta$ 的关系。为了扩大线性的角度范围，将图 7-23 接成如图 7-24 所示。即把正余弦旋转变压器的

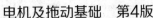

定子绕组 S_1S_3 与转子绕组 R_1R_3 串联，成为一次侧（励磁方）。当施以交流电压 U_{S_1} 后，经推导，转子绕组 R_2R_4 所产生电压 U_{R_2} 与转子转角 θ 有如下关系：

$$U_{R_2} = \frac{k_u U_{S_1} \sin\theta}{1 + k_u \cos\theta} \qquad (7\text{-}15)$$

式中　k_u——比例常数。

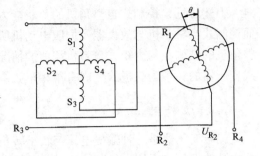

图 7-24　线性旋转变压器工作原理图

当 k_u 取在 $0.56 \sim 0.6$ 之间时，则转子转角 θ 在 $\pm 60°$ 范围内与输出电压 U_{R_2} 呈良好的线性关系。

思考题与习题

7-1　直流伺服电动机常用什么控制方式？为什么？

7-2　交流伺服电动机的"自转"现象指什么？采用什么办法消除"自转"现象？

7-3　交流伺服电动机的控制方式有哪些？各有什么特点？

7-4　为什么直流测速发电机的使用转速不宜超过规定的最高转速？为什么所接负载电阻数值不宜低于规定值？

7-5　交流测速发电机励磁绕组与输出绕组在空间互相垂直，没有磁路的耦合作用，为什么励磁绕组接交流电源，发电机旋转时，输出绕组有输出电压？若把输出绕组移到与励磁绕组同一位置上，发电机工作时，输出绕组输出电压与转速是否有关？

7-6　步进电动机的转速与哪些因素有关？如何改变其转向？

7-7　步距角为 $1.5°/0.75°$ 的磁阻式三相 6 极步进电动机的转子有多少个齿？若运行频率为 2000Hz，求电动机运行的转速是多少？

7-8　力矩式自整角机和控制式自整角机工作原理上各有何特点？各适用于怎样的随动系统？

7-9　旋转变压器是怎样的一种控制电机，常应用于什么控制系统？

第八章

电动机容量的选择

要使电力拖动系统经济而可靠地运行，必须正确选择拖动电动机。这包括电动机的种类、型式、额定电压、额定转速和容量（功率）的选择。

选择电动机的种类时，对一般要求的生产机械，优先考虑选用三相笼型异步电动机。对于要求起动转矩大、并且有一定调速要求的生产机械，可选用绕线转子异步电动机；对拖动功率大，需要补偿电网功率因数以及稳定的工作速度时，优先考虑选用三相同步电动机；对调速性能要求高，在要求快速而平滑的起、制动时，考虑优先选用直流电动机。

电动机的结构型式的选择应包括安装方式（立式、卧式）和防护式、封闭式和防爆式等，是根据不同的工作环境而确定的。

在选择电动机的电压等级时，应使电动机额定电压与供电电压等级一致。一般小型和部分中型交流电动机的额定电压为 380V，大型和部分中型交流电动机的额定电压为 3000V、6000V、10000V 三种。直流电动机的额定电压一般为 110V、220V、440V 和 660V 等。

在选择电动机的额定转速时，根据电机设计知识，当电动机功率一定时，则高速电动机较经济；但当生产机械的工作速度一定时，则电动机转速越高，传动机构的传速比越大，使传动机构复杂，整个系统装置的造价升高。所以选择电动机额定转速时，必须从电动机与机械装置两个方面综合考虑。

在选择电动机的容量时，必须从生产机械的工艺过程、负载转矩的性质、电动机的工作制及经济性等几个方面综合考虑。如果选择容量太小，电动机将长期过载而使其过早损坏；如果选择的容量过大，不仅电动机容量不能被充分利用，造成设备投资浪费，而且造成运行效率低及异步电动机的功率因数低。因此，正确选择电动机的容量非常重要，也是本章着重阐述的问题。

电动机的容量选择最主要的是分析和校验电动机在运行中的发热与温升，并校核短时过载能力及起动能力等。

第一节 电动机容量选择的基本知识

一、电动机的温升和绝缘

电动机在负载运行时，其内部总损耗（$\sum p = P_1 - P_2$）的绝大部分转变为热能使电动机温度升高。而电动机中耐热最差的是绝缘材料，若电动机的负载太大，损耗太大而使温度超过绝缘材料允许的限度时，绝缘材料的寿命就急剧缩短，严重时会使绝缘遭到破坏，电动机冒烟而烧毁。这个温度限度称为绝缘材料的允许温度。由此可见，绝缘材料的允许温度，就是电动机的允许温度；绝缘材料的寿命，一般就是电动机的寿命。

不同的绝缘材料有不同的允许温度，根据国家标准规定，把电动机常用绝缘材料分成若干等级。见第一章的表1-1所列。

表1-1中的绝缘材料的最高允许温升（也称允许温升）就是最高允许温度与标准环境温度40℃的差值，它表示一台电动机能带负载的限度，而电动机的额定功率就代表了这一限度。电动机铭牌上所标注的额定功率，表示在环境温度为40℃时，电动机按规定的工作制工作，而电动机所能达到的最高温度不超过绝缘材料最高允许温度时的输出功率。当环境温度低于40℃时，电动机的输出功率可以大于额定功率；反之，电动机的输出功率将低于额定功率，以保证电动机最终都能达到或不超过绝缘材料的最高允许温度。

可见我们是按照绝缘材料的允许温升来选择电动机容量的。那么怎样才能使电动机的温升既不超过也不太小于其允许温升呢？这就要了解电动机的发热和冷却问题。

二、电动机的发热和冷却

1. 电动机的发热过程

电动机在运行过程中，由于$\sum p$转换的热量不断产生，电动机温度升高，就有了温升，电动机就要向周围散热。温升越高，散热越快。当单位时间发出的热量等于散出的热量时，电动机温度不再增加，而保持一个稳定不变的温升，即处于发热与散热平衡的状态。此过程是升高的热过渡过程，称之为发热。

电动机发热过程的温升曲线如图8-1所示。电动机的温升曲线是按指数规律变化的曲线，温升变化的快慢取决于发热时间常数τ（与电动机的热容量、散热状况有关）的大小。起始温升τ_0与电动机的初始状态有关，曲线1是电动机在长期停歇后起动的，起始温升$\tau_0 = 0$；曲线2是电动机负载增加时，起始温升$\tau_0 \neq 0$。

图 8-1　电动机发热过程的温升曲线

电动机发热初始阶段，由于温升小，散发出的热量较少，大部分热量被电动机吸收，所以温升增长较快；过一段时间以后，电动机的温升增加，散发的热量也增加，而电动机产生的热量因负载恒定而保持不变，则电动机吸收的热量不断减少，温升变慢，温升曲线趋于平缓；当散发热量与发出热量相等时，电动机温升τ_w趋于稳定，温度最后达到稳定值。

2. 电动机的冷却过程

对负载运行的电动机，在温升稳定以后，如果使其负载减少或使其停车，那么电动机内损耗$\sum p$及单位时间的发热量都将随之减少或不再继续产生。这样就使发热少于散热，破坏了热平衡状态，电动机的温度要下降，温升降低。在降温过程中，随着温升的降低，单位时间散热量也减少。当达到发热量等于散热量时，

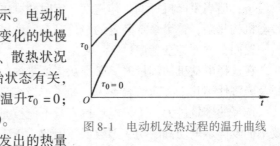

图 8-2　电动机冷却过程的温升曲线
1—负载减小时　2—电动机断开电源时

电动机不再继续降温，其温升又稳定在一个新的数值上。在停车时，温升将降为零。温升下降的过程称为冷却。

电动机冷却过程的温升曲线如图 8-2 所示，冷却过程曲线也是一条按指数规律变化的曲线。当负载减小到某一数值时，$\tau_w \neq 0$；如果把负载全部去掉，且断开电动机电源后，则 $\tau_w = 0$。

上面研究的电动机发热和冷却情况，只适用于电动机拖动恒定负载连续工作的情况。

三、电动机的工作制

电动机的发热和冷却情况不但与其所拖动的负载有关，而且与负载持续的时间有关。负载持续时间不同，电动机的发热情况就不同。所以，还要对电动机的工作方式进行分析。为了便于电动机的系列生产和供用户选择使用，按国家标准将电动机工作方式分为 10 类。

1. S1 工作制——连续工作制

水泵、通风机、造纸机、大型机床的主轴拖动电动机等属于连续工作制。连续工作制是指电动机工作时间 t_g 相当长，大于发热时间常数 τ 的 3~4 倍，即 $t_g > (3~4)T$。一般 t_g 可达几小时、几昼夜，甚至更长时间。电动机的温升可以达到稳定温升，所以，该工作制又称长期工作制，电动机所拖动的负载是恒定不变的。

2. S2 工作制——短时工作制

水闸闸门、车床的夹紧装置、转炉倾动机构的拖动电动机等属于短时工作制。短时工作制是指电动机的工作时间较短，即 $t_g < (3~4)T$，在工作时间内，电动机的温升达不到稳态值；而停歇时间 t_0 相当长，即 $t_0 > (3~4)T$，在停歇时间里足以使电动机各部分的温升降到零，其温度和周围介质温度相同。电动机在短时工作时，其容量往往只受过载能力的限制，因此这类电动机应设计成有较大的允许过载系数。国家规定的短时工作制的标准时间为 15min、30min、60min 和 90min 四种。

3. S3 工作制——断续周期工作制

起重机械、电梯、轧钢机辅助机械、某些自动机床的工作机构等的拖动电动机都属于断续周期工作制。断续周期工作制是指电动机工作与停歇周期性交替进行，但时间都比较短。工作时，$t_g < (3~4)T$，温升达不到稳态值；停歇时，$t_0 < (3~4)T$，电动机温升也降不到零。按国家标准规定每个工作与停歇的周期 $(t_g + t_0) \leq 10min$。断续周期工作制又称为重复短时工作制。电动机经过一个周期时间 $(t_g + t_0)$，温升有所上升。经过若干个周期后，温升在最高温升 τ_{max} 和最低温升 τ_{min} 之间波动，达到周期性变化的稳定状态。其最高温升仍低于拖动同样负载连续运行的稳态温升 τ_w。S3 工作制中，负载工作时间与整个周期之比称为负载持续率 $FC\%$，国家标准规定为 15%、25%、40% 和 60% 四种。

注意：许多生产机械周期性断续工作的周期并不相等，这时负载持续率只具有统计性质。由于断续周期工作制的电动机起制动频繁，要求过载能力强，对机械强度的要求也高，所以应用时要特别注意。

以上是最常见的三种工作制,生产实践中,电动机的工作方式不同,其发热和温升情况就不同。因此,从发热观点选择电动机的方法也就不同。

小 结

电力拖动系统电动机的选择,是对电动机的种类、结构型式、额定容量、额定电压和额定转速的选择,其中正确选择电动机的容量最为重要。

在电动机运行过程中,必然产生损耗。损耗的能量在电动机中全部转化为热能,一部分热能被电动机本身吸收,使其内部的各部分温度升高,另一部分热能向周围介质散发出去。随着损耗的增加,电动机的温度不断上升,散发的热量不断增加。当损耗转化的热能全部散发出去时,电动机的温度达到稳定。

如果电动机带某一负载连续工作时,只要其稳定温度接近并略低于绝缘材料所允许的最高温度,电动机得到充分利用且不过热,此时的负载称为电动机的额定负载,对应的功率即为电动机的额定功率。

第二节 电动机容量选择的基本方法

选择电动机的容量较为繁杂,不仅需要一定的理论分析计算,还需要经过校验核准。其基本步骤是:根据生产机械拖动负载提供的负载图 $P = f(t)$ 及温升曲线 $\tau = f(t)$;并考虑电动机的过载能力,预选一台电动机,然后根据负载图进行发热校验,将校验结果与预选电动机的参数进行比较,若发现预选电动机的容量太大或太小,再重新选择,直到其容量得到充分利用,最后再校验其过载能力与起动转矩是否满足要求。

一、连续工作制电动机容量的选择

电动机处于连续工作状态时,负载大小恒定或负载基本恒定不变,工作时能达到稳定温升 τ_w,其负载图 $P_L = f(t)$ 与温升曲线 $\tau = f(t)$ 如图 8-3 所示。这种生产机械所用的电动机容量选择比较简单。选择的原则是使稳定温升 τ_w 在电动机绝缘允许的最高温升限度之内,选择的方法是使电动机的额定容量等于生产机械的负载功率加上拖动系统的能量损耗。通常情况下负载功率 P_L 是已知的,拖动系统的能量损耗可由传动效率 η 求得。实际上 P_L 和 η 已知时,可按 $P_N = P_L/\eta$ 计算电动机的额定功率 P_N。然后根据产品目录选一台电动机,使电动机的额定容量等于或略大于生产机械需要的容量,即

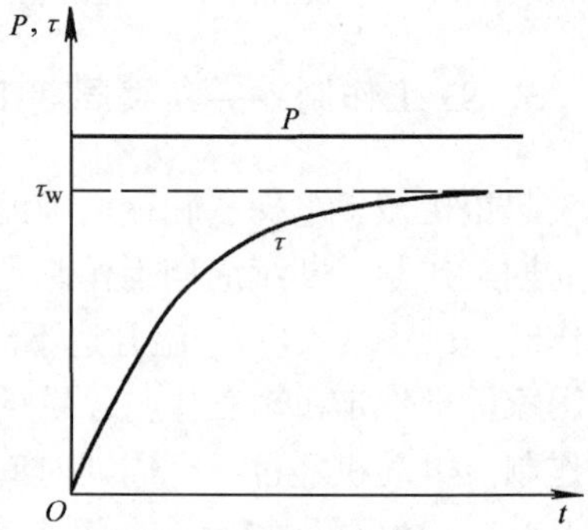

$$P_N \geqslant P_L \qquad (8-1)$$

由于一般电动机是按常值负载连续工作设计的,电动机设计及出厂试验保证在额定容量下工作时,温升不会超出允许值,而电动机所带的负载功率小于或等于其额定功率,发热自然没有问题,不需进行发热校验。

图 8-3 连续工作制时电动机的
负载图与温升曲线

当生产机械无法提供负载功率 P_L 时，可以用理论方法或经验公式来确定所用电动机的功率。

一般旋转机械的电动机功率的表达式为

$$P_L = \frac{T_L n}{9550 \eta} \tag{8-2}$$

式中　T_L——生产机械的静态阻转矩（N·m）；

　　　n——生产机械的转速（r/min）；

　　　η——传动装置效率。

水泵用电动机功率的表达式为

$$P_L = \frac{QH\rho}{102 \eta_1 \eta_2} \tag{8-3}$$

式中　Q——水泵的流量（m³/s）；

　　　ρ——液体密度（kg/m³）；

　　　H——扬程（m）；

　　　η_1——水泵的效率，高压离心式水泵为 0.5～0.8，低压离心式水泵为 0.3～0.6，活塞式水泵通常为 0.8～0.9；

　　　η_2——电动机与水泵之间的传动装置的效率，直接联接为 1，带传动为 0.9。

风机用电动机功率的表达式为

$$P_L = \frac{Qh}{1000 \eta_1 \eta_2} \tag{8-4}$$

式中　Q——每秒钟吸入或压出的空气量（m³/s）；

　　　h——通风机的压力（N/m²）；

　　　η_1——通风机效率，大型的为 0.5～0.8，中型的为 0.3～0.5，小型的为 0.2～0.35；

　　　η_2——传动装置效率。

例 8-1　一台直接与电动机联接的离心式水泵，其流量为 50m³/h，扬程为 15m，转速为 1440r/min，水泵的效率为 0.4，水的密度为 1000kg/m³，试选择电动机容量。

解　水泵的流量为

$$Q = 50 \text{m}^3/\text{h} = \frac{50}{3600} \text{m}^3/\text{s}$$

水泵在电动机轴上的负载功率为

$$P_L = \frac{QH\rho}{102 \eta_1 \eta_2} = \frac{\frac{50}{3600} \times 15 \times 1000}{102 \times 0.4 \times 1} \text{kW} = 5.1 \text{kW}$$

若工作环境无特殊要求，可选用额定转速为 1440r/min、额定功率为 5.5kW 的封闭式异步电动机。

选择电动机容量时，除考虑发热外，还要考虑电动机的过载能力。对有冲击性负载的生产机械，如球磨机等，要在产品目录中选择过载能力较大的电动机，并进行过载校验，因为各种电动机的过载能力都是有限的。表 8-1 列出了各种电动机的过载能力 $\lambda_m = T_{max}/T_N$ 的数据。

表8-1　各种电动机允许过载系数

电动机类型	过载能力 λ_m
直流电动机	2（特殊型的可达 3 ~ 4）
绕线转子异步电动机	2 ~ 2.5（特殊型的可达 3 ~ 4）
笼型异步电动机	1.5 ~ 2.0
同步电动机	2 ~ 2.5（特殊型的可达 3 ~ 4）

若选择直流电动机，则只要生产机械所需的最大转矩不超过电动机的最大转矩，过载校验就可以通过。校验直流电动机过载能力按下式计算：

$$T_{\max} \leqslant \lambda_m T_N \tag{8-5}$$

如果选择交流电动机，要考虑电网电压向下波动时，对电动机的影响。校验的条件为

$$T_{\max} \leqslant (0.80 \sim 0.85)\lambda_m T_N \tag{8-6}$$

当过载能力不满足时，应该另选电动机，重新校验，直到满足条件为止。

对于笼型异步电动机，还要校验其起动能力。校验的条件为

$$T_{st} \geqslant (1.1 \sim 1.2)T_L \tag{8-7}$$

电动机铭牌上所标注的额定功率是指环境温度为40℃时，连续工作情况下的功率。当环境温度不标准时，其功率可按表8-2进行修正。环境温度低于30℃，一般电动机功率也只增加8%。但必须**注意**：高原地区（海拔高度大于1000m）空气稀薄，散热条件恶化，选择的电动机的使用功率必须降低。

表8-2　不同环境温度下电动机功率的修正

环境温度/℃	30	35	40	45	50	55
功率增减百分数	+8%	+5%	0	−5%	−12.5%	−25%

二、短时工作制电动机容量的选择

短时运转电动机的选择一般有三种情况，既可选择专为短时工作制而设计的电动机，也可选择为连续工作制而设计的电动机。

1. 直接选用短时工作制的电动机

我国设计制造的短时工作制电动机的标准工作时间 t_g 为 15min、30min、60min 和 90min 四种。同一台电动机对应不同的工作时间，有不同的功率，其关系为 $P_{15} > P_{30} > P_{60} > P_{90}$，显然其过载能力的关系应该是 $\lambda_{15} < \lambda_{30} < \lambda_{60} < \lambda_{90}$。一般这种电动机铭牌上标注的额定功率为 P_{60}。当实际工作时间 t_{gx} 接近上述标准工作时间 t_g 时，可按对应的工作时间和功率，在产品目录中直接选用。当实际工作时间和标准时间不完全相同时，应该把实际的工作时间内需要的功率 P_x 换算成标准工作时间内的标准电动机功率，然后再按换算成的标准功率 P_g，在产品目录中选用。换算的原则是标准工作时间下电动机的损耗与实际工作时间下电动机的损耗完全相等。换算应按下式进行：

$$P_g = \frac{P_x}{\sqrt{t_g/t_{gx}}} \qquad (8\text{-}8)$$

对短时工作制电动机来说，因为工作时间很短，所以过载能力是要考虑的主要因素。若按计算出的等效功率选择电动机时，要对其进行过载能力的校验。如果是笼型电动机，还要对起动能力进行校验。

2. 选用断续周期工作制的电动机

如果没有合适的短时工作制电动机，可采用断续周期工作制的电动机代替。短时工作时间与负载持续率 $FC\%$ 的换算关系可近似地认为 30min 相当于 $FC\% = 15\%$ ，60min 相当于 $FC\% = 25\%$ ，90min 相当于 $FC\% = 40\%$ 。

3. 选用连续工作制的电动机

选择一般连续工作制电动机代替短时工作制的电动机时，若从发热温升来考虑，电动机额定功率为

$$P_N \geqslant P_L \sqrt{\frac{1 - e^{-t_{gx}/T}}{1 + \alpha e^{-t_{gx}/T}}} \qquad (8\text{-}9)$$

式中 α ——电动机额定运行时不变损耗与可变损耗的比值。

显然，按式(8-9)求得额定功率选择电动机，发热是不成问题的，但过载能力和起动能力却成了主要矛盾。一般情况下，当 $t_{gx} < (0.3 \sim 0.4)T$ 时，只要过载能力和起动能力足够大，就不必再考虑发热问题。因此，在这种情况下，须按过载能力选择电动机的额定功率，然后校核其起动能力。按过载能力来选择连续工作方式电动机的额定功率为

$$P_N \geqslant \frac{P_L}{\lambda_m} \qquad (8\text{-}10)$$

例 8-2 一台直流电动机的额定功率 $P_N = 20\text{kW}$ ，过载能力 $\lambda_m = 2$ ，发热时间常数 $T = 30\text{min}$ ，额定负载时铁损耗与铜损耗之比 $\alpha = 1$ 。请校核下列两种情况下是否能用此台电动机：

1）短期负载， $P_L = 40\text{kW}$ ， $t_{gx} = 20\text{min}$ 。

2）短期负载， $P_L = 44\text{kW}$ ， $t_{gx} = 10\text{min}$ 。

解 1）折算成连续工作方式下负载功率为

$$P'_L = P_L \sqrt{\frac{1 - e^{-t_{gx}/T}}{1 + \alpha e^{-t_{gx}/T}}} = 40 \times \sqrt{\frac{1 - e^{-20/30}}{1 + e^{-20/30}}}\text{kW} = 40 \times \sqrt{\frac{1 - 0.5134}{1 + 0.5134}}\text{kW} \approx 22.68\text{kW}$$

$$P_N < P'_L$$

发热通不过，不能运行。

2）折算成连续工作方式下负载功率为

$$P'_L = 44 \times \sqrt{\frac{1 - e^{-10/30}}{1 + e^{-10/30}}}\text{kW} = 44 \times \sqrt{\frac{1 - 0.7165}{1 + 0.7165}}\text{kW} \approx 17.88\text{kW}$$

$$P_N > P'_L$$

发热通过，实际过载系数为

$$\lambda'_m = \frac{P_L}{P_N} = \frac{44}{20} = 2.2$$

$$\lambda'_m > \lambda_m$$

过载能力不够，不能应用。

三、断续周期工作制电动机容量的选择

在生产实际中，有不少电动机是在断续周期工作制下工作。此时的电动机起制动频繁，要求惯性小，机械强度高。其标准负载持续率为15%、25%、40%、60%四种。同一台电动机在不同的$FC\%$下工作时，额定功率和额定转矩均不一样，$FC\%$越小时，额定功率和额定转矩越大，过载能力越低。

选择电动机容量时，同样要进行发热和过载校验。电动机的负载与温升曲线如图8-4所示。

如果电动机实际负载持续率与标准负载持续率相同，则可直接按照产品目录选择合适电动机。如果实际负载持续率与标准负载持续率不相等，应该把实际功率P_x换算成邻近的标准负载持续率下的功率P_g，再选择电动机和校验温升。简化的换算公式为

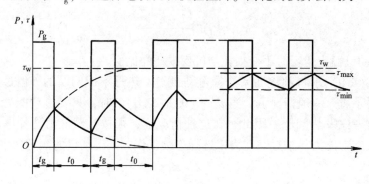

图8-4 断续周期工作制电动机的负载与温升关系

$$P_g \approx P_x \sqrt{\frac{FC\%}{FC_x\%}} \tag{8-11}$$

式中 $FC_x\%$——实际的负载持续率。

同时还应**注意**：当$FC_x\% < 10\%$时，应选用短期工作制电动机；当$FC_x\% > 60\%$时，应选用长期工作制电动机。

例8-3 一台断续周期工作制电动机的负载图如图8-5所示。预选他冷式绕线转子异步电动机，$P_N = 16kW$，$n_N = 720r/min$，$\lambda_m = 3$，$FC\% = 25\%$，假定在起动过程中$\Phi\cos\varphi_2$不变。试校验该电动机的温升和过载能力。

解 由于第一阶段负载随转速线

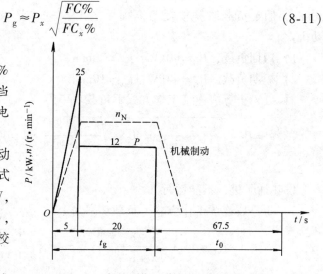

图8-5 断续周期工作制电动机的负载图

性变化，因此使用等效功率法时，必须对这段功率进行修正，由图 8-5 可知：

$$P = \frac{25\mathrm{kW}}{5\mathrm{s}}t ; \quad n = \frac{720\mathrm{r/min}}{5\mathrm{s}}t$$

则

$$P' = P \times \frac{n_{\mathrm{N}}}{n} = \left(\frac{25}{5}t \times \frac{720}{\frac{720}{5}t} \right)\mathrm{kW} = 25\mathrm{kW}$$

由于电动机是他冷式，在制动过程中散热条件不变，因此在工作期间的等效功率为

$$P_{\mathrm{dx}} = \sqrt{\frac{25^2 \times 5 + 12^2 \times 20}{5 + 20}}\mathrm{kW} = 15.5\mathrm{kW}$$

又由于制动是靠机械抱闸，在制动过程中电动机断电，制动时间应算在停歇时间内，所以实际的负载持续率为

$$FC_x\% = \frac{5 + 20}{5 + 20 + 67.5}\% = 27\%$$

换算到标准 $FC\% = 25\%$ 时的等效功率为

$$P_{\mathrm{g}} = P_{\mathrm{dx}}\sqrt{\frac{FC_x\%}{FC\%}} = 15.5\mathrm{kW} \times \sqrt{\frac{27\%}{25\%}} = 16.11\mathrm{kW}$$

此功率已超过预选电动机的额定功率 16kW，因此温升不能通过，该电动机不适用，应改选大一号的电动机。

四、选择电动机容量的统计法和类比法

前面所讨论选择电动机的方法，是以电动机的发热和冷却理论为基础，很重要。但实际上，由于电动机运转情况总是有些差别，而所推导的容量选择公式，都是在某些限定的条件下得到的，使计算结果存在一定的误差；再就是因为公式运算比较复杂，计算工作量很大；另外在某些特殊情况下，要作出电动机的负载图比较困难。所以，实际选择电动机容量时，往往采用统计法或类比法。

1. 统计法

统计法就是对大量的拖动系统用电动机容量进行统计分析，找出电动机容量与生产机械主要参数之间的关系，得出实用经验公式的方法。下面介绍几种我国机床制造工业已确定了的主拖动用电动机容量的统计数值公式：

（1）车床　统计数值公式为

$$P = 36.5D^{1.54}$$

式中　D——工件最大的直径（m）；

　　　P——电动机容量（kW）。

（2）立式车床　统计数值公式为

$$P = 20D^{0.88}$$

式中　D——工件的最大直径（m）。

（3）摇臂钻床 统计数值公式为

$$P = 0.064D^{1.19}$$

式中 D——最大钻孔直径（mm）。

（4）卧式镗床 统计数值公式为

$$P = 0.04D^{1.17}$$

式中 D——镗杆直径（mm）。

（5）龙门铣床 统计数值公式为

$$P = \frac{B^{1.15}}{166}$$

式中 B——工作台宽度（mm）。

（6）外圆磨床 统计数值公式为

$$P = 0.1KB$$

式中 B——砂轮宽度（mm）；

K——考虑砂轮主轴采用不同轴承时的系数，当采用滚动轴承时，$K = 0.8 \sim 1.1$，若采用滑动轴承时，$K = 1.0 \sim 1.3$。

例如 国产 C660 型车床，其工件最大直径为 1250mm，按上面统计法公式计算，主拖动电动机容量应为

$$P = 36.5 \times \left(\frac{1250}{1000}\right)^{1.54} \text{kW} = 52\text{kW}$$

实际选用 60kW 电动机与计算相近。

2. 类比法

类比法就是在调查同类型生产机械所采用的电动机容量的基础上，然后对主要参数和工作条件进行类比，从而确定新的生产机械所采用的电动机的容量。

小　　结

正确选择电动机额定容量的原则，就是以电动机能够胜任生产机械要求为前提，最经济最合理地选取。决定电动机容量时，首先考虑电动机的发热，然后再考虑允许过载能力和起动能力。

电动机的额定功率是连续运行时，在正常的冷却条件下，周围介质温度是标准值（40℃）时所能承担的最大负载功率。电动机短时或断续工作时，负载可以超过额定值；如果提高散热能力，也可提高电动机的带负载能力；如果周围介质温度不同于40℃，可对额定功率进行校正。

根据电动机不同的工作制，按不同的变化负载的生产机械负载图，预选电动机的功率，在绘制电动机负载图的基础上进行发热、过载能力及起动能力的校验。

实际选择电动机容量时，经常采用统计法或类比法。

思考题与习题

8-1 电力拖动系统中电动机的选择包含哪些具体内容?

8-2 确定电动机额定容量时主要考虑哪些因素?

8-3 两台同样的电动机,如果通风冷却条件不同,则它们的发热情况是否一样?为什么?

8-4 对于短时工作的负载,可以选用为连续工作方式设计的电动机吗?怎样确定电动机的容量?当负载变化时,怎样校核电动机的温升和过载能力?

8-5 连续工作制下电动机容量选择的一般步骤是怎样的?

8-6 电动机运行时温升按什么规律变化?两台同样的电动机,在下列条件下拖动负载运行时,它们的起始温升、稳定温升是否相同?

1)相同的负载,但一台环境温度为一般室温,另一台为高温环境。

2)相同的负载,相同的环境,一台原来没有运行,另一台是运行刚停下后又接着运行。

3)同一环境下,一台半载,另一台满载。

4)同一个房间内,一台自然冷却,另一台用冷风吹,都是满载运行。

8-7 同一台电动机,如果不考虑机械强度或换向问题等,在下列条件下拖动负载运行时,为充分利用电动机,它的输出功率是否一样,是大还是小?

1)自然冷却,环境温度为 40℃。

2)强迫通风,环境温度为 40℃。

3)自然冷却,高温环境。

8-8 电动机周期性地工作 15min、休息 85min,其负载持续率 $FC\% = 15\%$ 对吗?它应属于哪一种工作方式?

用"时钟表示法"确定三相变压器的联结组

"时钟表示法",即把高压侧线电动势(或线电压)的相量作为时钟的长针(即分针),始终指向钟面的"0"(即"12"),而以低压侧线电动势(或线电压)的相量作为时钟的短针(即时针),它所指的钟点数即为该变压器的联结组的标号。

(1)Yy0联结组 在附图1a中,三相变压器的高、低压侧绕组都按星形联结法,且同名端同时作为首端。绕组联结组号的确定可分为四个步骤:

第一步,标出高、低压侧绕组相电动势的假定正方向。

第二步,作出高压侧的电动势相量图,确定某一线电动势相量的方向,如 $\dot{E}_{AB}$ 相量,如附图1b中所示。

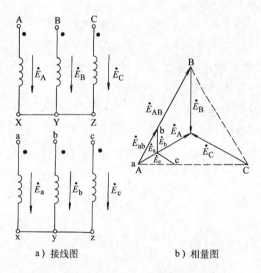

a)接线图   b)相量图

附图1 Yy0联结组

第三步,确定高、低压侧绕组对应的相电动势的相位关系(同相位或反相位),作出低压侧的电动势相量图,确定对应的线电动势相量的方向,如 $\dot{E}_{ab}$ 相量。由附图1a有: $\dot{E}_A$ 与 $\dot{E}_a$、$\dot{E}_B$ 与 $\dot{E}_b$、$\dot{E}_C$ 与 $\dot{E}_c$ 的相位相同。为方便比较,将高、低压侧的电动势相量图画在一起,取A点与a点重合。

第四步,根据高、低压侧对应线电动势的相位关系确定联结组的标号。由附图1b中可看出,$\dot{E}_{AB}$ 与 $\dot{E}_{ab}$ 同相位,当 $\dot{E}_{AB}$ 指向钟面的"0"即"12"时,$\dot{E}_{ab}$ 也指向"0"点,故其标号为"0",即为Yy0联结组。

(2)Yd11联结组 在附图2a中,高压侧绕组为星形联结,低压侧绕组为三角形逆联结(a联y),且同名端同时作为首端。画出的相量图如附图2b所示,故当 $\dot{E}_{AB}$ 指向钟面的"0"

即"12"时，$\dot{E}_{ab}$则指向"11"点，故其标号11，即为Yd11联结组。

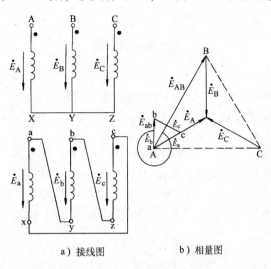

a）接线图   b）相量图

附图2　Yd11 联结组

（3）Dy11 联结组　在附图3a 中，高压侧绕组为三角形顺联结（A 联 Z），低压侧绕组为星形联结，且同名端同时作为首端。画出的相量图如附图3b 所示，故当$\dot{E}_{AB}$指向钟面的"0"即"12"时，$\dot{E}_{ab}$则指向钟面的"11"点，故其标号为11，即为 Dy11 联结组。

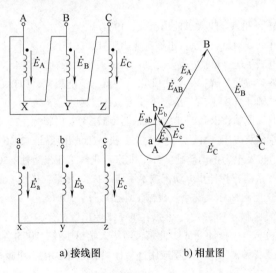

a）接线图   b）相量图

附图3　Dy11 联结组

参 考 文 献

[1]　胡幸鸣．电机及拖动基础 [M]．3 版．北京：机械工业出版社，2014.

[2]　徐虎，胡幸鸣．电机原理 [M]．2 版．北京：机械工业出版社，1998.

[3]　顾绳谷．电机及拖动基础 [M]．4 版．北京：机械工业出版社，2007.

[4]　林瑞光．电机与拖动基础 [M]．3 版．杭州：浙江大学出版社，2013.

[5]　周定颐．电机及电力拖动 [M]．4 版．北京：机械工业出版社，2013.

[6]　海定广，孙兴旺．电力拖动基础 [M]．2 版．北京：机械工业出版社，1998.

[7]　人力资源和社会保障部教材办公室组织编写．电机与变压器 [M]．2 版．北京：中国劳动社会保障出版社，2014.

[8]　许实章．电机学 [M]．3 版．北京：机械工业出版社，1995.

[9]　龙子俊．电机与拖动基础 [M]．北京：航空工业出版社，1993.

[10]　潘成林．电机维修手册 [M]．北京：机械工业出版社，1994.

[11]　陆智良，许钢．电机及拖动基础 [M]．北京：人民交通出版社，1988.

[12]　杨宗豹．电机拖动基础 [M]．2 版．北京：冶金工业出版社，2000.

[13]　机械工程手册，电机工程手册编辑委员会．电机工程手册：电机卷 [M]．2 版．北京：机械工业出版社，1996.

[14]　宫淑华．电机学 [M]．北京：煤炭工业出版社，1984.

[15]　杨渝钦．控制电机 [M]．2 版．北京：机械工业出版社，2015.

[16]　刘光源．简明维修电工手册 [M]．2 版．北京：机械工业出版社，2004.

[17]　徐虎．电机及拖动基础习题与解答 [M]．北京：兵器工业出版社，1988.

[18]　宋银宾．电机拖动基础 [M]．北京：冶金工业出版社，1984.

[19]　潘再平，徐裕项．电气控制技术基础 [M]．杭州：浙江大学出版社，2004.

[20]　唐任远．特种电机原理及应用 [M]．2 版．北京：机械工业出版社，2010.

[21]　王艳秋，刘寅生．电机及电力拖动基础 [M]．北京：化学工业出版社，2017.

[22]　黄国治，傅丰礼．Y2 系列三相异步电动机技术手册 [M]．北京：机械工业出版社，2004.

[23]　何巨兰．电机与电气控制 [M]．北京：机械工业出版社，2004.

[24]　刘子林．电机与电气控制 [M]．3 版．北京：电子工业出版社，2014.

[25]　武惠芳，郭芳．电机与电力拖动 [M]．北京：清华大学出版社，2005.

[26]　王建，徐洪亮．三菱变频器入门与典型应用 [M]．北京：中国电力出版社，2009.